劳动预备制教材
职业培训教材

初级砌筑工

中国劳动社会保障出版社

图书在版编目(CIP)数据

初级砌筑工/周海涛主编. —北京：中国劳动社会保障出版社，2011
劳动预备制教材
ISBN 978-7-5045-8858-6

Ⅰ.①初… Ⅱ.①周… Ⅲ.①砌筑-教材 Ⅳ.①TU754.1

中国版本图书馆 CIP 数据核字(2011)第 023021 号

中国劳动社会保障出版社出版发行
(北京市惠新东街1号 邮政编码：100029)
出版人：张梦欣

*

三河市华骏印务包装有限公司印刷装订 新华书店经销
787毫米×1092毫米 16开本 12.75印张 299千字
2011年3月第1版 2024年1月第13次印刷
定价：23.00元
营销中心电话：400-606-6496
出版社网址：http://www.class.com.cn

版权专有 侵权必究

如有印装差错，请与本社联系调换：(010)81211666
我社将与版权执法机关配合，大力打击盗印、销售和使用盗版图书活动，敬请广大读者协助举报，经查实将给予举报者奖励。
举报电话：(010)64954652

前　言

《中华人民共和国就业促进法》规定："国家采取措施建立健全劳动预备制度，县级以上地方人民政府对有就业要求的初高中毕业生实行一定期限的职业教育和培训，使其取得相应的职业资格或者掌握一定的职业技能。"

为进一步加强劳动预备制培训教材建设，满足各地实施劳动预备制对教材的需求，我们会同中国劳动社会保障出版社，组织有关人员对2000年出版的机械加工、电工、计算机、汽车、烹饪、饭店服务、商业、服装、建筑等类劳动预备制培训的专业课教材进行修订改版，并新编了美容美发、保健护理、物流、数控加工、会计、家政服务等类专业课教材。

在组织修订、编写教材时，考虑到接受培训人员的实际水平，为了使学员在较短时间内掌握从业必备的基本知识和操作技能，我们力求做到学习的理论知识为掌握操作技能服务，操作技能实践课题与生产实际紧密结合，内容深入浅出、图文并茂，增强教材的实用性和可读性。同时，注意在教材中反映新知识、新技术、新工艺和新方法，努力提高教材的先进性。

为了在规定的期限内更好地完成劳动预备制培训，各专业按照公共课+专业课的模式进行教学。公共课分为必修课和选修课，教材为《法律常识》《职业道德》《就业指导》《计算机应用》《劳动保护知识》《应用数学》《实用写作》《英语日常用语》《实用物理》《交际礼仪》。专业课教材分为专业基础知识教材和专业技术（理论和实训一体化）教材。

在这批教材的修订、编写过程中，编审人员克服各种困难，较好地完成了任务。在此，谨向付出辛勤劳动的编审人员表示衷心感谢。

由于编写时间有限，教材中可能有一些不足之处，我们将在教材使用过程中听取各方面的意见，适时进行修改，使其趋于完善。

人力资源和社会保障部教材办公室

简 介

本书是劳动预备制培训建筑类专业技能课程教材，主要内容包括：砌筑工基础知识、常用材料及工具、普通黏土砖组砌方法、砖石基础的砌筑、砖墙的砌筑、一般抹灰施工等。

本书是依据初级砌筑工国家职业标准和行业职业技能培训要求编写的，在编写过程中，以技能为本位，力求知识浅显易懂。在内容上以实用为准、够用为度；在编写形式上尽量用图示代替文字，做到图文并茂；取材上强调"基本、常用、关键、实用"。本书适合于劳动预备制和职业技能培训使用。

本书由周海涛主编，龚贵祥、唐浩、田敏、高威、黎坤、李可、关瑛、曾正荣、刘光英、刘献春参加编写。

目 录

第一单元 砌筑工基础知识 （1）
  模块一 砌筑工安全生产要求 （1）
  模块二 房屋基本构造 （4）
  练习思考题 （26）

第二单元 常用材料及工具 （29）
  模块一 常用块料 （29）
  模块二 砌筑砂浆 （33）
  模块三 砌筑工具和脚手架 （44）
  练习思考题 （60）

第三单元 普通黏土砖组砌方法 （63）
  模块一 普通黏土砖砌筑基本知识 （63）
  模块二 普通黏土砖砌筑操作训练 （79）
  练习思考题 （86）

第四单元 砖石基础的砌筑 （88）
  模块一 砖石基础砌筑的操作准备 （88）
  模块二 砖石基础砌筑的操作方法 （89）
  练习思考题 （95）

第五单元 砖墙的砌筑 （97）
  模块一 砌体施工的基本规定 （97）
  模块二 砖墙砌筑的操作要点 （98）
  练习思考题 （114）

第六单元 混凝土空心砌块砌筑 （119）
  练习思考题 （124）

第七单元 窨井、渗井及化粪池砌筑 （126）
  模块一 窨井砌筑 （126）
  模块二 渗井及化粪池砌筑 （128）
  练习思考题 （131）

第八单元 毛石墙砌筑 （133）
  模块一 毛石墙的组砌形式及方法 （133）
  模块二 毛石墙砌筑操作及安全要求 （136）
  练习思考题 （141）

第九单元　坡屋面防水挂瓦 …………………………………………（144）
　　模块一　屋面形式及瓦 ………………………………………（144）
　　模块二　平瓦屋面及小青瓦屋面施工 ………………………（151）
　　练习思考题 ……………………………………………………（156）
第十单元　普通砖地面铺筑 ………………………………………（158）
　　练习思考题 ……………………………………………………（162）
第十一单元　一般抹灰施工 ………………………………………（163）
　　模块一　抹灰工常用工具 ……………………………………（163）
　　模块二　抹灰基本知识 ………………………………………（167）
　　模块三　抹灰操作基本方法 …………………………………（168）
　　模块四　一般抹灰工程质量的允许偏差和检验方法 ………（179）
　　模块五　抹灰实训练习 ………………………………………（179）
　　练习思考题 ……………………………………………………（190）
练习思考题答案 ……………………………………………………（191）
　　第一单元　砌筑工基础知识 …………………………………（191）
　　第二单元　常用材料及工具 …………………………………（192）
　　第三单元　普通黏土砖组砌方法 ……………………………（193）
　　第四单元　砖石基础的砌筑 …………………………………（193）
　　第五单元　砖墙的砌筑 ………………………………………（194）
　　第六单元　混凝土空心砌块砌筑 ……………………………（194）
　　第七单元　窨井、渗井及化粪池砌筑 ………………………（195）
　　第八单元　毛石墙砌筑 ………………………………………（195）
　　第九单元　坡屋面防水挂瓦 …………………………………（195）
　　第十单元　普通砖地面铺筑 …………………………………（196）
　　第十一单元　一般抹灰施工 …………………………………（196）

第一单元 砌筑工基础知识

知识技能要求
1. 理解砌筑工安全生产要求的重要性。
2. 掌握房屋基本构造。

模块一 砌筑工安全生产要求

一、基本安全要求

1. 在深度超过 1.5 m 的基坑中砌筑基础时，应检查槽帮有无裂缝、水浸或坍塌的危险隐患。送料、砂浆要设有溜槽，严禁向下猛倒和抛掷物料等，如图 1—1 所示。

图 1—1 在深度超过 1.5 m 的基坑中砌筑基础时，应设溜槽

2. 距槽帮上口 1 m 以内，严禁堆积土方和材料。砌筑 2 m 以上深基础时，应设有梯或坡道，不得攀跳槽、沟及坑上下，不得站在墙上操作。

3. 砌筑使用的脚手架，未经交接验收不得使用。验收使用后不准随便拆改或移动。

4. 在架子上用瓦刀或刨锛砍砖，操作人员必须面向里，把砖头斩在架子上。挂线用的坠物必须绑扎牢固。作业环境中的碎料、落地灰、杂物、工具集中下运，做到日产日清、自产自清、活完料净场地清，如图 1—2 所示。

5. 脚手架上堆放料量不得超过规定荷载（均布荷载每平方米不得超过 3 kN，集中荷载不超过 1.5 kN）。

6. 采用里脚手架砌墙时，不准站在墙上清扫墙面和检查大角垂直等作业。不准在刚砌好的墙上行走。

图 1—2　用刨锛砍砖，操作人员必须面向里，把砖头斩在架子上

7. 在同一垂直面上上下交叉作业时，必须设置安全隔离层。

8. 用起重机吊运砖时，当采用砖笼往楼板上放砖时，要均匀分布，并必须预先在楼板底下加设支柱及横木承载。砖笼严禁直接吊放在脚手架上。

9. 在地坑、地沟里砌砖时，严防塌方并注意地下管线、电缆等。在屋面坡度大于25°时，挂瓦必须使用移动板梯，板梯必须有牢固挂钩。檐口应搭设防护栏杆，并立挂密目安全网。

10. 屋面上瓦应两坡同时进行，保持屋面受力均衡，瓦要放稳。屋面无望板时，应铺设通道，不准在桁条、瓦条上行走，如图1—3所示。

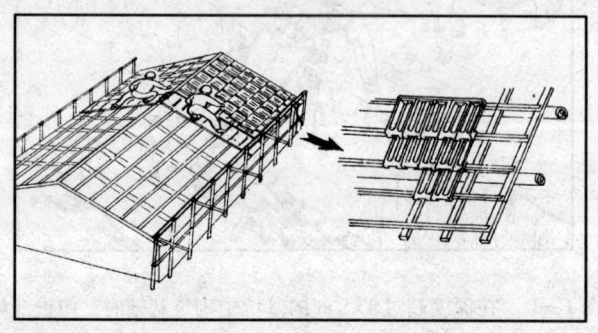

图 1—3　屋面上瓦应两坡同时进行，保持屋面受力均衡

11. 在石棉瓦等不能承重的轻型屋面上作业时，必须搭设临时走道板，并应在屋架下弦搭设水平安全网，严禁在石棉瓦上作业和行走。

12. 冬季施工有霜、雪时，必须将脚手架等作业环境的霜、雪清除后方可作业。

二、砌砖施工安全要求

1. 基础砌砖时，应经常注意和检查基坑土质变化情况，有无崩裂和塌陷现象。当深基装设挡板支顶时，操作人员应设梯子上下，不应攀爬支顶和踩踏砌体上下；运料下基坑不得碰撞支顶。

2. 基坑边堆放材料距离坑边不得小于1 m，还应按土质的坚实程度确定。当发现土壤出现水平或垂直裂缝时，应立即将材料搬离并进行基坑装顶加固处理。

3. 脚手架站脚处的高度，应低于已砌砖的高度。

4. 不准站在墙上做画线、量角、清扫墙面等工作,如图1—4所示。上下脚手架应走斜道,严禁踏上窗台出入平桥。

图1—4　不准站在墙上做画线、量角、清扫墙面等工作

5. 从砖垛上取砖时,应先取高处后取低处,防止垛倒砸人。
6. 砍砖时应面向内打,注意防止碎砖弹出伤人。
7. 砌砖在一层以上或高度超过2 m时,若建筑物外边没有架设脚手架平桥,则应支架安全网或护身栏杆。
8. 砌砖使用的工具、材料应放在稳妥的地方,工作完毕应将脚手板和砖墙上的碎砖、灰浆等清扫干净,防止掉落伤人,如图1—5所示。

图1—5　工作完毕应将脚手板和砖墙上的碎砖、灰浆等清扫干净,防止掉落伤人

三、中、小型砌块施工安全要求

1. 砌块施工宜组织专业小组进行。施工人员必须认真执行有关安全技术规程和本工种的操作规程。
2. 吊装砌块和构件时应注意其重心位置,禁止用起重拔杆拖运砌块,不得起吊有破裂脱落危险的砌块。起重拔杆回转时,严禁将砌块停留在操作人员的上空或在空中整修、加工砌块。吊装较长构件时应加稳绳。吊装时不得在其下一层楼内进行任何工作。起吊砌块的夹具要牢固,就位放稳后,方能松开夹具,如图1—6所示。
3. 堆放在楼板上的砌块不得超过楼板的允许承载力。采用内脚手架施工时,在二层楼面以上必须沿建筑物四周设置安全网,并随施工高度逐层提升,屋面工程完工前不得拆除。

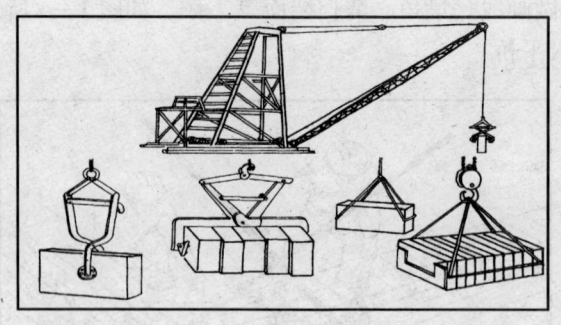

图1—6 起吊砌块的夹具要牢固,就位放稳后,方能松开夹具

4. 安装砌块时,不准站在墙上操作和在墙上设置支撑、缆绳等。在施工过程中,对稳定性较差的窗间墙、独立柱应加稳定支撑。

模块二 房屋基本构造

一、基础类型及构造

建筑物与土层直接接触的部分称为基础,它是建筑物的重要组成部分,承受着建筑物的全部荷载,并将它们传给地基。

基础的类型是由建筑上部结构形式、荷载大小和土质情况决定的。

当上部结构采用砖墙承重时,基础多做成条形基础,如图1—7所示,主要有砖基础、毛石基础、混凝土基础、毛石混凝土基础等形式。条形基础的截面形式如图1—8所示。

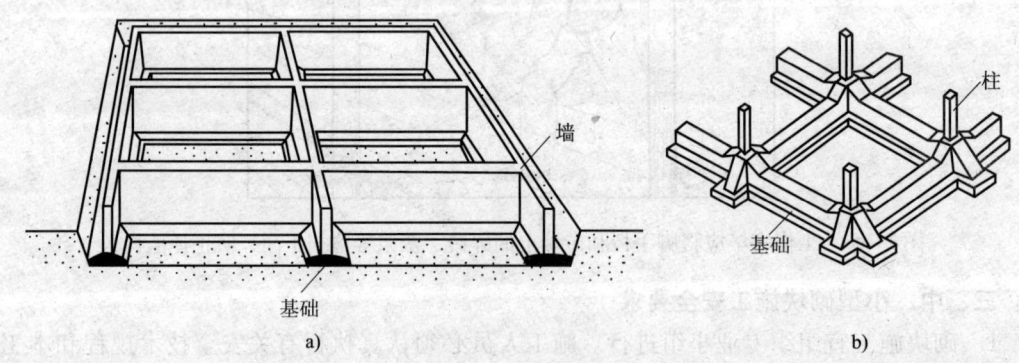

图1—7 条形基础
a) 墙下条形基础 b) 柱下条形基础

砖基础、毛石基础、混凝土基础、毛石混凝土基础等用刚性材料做成的基础,称为刚性基础。基础由垫层、大放脚、基础墙三部分组成,如图1—9所示为砖砌条形基础。

基础在地基反力的作用下,大放脚及垫层底部受到很大的拉力,大放脚或垫层就会被拉裂。实践表明,大放脚或垫层如果控制在某一角度之内就不会被拉裂,该角度称为刚性角,即图1—10中的 α 角。通常用基础挑出长度 b 与高度 H 之比(宽高比)进行限制。为了便于施工,刚性基础常做成台阶状。

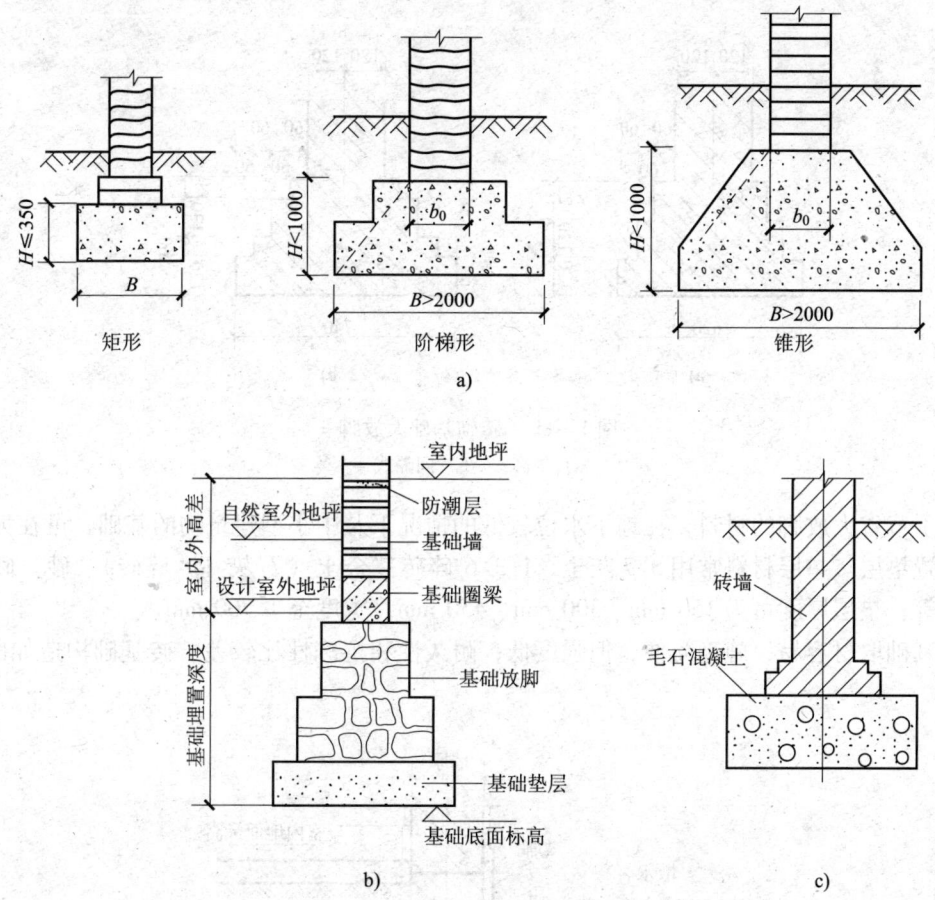

图1—8 条形基础的截面形式
a) 条形混凝土基础 b) 条形毛石基础 c) 条形毛石混凝土基础

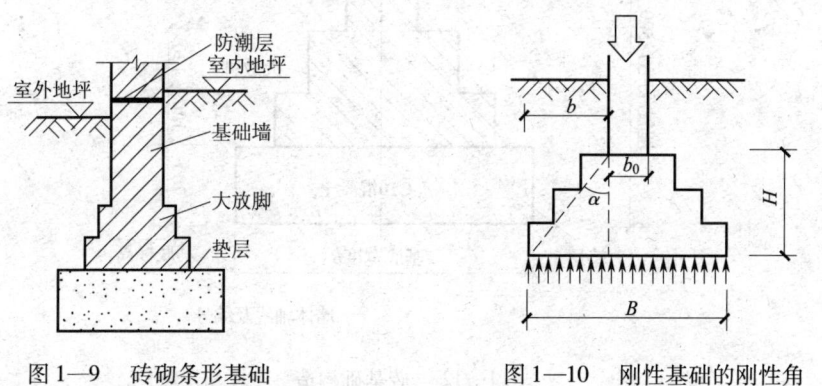

图1—9 砖砌条形基础　　　图1—10 刚性基础的刚性角

1. 砖基础

砖基础是用黏土砖和水泥砂浆砌筑而成。砖的强度等级不应低于MU7.5，砂浆的强度等级不应低于M2.5。基础墙的下部做成台阶形，叫做大放脚。做大放脚的目的是增加基础底面的宽度，增大基础底部受力面积。大放脚的做法可采用等高式（每砌两皮砖两边各收进1/4砖长）或间隔式（两皮一收与一皮一收交替，每次收进1/4砖长），如图1—11所示。

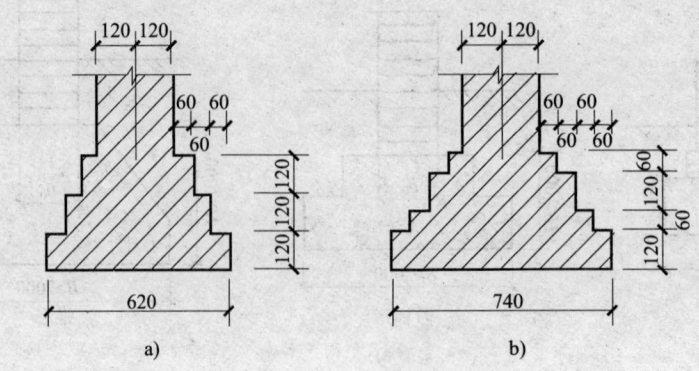

图1—11 砖砌基础大放脚
a) 等高式 b) 间隔式

为了节省大放脚的材料,在地下水位较低的情况下及中小型建筑物的基础,可在大放脚下面设置垫层。垫层材料常用3:7灰土、1:3:6碎砖三合土(石灰:砂:碎砖)、砂、砂石和混凝土等,垫层厚度可为150 mm、300 mm、450 mm,宽度至少700 mm。

砖基础取材容易,施工简便,但强度低,耐久性和抗冻性比较差。砖基础构造如图1—12所示。

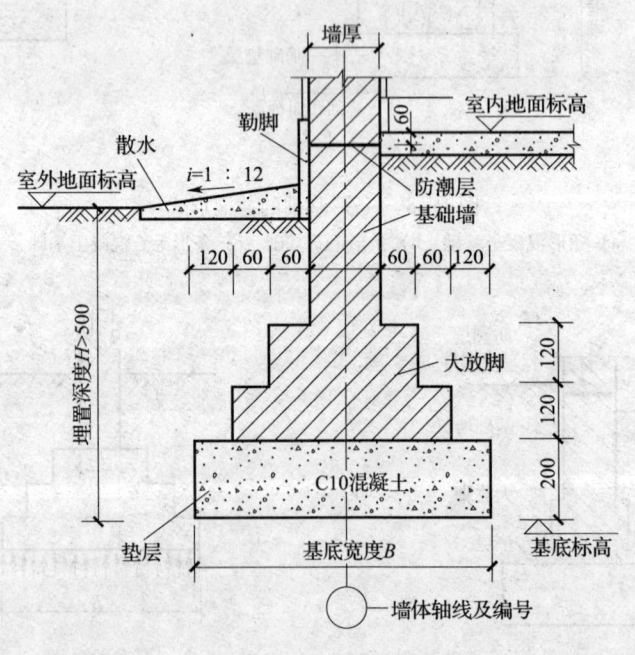

图1—12 砖基础构造

2. 毛石基础

用毛石和水泥砂浆砌筑基础。毛石基础的断面形式为矩形或阶梯形,基础上部宽出墙身100 mm以上,每个台阶高度不小于400 mm,伸出宽度不宜大于200 mm,如图1—13所示。

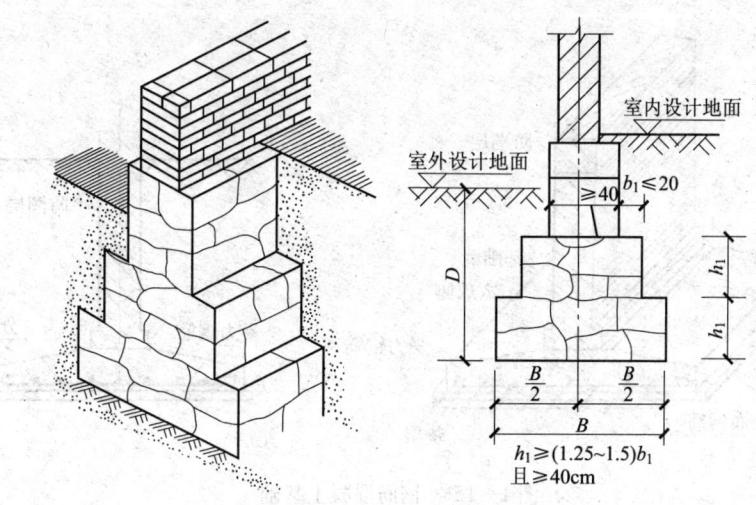

图 1—13 毛石基础

砌筑毛石基础时,用较平毛石铺底,毛石高度不小于 150 mm,长、宽约 300~400 mm。注意错缝搭接,并用砂浆将缝填实灌满。

3. 混凝土基础

混凝土基础用混凝土浇捣而成,基础较小时,多用矩形、台阶形及梯形截面;基础较大时,多采用台阶形或梯形。有时为了节约水泥,可在混凝土中投入 30% 以下的毛石,这种基础叫毛石混凝土基础。混凝土基础如图 1—14 所示。

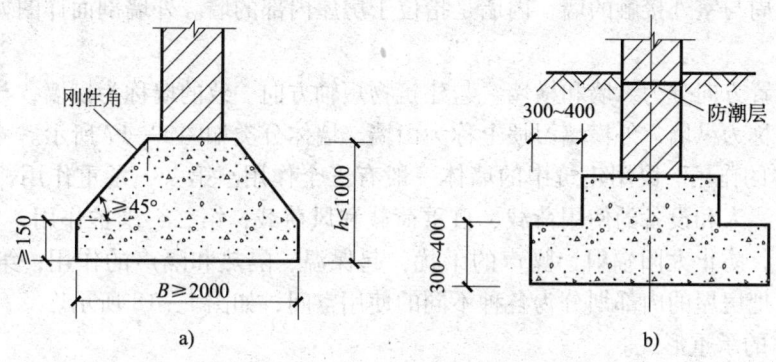

图 1—14 混凝土基础
a) 梯形混凝土基础　b) 台阶形混凝土基础

4. 钢筋混凝土基础

钢筋混凝土因其中钢筋抗拉能力很强,因此,钢筋混凝土基础能承受较大的弯曲能力。基础底面宽度不受高宽比的限制。一般混合结构房屋较少采用此种基础,只有在上部荷载较大,地基承受能力较弱时才采用。

混凝土的强度等级不低于 C15,钢筋根据结构计算配置。基础边缘高度不小于 150 mm,基础底部下面常用低强度等级 C10 的混凝土做垫层,厚度为 70~100 mm。垫层的作用是使基础与地基有良好接触,以便均匀传力。同时在基础支模时平整而不漏浆,保证施工质量,如图 1—15 所示。

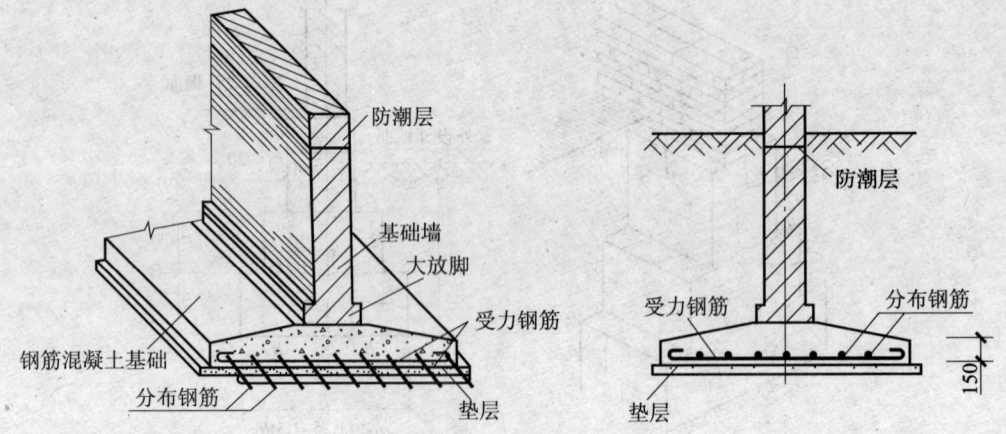

图1—15　钢筋混凝土基础

二、墙体类型及构造

墙体是房屋的一个重要组成部分。在一般民用建筑中，墙体工程量占有相当大的比重，墙体和楼板被称为房屋的主体工程。墙体的造价占工程总造价的30%~40%，墙体的重量占建筑物总重量的40%~60%。墙体材料和构造方法将直接影响建筑物的使用质量、造价、施工工期和材料消耗。

1. 墙体的类型、作用及要求

（1）墙体的类型。在房屋建筑中，按墙体在平面上位置的不同，分为外墙和内墙。外墙是指房屋四周与室外接触的墙，内墙是指位于房屋内部的墙。外墙剖面详图如图1—16所示。

按墙的布置方向分为纵墙和横墙。与建筑物短轴方向一致的墙称为横墙，与建筑物长轴方向一致的墙称为纵墙，外横墙习惯上称为山墙。墙体分类如图1—17所示。

（2）墙体的作用。民用建筑中的墙体一般有三个作用。第一，承重作用，它承受房屋的屋顶、楼层、人和设备的使用荷载、自重荷载和风荷载；第二，围护作用，它能阻隔风、雨、雪的侵袭，防止太阳辐射、噪声的干扰，起保温、隔热和隔声的作用；第三，分隔作用，墙体可以把房屋的内部划分为各种不同的使用空间，如图1—18所示。

（3）墙体的承重形式。

1）横墙承重。横墙承重就是将梁或楼板搁置在横墙上，由横墙承受主要的垂直荷载，如图1—19a所示。一般住宅多采用这种形式的承重。

2）纵墙承重。纵墙承重就是把梁或楼板搁置在纵墙上，多用于开间要求较大的建筑，如图1—19b所示。

3）纵横墙混合承重。纵横墙混合承重就是把梁或楼板同时搁置在纵墙和横墙上，其特点是房间布置灵活，整体刚度好，如图1—19c、d所示。

4）墙与柱混合承重。墙与柱混合承重又称为内框架承重，它是指房间内部由梁和柱形成承重体系，房屋四周由纵墙和横墙承重。其特点是房屋空间大，布置灵活，整体性能、抗震性能较好，如图1—19e所示。

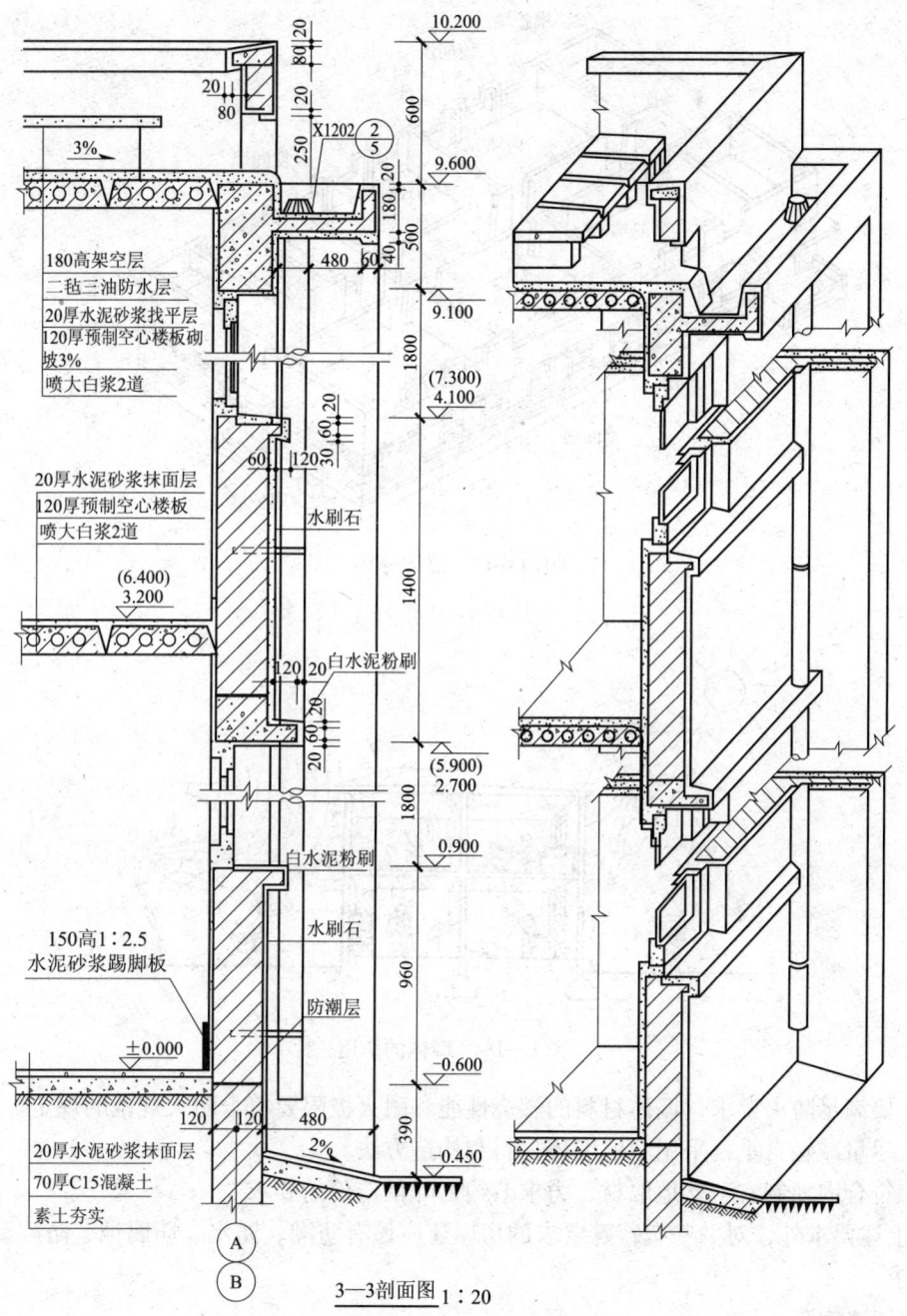

图1—16 外墙剖面详图

按墙体的材料和制品,又可分为砖墙、石墙、砌块墙等。

(4) 对墙体的要求。墙体一般应满足下列几项要求:

1) 所有墙体都应具有足够的强度和稳定性,以保证房屋的坚固耐久。

2) 应满足防寒、隔热方面的要求,以保证房间内具有良好的气候条件和卫生条件。

3) 要满足隔声方面的要求,避免噪声的影响,保证有一个安静的生活或工作环境。

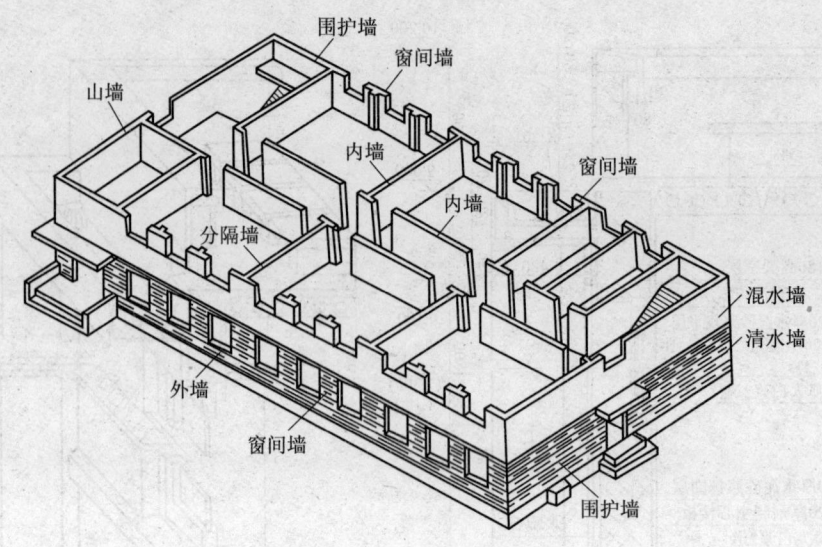

图1—17 墙体分类

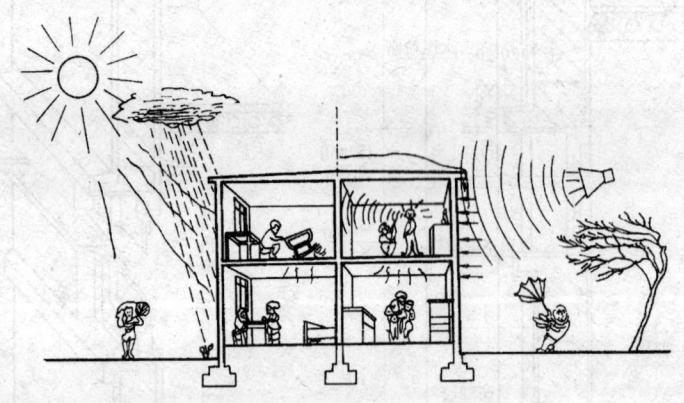

图1—18 墙体的作用

4）要满足防火要求，墙体材料的燃烧性能和耐火极限要符合防火规范的规定。

5）尽量减轻自重，采用新的墙体材料和构造方法。

6）符合因地制宜、就地取材、力求节约、降低造价的要求。

除上述要求外，对一些有特殊要求的房屋还应该有防潮、防水、防腐蚀、防震动、防射线等要求。

2. 砖墙构造

我国采用砖墙已有2000多年的悠久历史，在今后相当长的时期内，尤其是村镇建筑中，砖墙仍是广泛应用的墙体形式。砖墙分为实心砖墙、空斗砖墙和空心砖墙等。

（1）实心砖墙。砌筑要求砖缝横平竖直，错缝搭接，砂浆饱满，薄厚均匀。

砖墙按其厚度分为半砖墙（115 mm），通称12墙；3/4砖墙（178 mm），通称18墙；一砖墙（240 mm），通称24墙；一砖半墙（365 mm），通称37墙；两砖墙（490 mm），通称49墙。如图1—20所示。

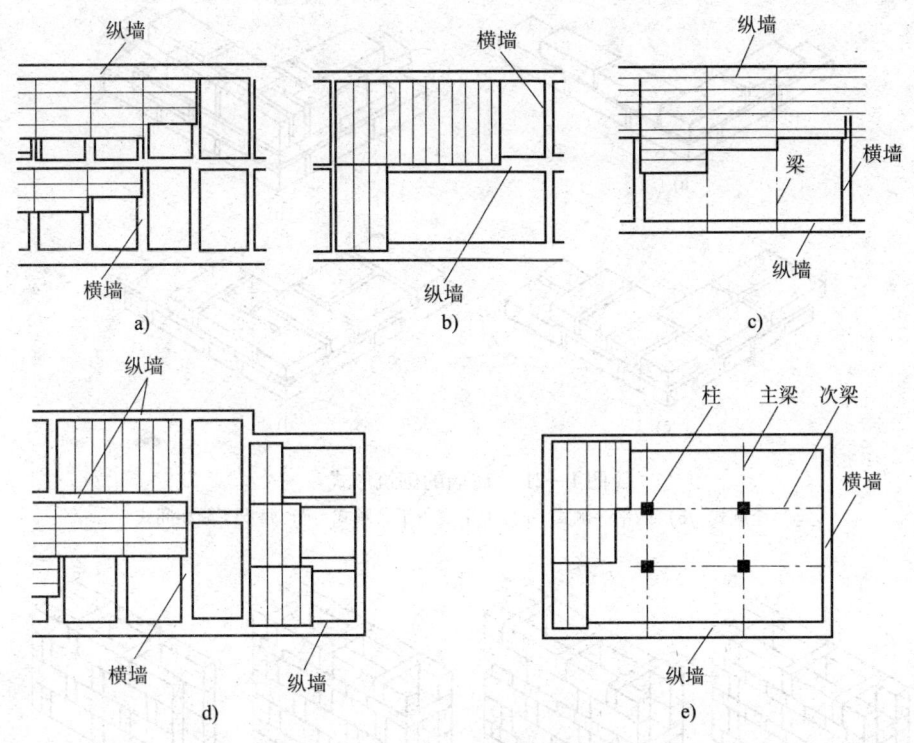

图1—19 墙体的承重方案
a) 横墙承重 b) 纵墙承重 c), d) 纵横墙混合承重 e) 墙与柱混合承重

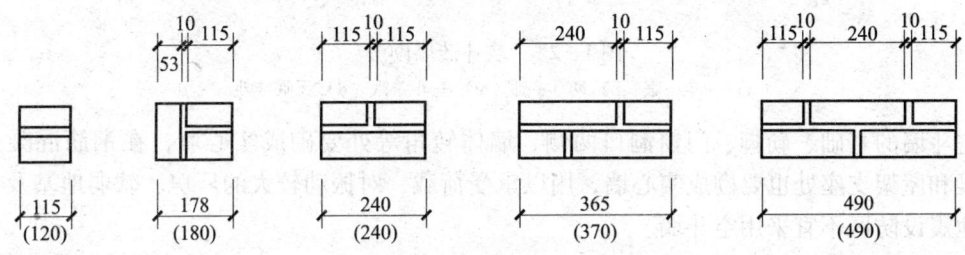

图1—20 墙厚与砖规格的关系
注：( )内尺寸为标志尺寸

实心砖墙的砌筑形式有全顺式、两平一侧式、上下皮一丁一顺式及每皮丁顺相间式，如图1—21所示。全顺式适用于半砖墙（12墙），两平一侧式适用于3/4砖墙（18墙），上下皮一丁一顺式和每皮丁顺相间式适用于厚度在一砖以上的砖墙。

（2）空斗砖墙。空斗砖墙是普通黏土砖用平砌和侧砌相结合的方法砌筑的。平砌的砖称为眠砖，侧砌的砖（包括面砖和丁砖）称为斗砖，面砖和丁砖所形成的孔称为空斗。

空斗墙所采用的普通黏土砖的强度等级应不小于MU7.5，砂浆的强度等级应不小于M2.5。

空斗墙的砌筑方式有一斗一眠、两斗一眠、三斗一眠和无眠空斗等，如图1—22所示。

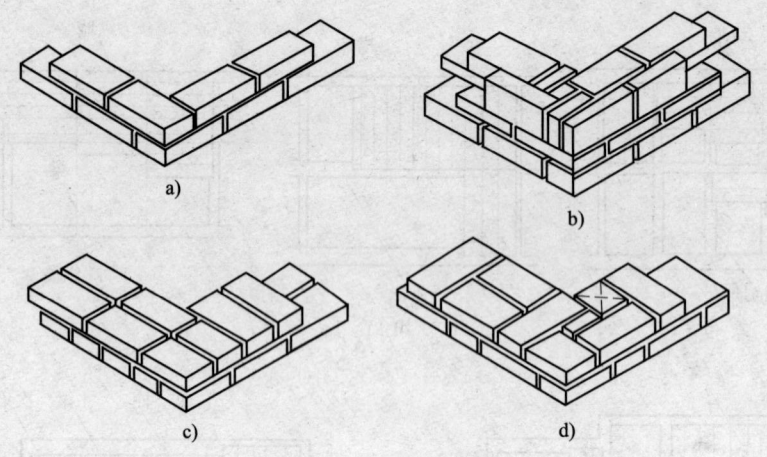

图1—21 砖墙的砌筑形式
a) 全顺式 b) 两平一侧式 c) 上下皮一丁一顺式 d) 每皮丁顺相间式

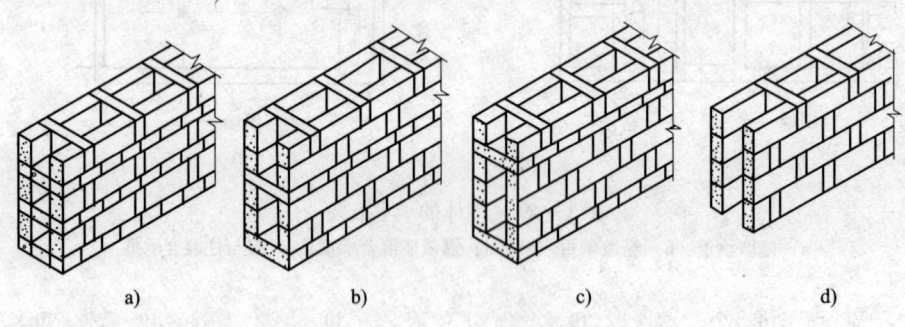

图1—22 空斗砖墙砌法
a) 一斗一眠 b) 两斗一眠 c) 三斗一眠 d) 无眠空斗

空斗墙的基础、勒脚、门窗洞口两侧、墙体转角等处要砌成实心墙，在钢筋混凝土楼板、梁和屋架支座处也要砌成实心墙，用以承受荷载，对振动较大的厂房、软弱地基及6度以上地震设防区不宜采用空斗墙。

空斗墙和实体墙相比可省砖22%~38%，降低造价30%~40%。但空斗墙承载能力低，对砖的质量要求高，施工也比较复杂。由于空斗砖墙墙体刚度差，稳定性不好，只能用于临时一般性建筑墙体。

（3）空心砖墙。空心砖墙是用空心砖和砂浆砌筑而成，砂浆的强度等级不低于M2.5。空心砖多采用整砖顺砌，上下皮竖缝互相错开1/2砖长，也可采用整砖与半砖相间的砌法，如图1—23所示，在墙的底部一般需砌3~5皮普通黏土砖，在门窗洞口两侧一砖范围内也应用普通黏土砖实砌。

3. 石墙构造

在多山的产石地区，村镇建筑中常利用天然石料砌筑墙体。石墙可用加工过的方正石块，也可用未加工过的毛石、片石与水泥、石灰、混合砂浆等砌筑。一般适用于平房的围护墙或承重墙，也可用做窗台以下的墙体。砌筑石墙同样要求错缝搭接、灰缝饱满，以保证石墙的强度和稳定性。

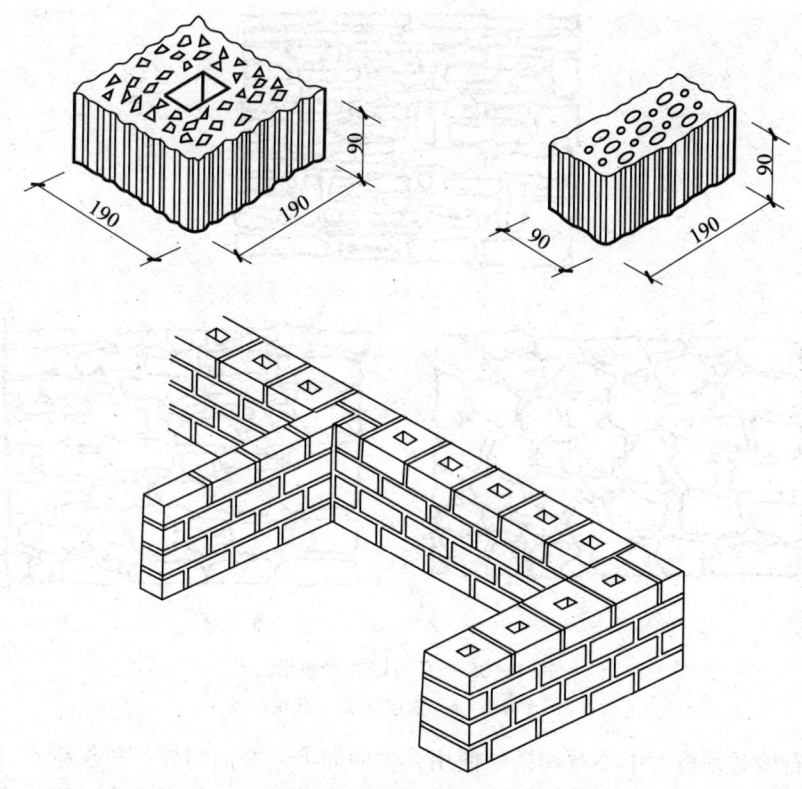

图1—23 空心砖墙砌法

(1) 整石墙。整石墙是用琢凿精细的石块砌筑而成，表面可以琢成各种花纹，墙厚一般为180～800 mm。整石墙的砌法有两种，一种是利用大小相同的石块砌筑，灰缝呈现规则形式；另一种是利用大小不同的石块砌筑，灰缝呈现不规则形式。石块长600～1 200 mm，宽200～700 mm，厚度为150～400 mm，灰缝厚度一般在15 mm左右，如图1—24所示。

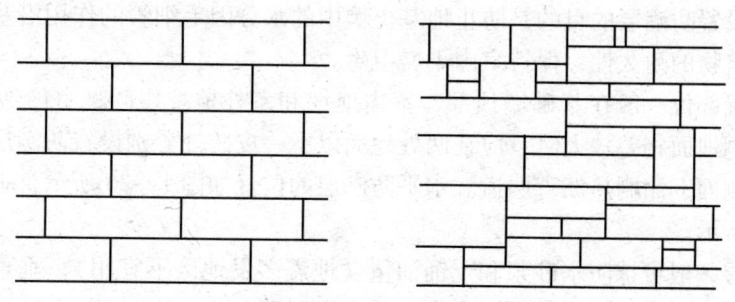

图1—24 整石墙砌筑形式

(2) 乱石墙。乱石墙是用大小不等、形状不一、未经琢凿的石块砌筑而成，墙面凹凸不平。其种类有片石墙、虎皮石墙、块石墙等，如图1—25所示。

乱石墙所用乱石尺寸长边不小于墙厚的2/3，短边不小于墙厚的1/3，石块的外形一般要求有座面和照面，以平面较多为好。墙厚一般为300～400 mm。

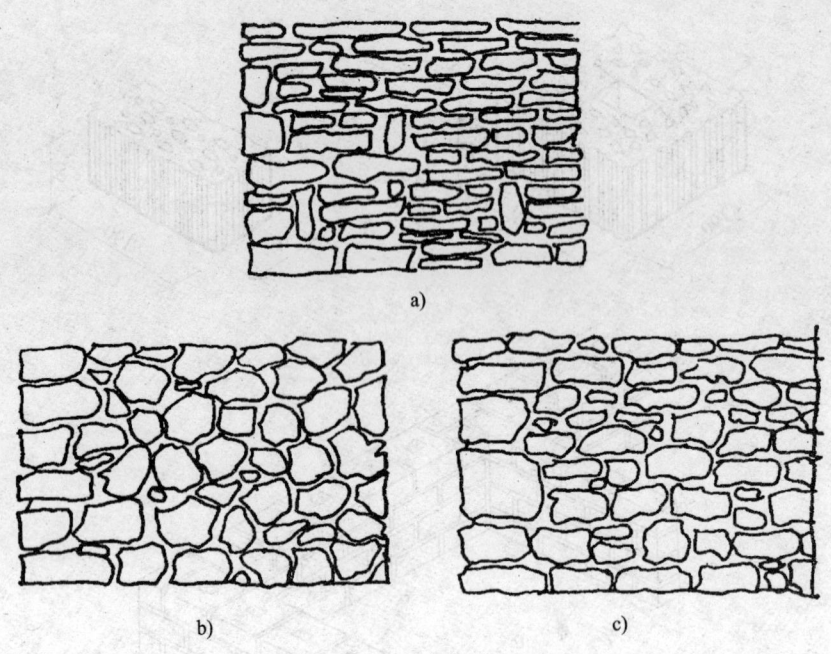

图1—25 乱石墙的砌筑形式
a) 片石墙 b) 虎皮石墙 c) 块石墙

砌筑乱石墙时须将大中小石块搭配使用,大面向下,好面向外;每层砌石互相错缝,各层之间尽量使丁顺间隔排列,交错搭接,楔形石料尖头向上,斜口向内,石块之间不可挤得过紧,以免灰浆灌不进去,造成空隙,石墙的外表面应用水泥砂浆勾缝防止雨水渗入墙内,冻胀开裂,在转角处及门窗洞口周围,要用较整齐的石块砌筑。

三、墙体细部构造

墙体的细部构造一般指在墙身上的细部做法,其中包括墙身防潮层、勒脚、散水与明沟、窗台、过梁、圈梁、变形缝等内容。

1. 墙身防潮层

在墙身中设置防潮层的目的是防止地基土壤中的水分因毛细管的作用沿基础墙上升侵入墙身,提高建筑物的耐久性,保持室内干燥卫生。

防潮层设置部位一般在基础墙顶部,室内地坪和室外地坪之间,室内地坪以下一皮砖处,如内墙两侧地面相差较大时,应在两处地面以下一皮砖处分别设置防潮层,并在靠土壤一侧的基础墙侧面上涂刷热沥青两道。水平防潮层的位置如图1—26所示,垂直防潮层的位置如图1—27所示。

水平防潮层一般可抹防水砂浆和干铺油毡(地震多发地区不宜用),垂直防潮层一般先抹水泥砂浆找平墙面,再涂冷底子油一道,热沥青两道。

防潮层可采用以下几种做法:

(1) 用15 mm厚1:3水泥砂浆卧砌青石板或缸砖、瓷砖等不吸水材料。

(2) 在15 mm厚1:3水泥砂浆找平层上铺油毡一层。

(3) 铺20~25 mm厚1:2水泥砂浆加水泥质量的3%~5%防水剂拌和而成的防水砂浆。

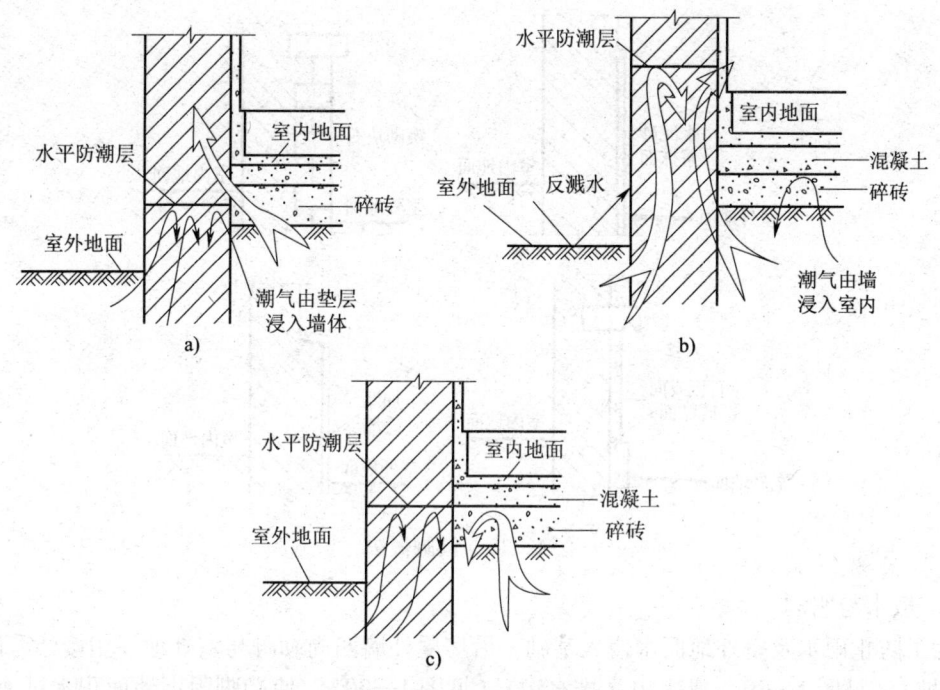

图1—26 水平防潮层的位置
a）位置过低 b）位置过高 c）位置合适

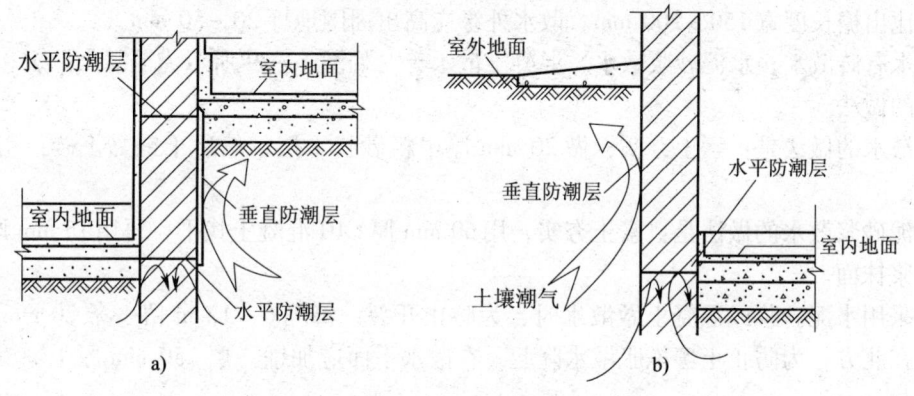

图1—27 垂直防潮层的位置
a）当室内地层有高差时 b）当室内地面低于室外地面时

（4）设有地圈梁或基础梁可不另设防潮层。

2．勒脚

外墙靠近室外地坪处的表面处理叫勒脚，如图1—28所示。墙脚经常受地下水、地面水、屋檐滴下的雨水的侵蚀，且容易受到踢、碰、虫蛀、冰冻、风化造成的危害。因此，勒脚具有保护墙面，保证室内干燥，提高建筑物的耐久性，同时还有美化建筑外观的作用。

勒脚的做法有多种，常采用的有水泥砂浆勒脚、水刷石勒脚、特制面砖勒脚、加厚砖石墙勒脚。

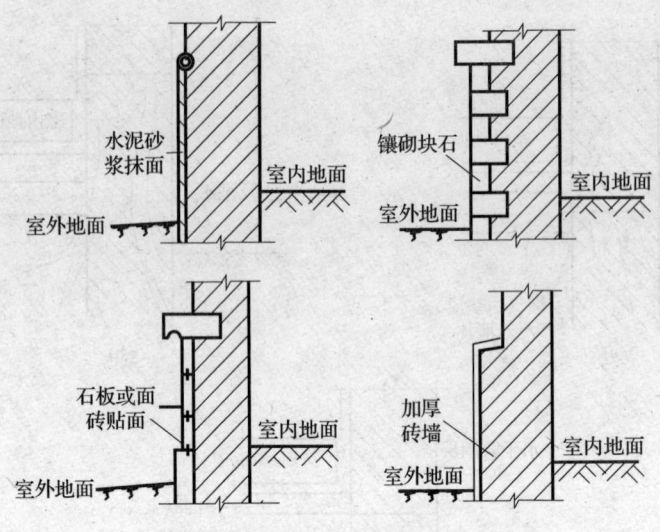

图1—28 勒脚做法

3. 散水与明沟

为了防止雨水及室外地面水侵入基础，沿房屋外墙四周勒脚与室外地坪相接处需设散水（排水坡）（见图1—29）或明沟（排水沟）（见图1—30），使勒脚附近地面积水迅速排走，同时也防止檐口滴水冲刷房屋四周的土壤，有效地保护房屋基础。

散水的坡度一般为3%～5%，宽度一般不小于600 mm。当屋顶采用自由落水时，散水宽度应比出檐长度宽150～200 mm。散水外缘应高出周围地坪20～50 mm。

散水有砖散水、水泥砂浆散水、混凝土散水等。如图1—29所示为混凝土散水和碎石灌浆散水的做法。

砖散水的做法是：素土夯实，做20 mm厚中粗砂找平层，然后干铺黏土砖，用砂或砂浆扫缝。

水泥砂浆散水的做法是：素土夯实，用60 mm厚C10混凝土找平，再用15 mm厚1:2.5水泥砂浆抹面。

当采用水泥砂浆或混凝土做散水时，为防止开裂，每隔6～12 m留一条20 mm宽的伸缩缝。在北方，为防止土壤冻胀散水隆起，在散水下面应加铺一层250 mm厚干炉渣或干砂等松散材料。

雨水较多的地区一般做明沟，明沟纵向坡度不小于1%，其构造做法如图1—30所示。

4. 窗台

窗洞下部称窗台，窗框外称外窗台，窗框内称内窗台。外窗台的作用是排除雨水，保护墙面。内窗台的作用是排除窗上的冷凝水，保护窗洞口下内墙面，便于清洁，便于放置物品，同时可起装饰作用。

外窗台做法一般有砖砌窗台，砖砌窗台有平砌和侧砌两种方法，砌好后用水泥砂浆勾缝而不另抹面的叫清水窗台，用水泥砂浆抹面的叫混水窗台，混水窗台需抹出滴水槽或滴水斜面，以防窗台下发生爬水现象，混凝土或钢筋混凝土预制窗台、水磨石板窗台一般要求凸出墙面60 mm，长度比窗洞每侧宽120 mm。

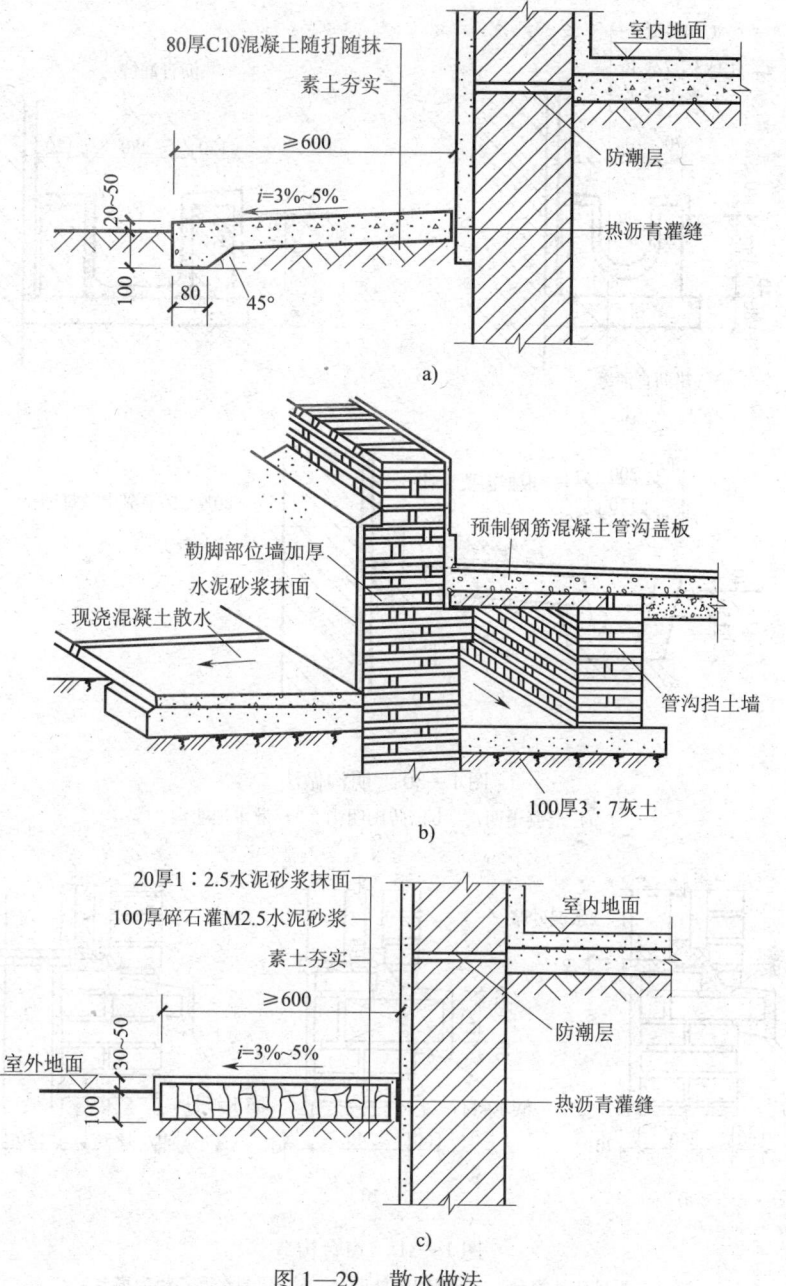

图 1—29 散水做法
a), b) 混凝土散水 c) 碎石灌浆散水

内窗台有砖砌、水泥砂浆抹面窗台，还有预制钢筋混凝土板窗台，预制水磨石板和木板窗台等。

窗台构造如图 1—31 所示。

5．过梁

墙体上开设门窗洞口时，洞口上部的横梁叫门窗过梁。过梁的作用是支撑上部砌体及梁板传来的荷载，并将这些荷载传给洞口两侧的墙体，保护门窗不被压坏、压弯。过梁的种类很多，常用的有砖过梁、钢筋砖过梁、钢筋混凝土过梁等。

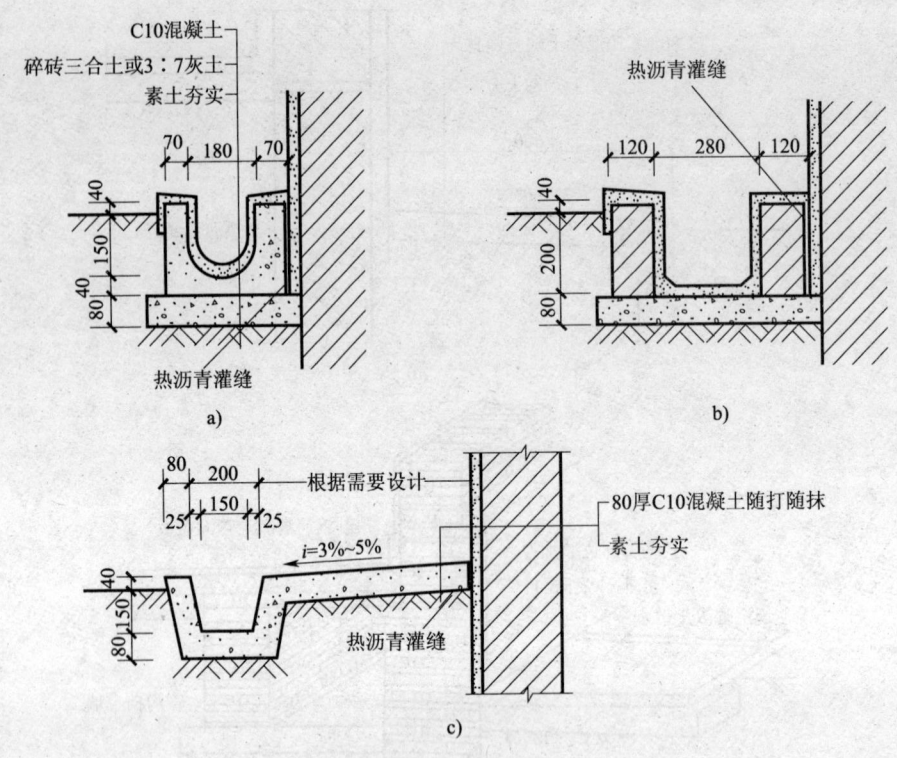

图1—30 明沟做法
a) 混凝土明沟 b) 砖砌明沟 c) 散水加明沟

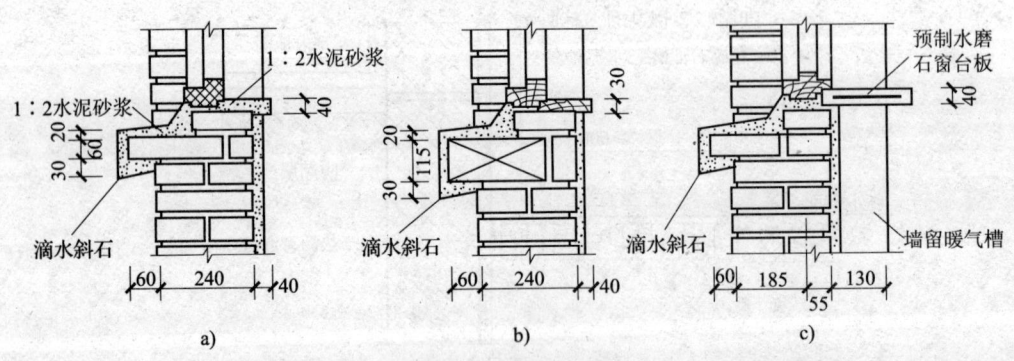

图1—31 窗台构造
a) 平砌砖外窗台 b) 侧砌砖外窗台 c) 预制水磨石板内窗台

(1) 砖过梁。砖过梁有平拱式和弧拱式两种,如图1—32所示。砖过梁用黏土砖和混合砂浆砌筑而成,砖的强度等级不低于MU7.5,砂浆的强度等级不低于M5。过梁的厚度同墙厚,高度为一砖或一砖半。拱砖应为单数竖砌,并对称于中心向两边倾斜,灰缝上宽下窄,上灰缝不大于20 mm,下灰缝不小于5 mm。

平拱砖过梁跨度一般在1 200 mm左右,起拱高度为跨度的1/100～1/50。弧拱砖过梁起拱高度较大,一般为跨度的1/15～1/10,其跨度在2～3 m之间。砖过梁的特点是不用钢筋,节省水泥,适用于无集中荷载作用、振动小、地基承载力均匀的建筑。

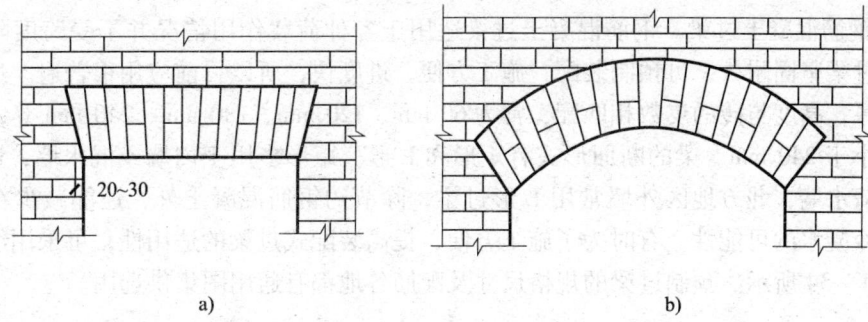

图 1—32 砖过梁
a) 平拱砖过梁 b) 弧拱砖过梁

（2）钢筋砖过梁。钢筋砖过梁是用砖平砌，在灰缝中加钢筋的一种过梁，如图 1—33 所示。砖的强度等级不低于 MU7.5，砂浆的强度等级不低于 M2.5，过梁高度为 5~7 皮砖，同时不小于 1/3 洞口跨度，钢筋 2~3 根 ϕ6~8 mm（每一砖墙厚），伸入洞口两侧墙内不小于 240 mm，并向上弯起 60 mm。钢筋砖过梁跨度可达 2 m。

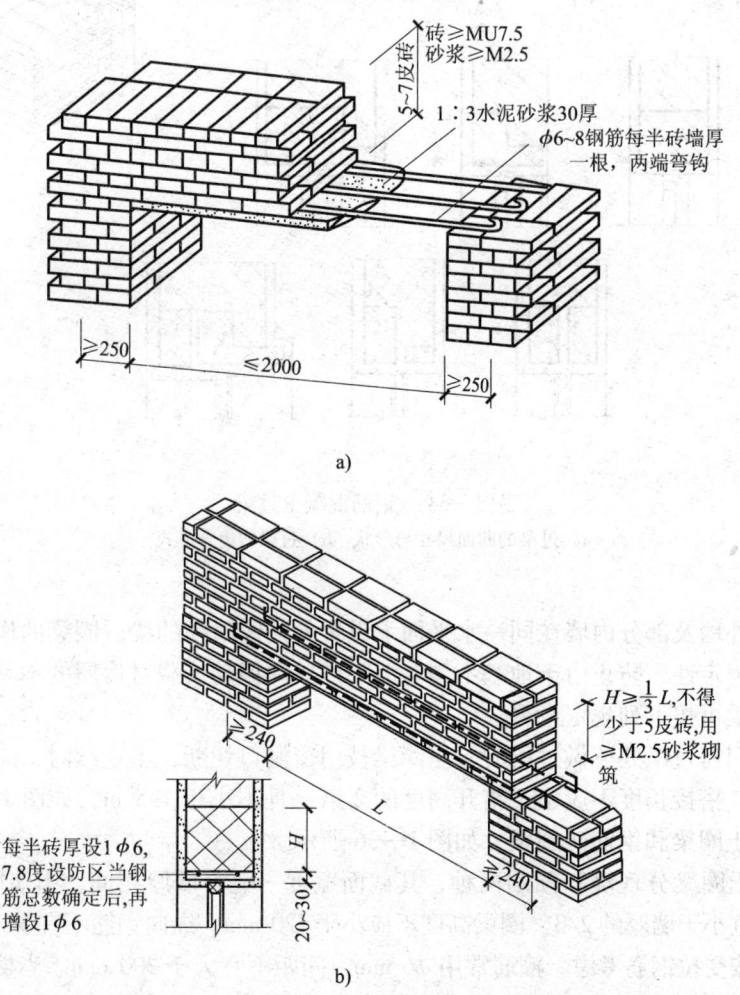

图 1—33 钢筋砖过梁
a) 钢筋砖过梁视图一 b) 钢筋砖过梁视图二

（3）钢筋混凝土过梁。钢筋混凝土过梁适用于各种荷载作用情况并不受跨度限制，钢筋混凝土过梁坚固耐久，可预制装配，施工方便，进度快，所以目前应用很普遍。过梁宽度一般同墙厚，高度与砖的皮数相匹配，常为60 mm、120 mm、180 mm、240 mm等，梁端伸入墙内不小于240 mm。梁的断面形式有矩形和L形，矩形多用于内墙或混水墙，L形多用于外墙或清水墙，北方地区外墙常用L形过梁，除节约钢筋混凝土外，还能减少在过梁内表面出现冷凝水的可能性。有时为了施工方便，提高装配式过梁的适用性，可采用组合式过梁，如图1—34所示。预制过梁的规格尺寸及配筋各地都有通用图集供选用。

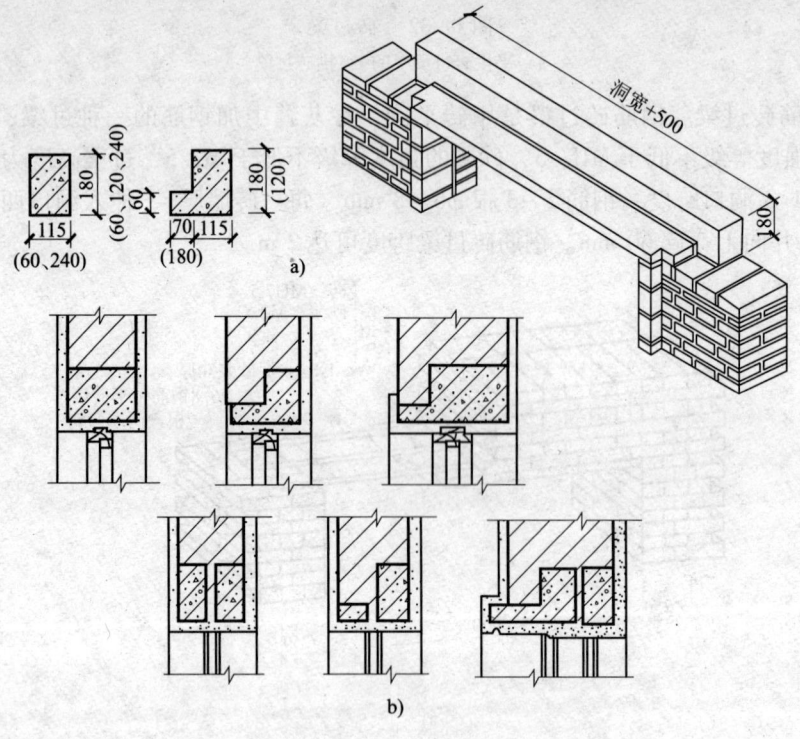

图1—34 钢筋混凝土过梁
a）过梁的断面尺寸与形状 b）过梁的组合方式

6．圈梁

圈梁是沿外墙及部分内墙在同一水平面上设置的连续封闭的梁。圈梁的作用是增强房屋的整体刚度和稳定性，防止由于地基不均匀沉降或较大振动荷载对房屋的不利影响。

墙体中圈梁可按下列规定设置：

圈梁设在门窗过梁处兼做过梁时，当圈梁被门窗洞口切断，不连续时，应在洞口上部设过梁搭接补强，搭接长度不应小于错开高度的2倍，且不小于1.5 m，如图1—35所示。圈梁分钢筋混凝土圈梁和钢筋砖圈梁，如图1—36所示。

钢筋混凝土圈梁分现浇和预制两种，其截面宽度一般与墙厚相同，当墙厚大于240 mm时，其宽度不宜小于墙厚的2/3。圈梁高度不应小于120 mm。纵向钢筋不宜少于4φ8，绑扎接头的搭接长度按受拉钢筋考虑。箍筋常用φ6 mm，间距不宜大于300 mm。当楼板和屋面板采用现浇钢筋混凝土时，圈梁可同楼板整浇在一起，如图1—36b所示。如采用预制钢筋混凝土圈梁时，梁两端的预留筋不宜小于370 mm（供绑扎和第二次浇筑），以保证圈梁的整体性。

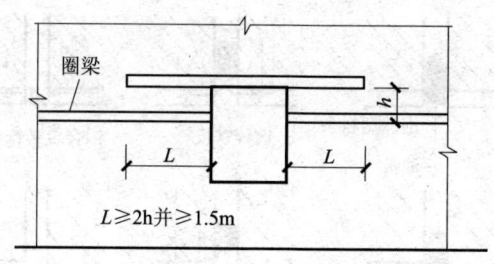

图1—35 圈梁的搭接补强

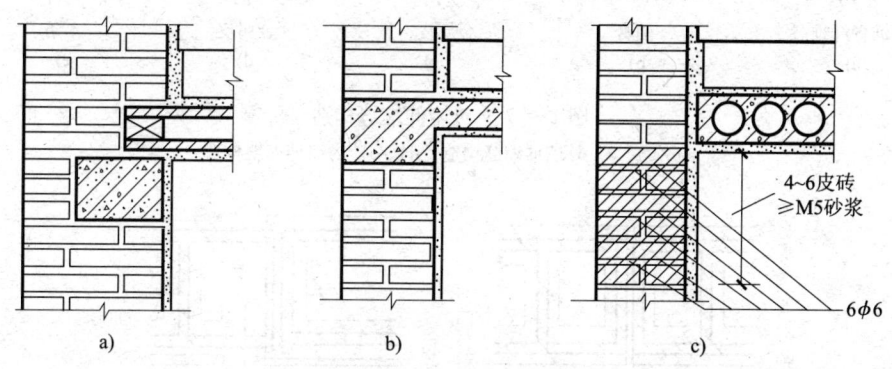

图1—36 圈梁构造
a) 钢筋混凝土圈梁 b) 钢筋混凝土圈梁同楼板整浇在一起 c) 钢筋砖圈梁

钢筋砖圈梁如图1—36c所示，应采用不低于M5的砂浆砌筑，圈梁高度为4～6皮砖。纵向钢筋不宜少于6φ6，水平间距不宜大于120 mm。

7. 变形缝

墙体变形缝包括伸缩缝、沉降缝和抗震缝。

（1）伸缩缝。伸缩缝又称温度缝，为了防止房屋在正常使用条件下，由温差和砌体干缩引起的墙体竖向裂缝，应在墙体中设置伸缩缝。

伸缩缝的宽度为20～30 mm，伸缩缝从基础顶面开始，将墙体、楼盖、屋盖等全部断开，基础因埋于地下，受温度影响小，可不断开。

伸缩缝内填塞经防腐处理的可塑材料，如浸沥青的麻丝、木丝板、泡沫塑料及油膏等。其构造做法如图1—37所示。

（2）沉降缝。为了减少由于地基不均匀沉降对建筑物造成的危害，设沉降缝把建筑物划分成若干个整体刚度较好、自成沉降体系的结构单元，以适应不均匀沉降。沉降缝的位置一般设在：建筑平面转折部位，高度差异（或荷载差异）处，地基土压缩性有显著差异处，建筑结构（或基础）类型不同处，分期建造的砌体建筑的交界处。

缝内一般不填塞材料，当必须填塞材料时，应防止缝两侧的房屋内倾面相互挤压。沉降缝必须从基础底面到屋顶沿房屋全高设置，如图1—38所示。

（3）抗震缝。在设计烈度为8度或8度以上的地震区，当房屋立面高差大于6 m，房屋有错层，且楼板错层高差较大，房屋各部分结构刚度、质量截然不同时，应设抗震缝，将房屋分割成体形规则、结构刚度均匀的独立单元。

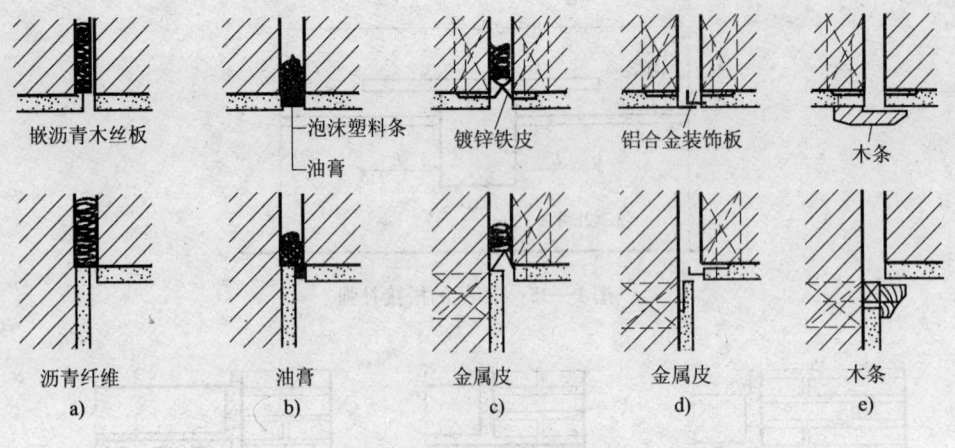

图1—37 砖墙伸缩缝构造
a），b），c）外墙伸缩缝构造　d），e）内墙伸缩缝构造

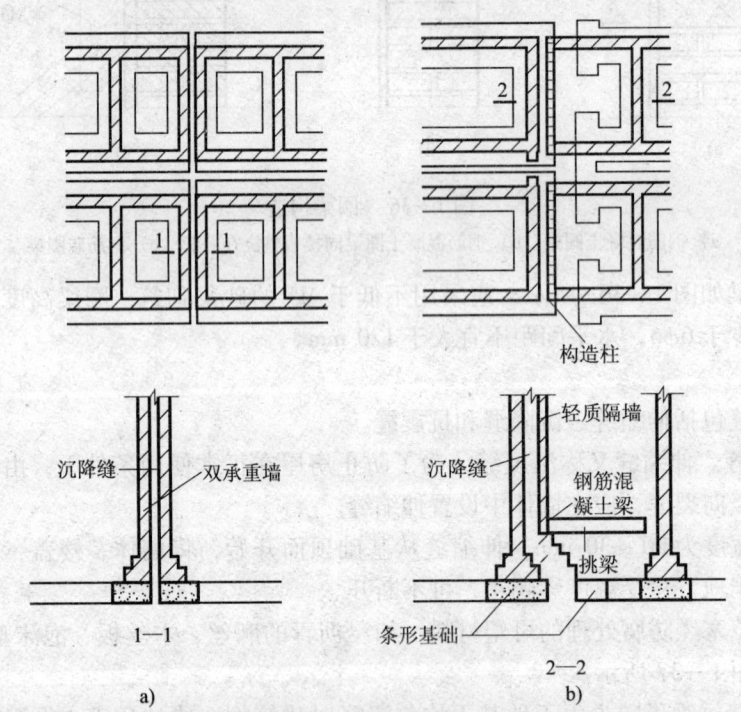

图1—38 砖墙沉降缝基础
a）双墙方案的沉降缝　b）悬挑基础方案的沉降缝

在多层砖房中按设计烈度的不同，抗震缝宽度取 50～70 mm，缝的两侧应设墙，从基础顶面开始，贯穿建筑物全高。抗震缝构造如图1—39所示。

8．烟道与通风道

烟道的作用是排除炉内烟雾及废气；通风道则是加强空气对流，调节室内空气。

烟道与通风道是在墙身中留设垂直孔洞形成的，孔洞断面以通风量而定，一般不小于 135 mm × 135 mm。

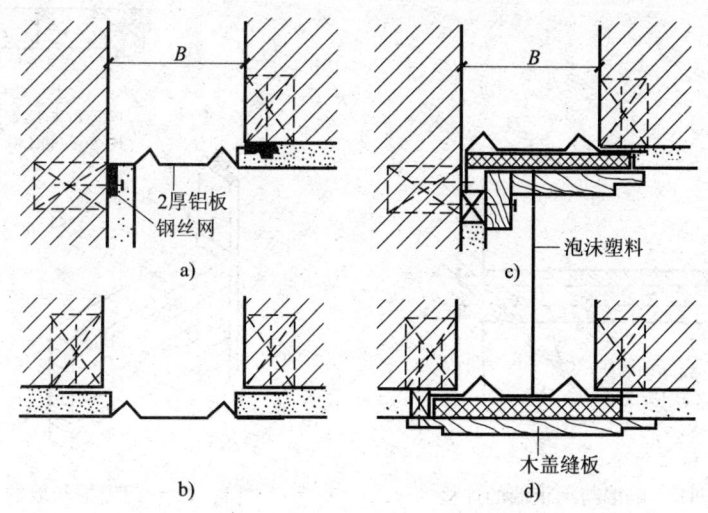

图1—39 墙体抗震缝构造
a),b) 外墙 c),d) 内墙

烟道与通风道应设在内墙中,并相间排列。如设在外墙内易受冷空气影响,从而降低排烟换气的速度。相间排列的好处是烟道中的热气可使通风道内的空气温度上升,从而加快换气的速度。烟道的进口应与炉灶的出烟口相配合,烟道进口一般距地面600~1 000 mm。通风道进口应设在楼板下,一般距板下表面300~500 mm。

烟道与通风道伸出屋面部分即成烟囱,烟囱应高出屋面500 mm以上。如果是坡屋顶,为避免风的倒灌引起回烟,预防烟道被雪埋没,烟道出口要高出屋脊。若烟道离开屋脊相当距离时,其高度可以适当减小,如图1—40所示。

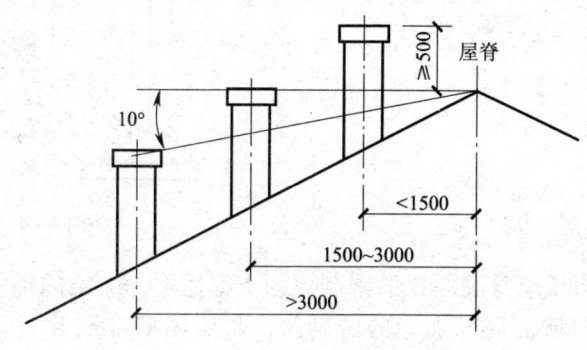

图1—40 烟囱高出坡屋面的最小尺寸

9. 砖隔墙

砖隔墙是用普通黏土砖和不低于M2.5砂浆砌筑而成,厚度一般为半砖墙(12墙)。

为加强墙的稳定性,隔墙与承重墙之间需设拉结钢筋,一般每1 m高放2φ4或2φ6,伸入承重墙300 mm,如图1—41所示。隔墙与顶层楼板用斜砖排紧。隔墙上有门窗洞口时,门窗框与墙的连接可用350 mm长φ6 mm拉钉拉结,如图1—42所示。在底层隔墙下应设基础,一般做法是将地面垫层局部加厚,如图1—43所示。

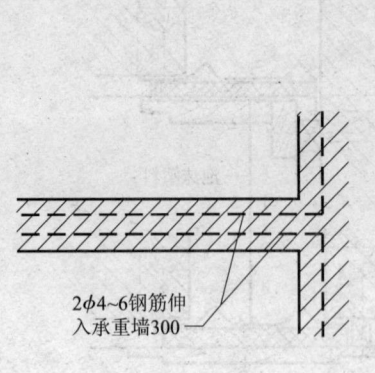
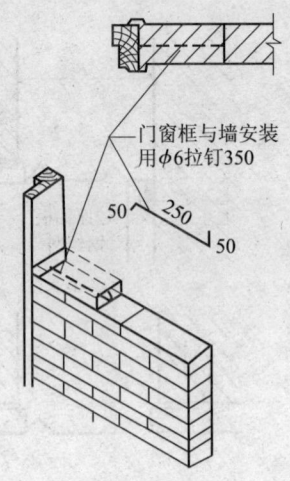

图1—41　隔墙与承重墙的连接　　　　图1—42　门窗框与墙的连接

10. 砖柱

砖柱是房屋的竖向承重构件之一，用来支撑梁和屋架，在建筑中按形式分有独立柱和壁柱。

壁柱也称砖垛、墙墩，如图1—44所示。

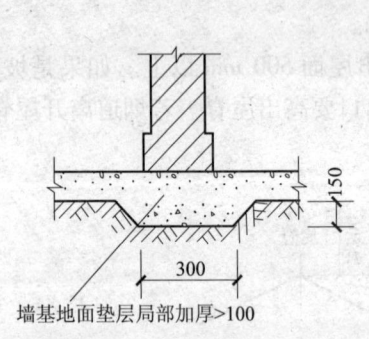
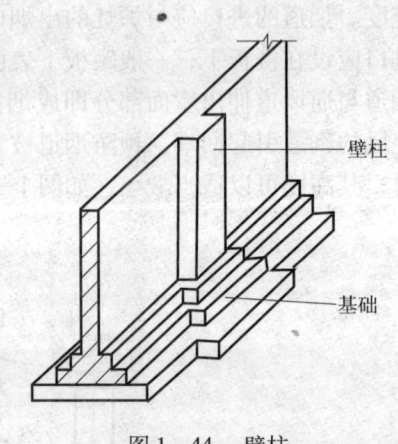

图1—43　隔墙基础　　　　　　　　　图1—44　壁柱

在房屋建筑中，由于墙身高厚比的限制或因支撑屋架、大梁的集中荷载，在墙的适当位置加设壁柱。壁柱是墙面局部加厚的砖砌体，与墙体配合承重，也可增加墙体的稳定性，提高墙体刚度，增强抗震能力。壁柱可凸向室内和室外，以不影响室内空间使用且美观为宜。

壁柱的断面尺寸以砖尺寸的倍数为标准。常用120 mm×240 mm、120 mm×370 mm、240 mm×240 mm、240 mm×370 mm。

独立砖柱主要用于外廊、阳台下、厅堂内部等。截面形式有正方形和矩形，也有圆形和多边形，其尺寸有240 mm×240 mm、240 mm×370 mm、370 mm×370 mm等。在砌筑砖柱时，柱面上下皮砖的竖缝至少错开1/4砖长，柱心不应有通缝。不得采用周边砌、中间填心的包心砌法。

四、台阶与坡道

1. 台阶

台阶是联系室内外地坪或楼层不同标高处的交通设施。有室内台阶与室外台阶之分。

室外台阶一般由踏步和平台组成，设在建筑物的出入口处。台阶坡度较楼梯平缓，在一般情况下，踏步的高度为 100～150 mm，宽度为 300～400 mm，平台宽度应比门洞口每边宽出 300～500 mm，平台进深应保证在门开启后，还有能站立一个人的位置，一般为 1 000～1 500 mm。平台表面应做成向室外倾斜 1%～4% 的排水坡，或低于室内地面 20 mm，以利排水。

台阶在入口处有一定的装饰作用，因此，不仅要求使用方便，还要注意美观。台阶的形式很多，一般有单面踏步式、三面踏步式、带方形石单面踏步等，如图 1—45 所示。

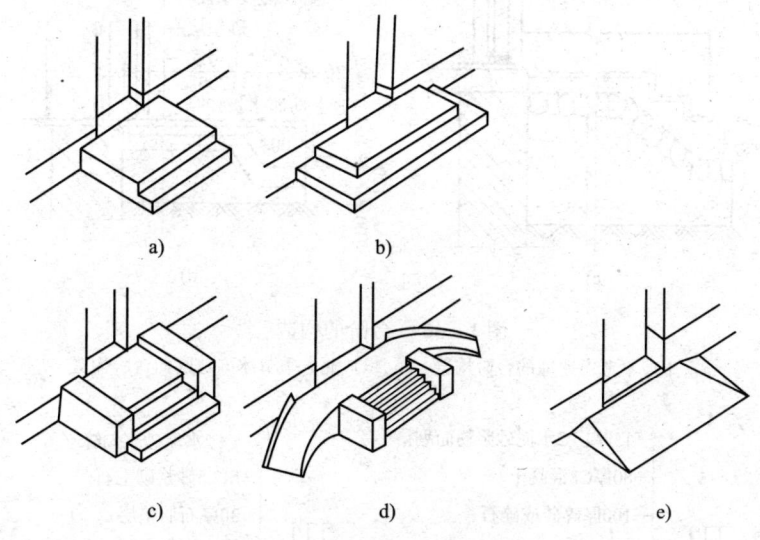

图 1—45 台阶的形式
a) 单面踏步式 b) 三面踏步式 c) 带方形石单面踏步
d) 坡道与踏步结合 e) 坡道

台阶构造一般与地面构造差不多，如图 1—46 所示，它包括垫层和面层两大部分。面层可以采用地面面层的材料，如水泥砂浆、水磨石等。垫层大部分都采用混凝土，也可在混凝土上砌砖，在砖上再做面层。北方季节性冰冻地区，为避免台阶遭受冻害，应在混凝土垫层之下加做砂垫层。北方地区室外台阶的面层应较为粗糙，否则冬季落雪后容易滑倒行人。

2. 坡道

房屋的出入口处，当考虑车辆通行时或不适合做台阶的情况下可设置坡道。

坡道的坡度一般在 1∶5～1∶12，1∶10 较为舒适，大于 1∶8 者需做防滑措施，一般做成锯齿形或做防滑条。坡道构造基本与台阶相同，如图 1—47 所示。

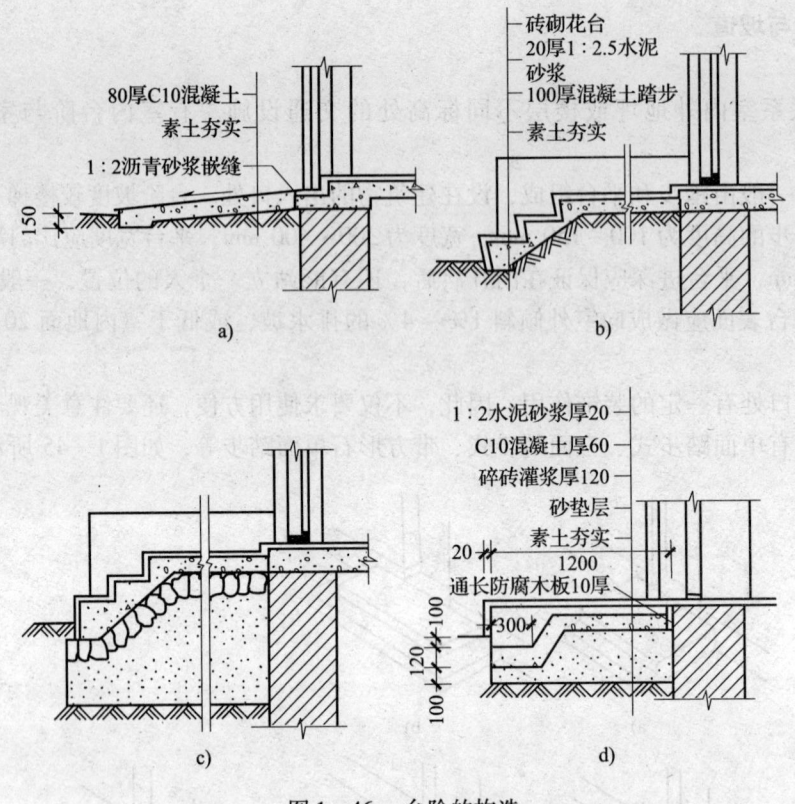

图1—46 台阶的构造

a),b) 不考虑冰冻的台阶构造　c),d) 北方季节冰冻地区的台阶构造

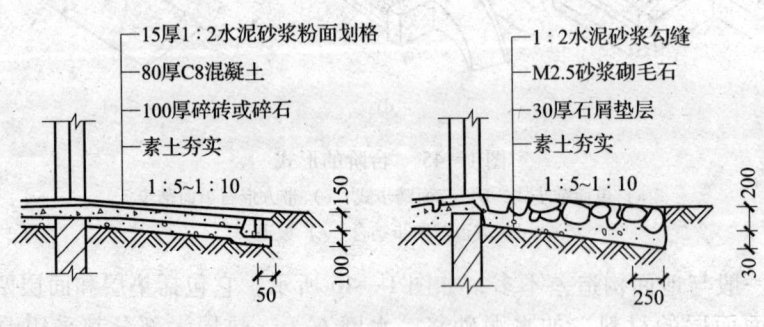

图1—47 坡道

练习思考题

一、是非题（对的画"√"，错的画"×"，答案写在每题括号内）

1. 砍砖应背向墙面，工作完毕应将脚手板和砖墙上的碎砖、灰浆清理干净，防止掉落伤人。　　　　　　　　　　　　　　　　　　　　　　　　　　（　　）

2. 同一块脚手板上操作人员不得超过两人，材料、机具必须放妥，防止坠落伤人；在

脚手架上不得奔跑、嬉戏或多人拥挤操作；不得倚靠防护栏杆休息或在坑洞处滞留。
（   ）
3. 不准在墙顶行走、操作及画线、刮缝，不准用不稳的物体垫高脚手板操作。（   ）
4. 建筑物预留洞口设置的防护栏杆、盖板及安全标志可以挪动或拆除。（   ）
5. 用起重机吊砖要用砖笼。当采用砖笼往楼板上放砖时，要均匀分布，并预先在楼板底下加设支柱或横木承载。砖笼严禁直接吊放在脚手架上。（   ）
6. 可在毛石混凝土基础中投入50%以下的毛石。（   ）
7. 勒脚能保护墙面，保证室内干燥，提高建筑物的耐久性，同时还有美化建筑外观的作用。（   ）
8. 构造柱与圈梁连接处，构造柱的纵筋应穿过圈梁，保证构造柱纵筋上下贯通。（   ）
9. 后砌的非承重砌体隔墙应沿墙高每隔500 mm配置2φ6钢筋与承重墙或柱拉结，并每边伸入墙内不应小于500 mm。（   ）

二、单项选择题（答案写在每题括号内）

1. 墙体的造价约占工程总造价的（   ），墙体的重量约占建筑物总重量的（   ）。
   A. 30% ~ 40%　　　B. 40% ~ 60%　　　C. 10% ~ 20%　　　D. 5% ~ 10%
2. 砌体高度超过（   ）时，应搭设脚手架；（   ）作业必须有可靠的立足点及防护措施；搭设的脚手架必须牢固、稳定。
   A. 1.2 m　　　　　　　　　　　　B. 2 m以上（含2 m）
   C. 1.5 m　　　　　　　　　　　　D. 2.5 m
3. 砖基础是用黏土砖和水泥砂浆砌筑而成。砖的强度等级不应低于（   ），砂浆的强度等级不应低于（   ）。
   A. MU7.5　　　　B. MU10.0　　　　C. M2.5　　　　D. M3.0
4. 用毛石和水泥砂浆砌筑基础。毛石基础的断面形式为矩形或阶梯形，基础上部宽出墙身（   ）以上，每个台阶高度不小于（   ），伸出宽度不宜大于（   ）。
   A. 400 mm　　　　B. 100 mm　　　　C. 200 mm　　　　D. 600 mm
5. 钢筋混凝土基础垫层的作用是（   ）。同时在基础支模时（   ）。
   A. 使基础与地基有良好接触，以便均匀传力
   B. 控制基础标高
   C. 平整而不漏浆，保证施工质量
   D. 回填土
6. 实心砖墙的砌筑形式有全顺式、两平一侧式、上下皮一丁一顺式及每皮丁顺相间式。全顺式适用于（   ），两平一侧式适用于（   ），上下皮一丁一顺式和每皮丁顺相间式适用于厚度在（   ）。
   A. 3/4砖墙（18墙）　　　　　　　B. 半砖墙（12墙）
   C. 两砖墙（49墙）　　　　　　　　D. 一砖以上的砖墙

三、多项选择题（答案写在每题括号内）

1. （   ）等用刚性材料做成的基础，称为刚性基础。
   A. 砖基础　　　　　　　　　　　　B. 毛石基础

  C. 混凝土基础　　　　　　　　　　D. 钢筋混凝土基础
2. 墙体具有（　　）的作用。
  A. 承重　　　　　　　　　　　　　B. 围护
  C. 分隔　　　　　　　　　　　　　D. 阻隔风、雨、雪的侵袭
3. 墙体的承重形式有（　　）。
  A. 横墙承重　　　　　　　　　　　B. 纵墙承重
  C. 纵横墙混合承重　　　　　　　　D. 墙与柱混合承重
4. 实心砖墙砌筑要求砖缝（　　）。
  A. 横平竖直　　B. 错缝搭接　　C. 砂浆饱满　　D. 薄厚均匀
5. 砖墙按其厚度分为（　　）。
  A. 半砖墙（115 mm），通称12墙
  B. 3/4砖墙（178 mm），通称18墙
  C. 一砖墙（240 mm），通称24墙
  D. 一砖半墙（365 mm），通称37墙；两砖墙（490 mm），通称49墙
6. 墙体变形缝包括（　　）。
  A. 沉降缝　　　B. 伸缩缝　　　C. 抗震缝　　　D. 裂缝

四、简答题

1. 砌筑工是一种什么样的工种？
2. 砌筑工的主要工作范围包括哪些？
3. 初级砌筑工应当具备哪些职业技能？
4. 劳动保护的目的是什么？
5. 墙体防潮层有哪几种做法？

五、思考题

1. 什么是地基？什么是基础？它们的作用是什么？
2. 砖基础大放脚做法有哪几种？
3. 墙体在房屋中起哪些作用？观察你所见到房屋，指出哪些是承重墙？哪些是围护墙？哪些是分隔墙？
4. 实砌砖墙有哪些砌筑方法？
5. 一般砖砌体有哪些构造要求？
6. 地震对房屋建筑有哪些破坏作用？
7. 房屋抗震有哪些构造要求？

第二单元　常用材料及工具

知识技能要求
1. 掌握普通黏土砖种类及强度等级。
2. 了解硅酸盐类砖及其强度等级。
3. 掌握砂浆的作用和种类。
4. 掌握砌筑砂浆材料要求。
5. 掌握砌筑砂浆的拌制要求。

模块一　常用块料

一、砖

1. 普通黏土砖

用普通黏土烧结的砖叫普通黏土砖，普通黏土砖采用黏土为主要原料，经配料调制、成型、干燥、高温（1 050℃）熔烧而成。普通黏土砖分为机制砖和手工模砖两类。从颜色分，又可分为红砖和青砖两种。目前大量生产和使用的为机制红砖。

（1）种类。

1）标准砖。标准砖又称烧结普通砖，是建筑工程中最常用的砖，广泛用于承重墙体，也用于非承重的填充墙。标准砖的尺寸为240 mm×115 mm×53 mm。当砌体灰缝厚度为10 mm时，组砌成的墙体即符合4块砖长等于8块砖宽，也等于16块砖厚，等于1 m长的模数规律。标准砖各个面的名称如图2—1所示。

2）空心砖。为了节约土地资源，减少侵占耕地，减轻墙体自重，以达到更好的保温、隔热和隔声等效果，目前在房屋建筑中大量采用空心砖和多孔砖。空心砖分非承重黏土砖和承重黏土砖。其外形和规格分别如图2—2和表2—1、表2—2所示。

（2）强度等级。黏土砖的特点是抗压强度高，可以承受较大的外力。强度的大小用强度等级表示，符号为MU。有MU30、MU25、MU20、MU15、MU10五个强度等级。

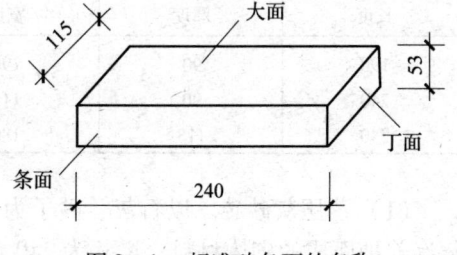

图2—1　标准砖各面的名称

2. 硅酸盐类砖

硅酸盐类砖是以炉渣、矿渣、粉煤灰、煤矸石等工业废料为主要原料，加入适量的石灰和砂子，经充分搅拌后压制成型，再经过高压蒸养，硬化后成为砖或砌块。这种砖主要取材于工业废料，对治理"三废"，化废为宝和节约耕地、节约能源有非常重大的意义。

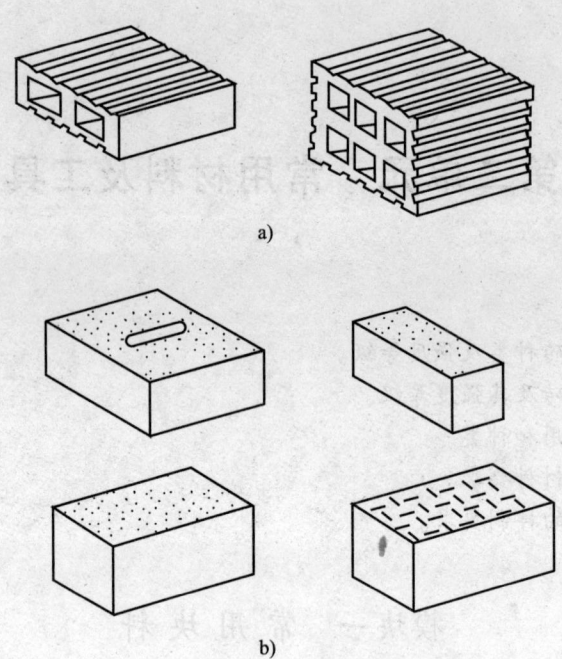

图2—2 空心砖
a) 非承重空心砖 b) 承重空心砖（多孔砖）

表2—1 非承重空心砖主要规格

外形尺寸（mm）			孔数	孔洞率（%）	密度（kg/m³）
长度	宽度	高度			
190	190	90	3	38	1 100
190	190	190	9	45	1 000
290	290	90	4 或 8	40	1 050

表2—2 承重空心砖主要规格

外形尺寸（mm）			孔洞率（%）	密度（kg/m³）
长度	厚度	宽度		
190	90	190	≥15	约1 400
240	90	115		
240	115	180		

（1）蒸压灰砂砖。以石灰、砂子为主要原料，经坯料制备，压制成型，再经高压饱和蒸汽养护而成的砌体材料。尺寸为 240 mm × 115 mm × 53 mm。根据抗压强度和抗折强度划分为 MU25、MU20、MU15、MU10 四个强度等级。根据尺寸偏差和外观质量可分为优等品（A）、一等品（B）、合格品（C）三个质量等级。

MU15、MU20、MU25 级蒸压灰砂砖可用于基础及其他部位，MU10 级可用于防潮层以上的建筑部位。长期处于200℃以上温度及受急冷、急热或有酸性腐蚀的环境中禁止使用。

（2）粉煤灰砖。蒸压粉煤灰砖以粉煤灰和石灰为原料，掺入适量石膏和炉渣，加水拌和后经压制成型，再经常压或高压蒸汽养护而成。尺寸为 240 mm × 115 mm × 53 mm。根据抗压强度和抗折强度划分为 MU30、MU25、MU20、MU15、MU10 五个强度等级。根据外观质量、强度、抗冻性和干燥程度分为优等品（A）、一等品（B）、合格品（C）三个质量等级。

蒸压粉煤灰砖可用于工业与民用建筑的基础与墙体，但用于基础或容易受冻融或干湿交替作用的部位时，必须使用优等品或一等品砖。在长期受热（200℃以上），受急冷、急热和有酸腐蚀的部位禁止使用蒸压粉煤灰砖。

（3）炉渣砖。以燃烧后的残渣为主要原料，掺入一定数量的石灰和适量的石膏，经加水搅拌、陈化、轮碾、成型和蒸汽养护而成。尺寸为 240 mm×115 mm×53 mm。根据抗压强度和抗折强度划分为 MU25、MU20、MU15、MU10 四个强度等级，并分为优等品和合格品两个质量等级。

炉渣砖可用于一般工业与民用建筑的墙体和基础。强度等级低于 MU15 级的不适用于基础、勒脚以及受干湿交替及冻融的部位。

二、砌块

砌块是一种比砌墙砖大的新型墙体材料，具有适应性强、原料来源广、不毁耕地、制作及使用方便等特点，同时可提高施工效率及施工机械化程度，减轻房屋自重，改善建筑物功能，降低工程造价，推广使用砌块是墙体材料改革的一项新措施。

建筑砌块可分为空心砌块和实心砌块两种，按大小分为中型砌块（高度为 400 mm、800 mm）和小型砌块（高度为 200 mm），前者用小型起重机械施工，后者可用手工直接砌筑；按原材料不同分为硅酸盐砌块和混凝土砌块，前者用煤渣、粉煤灰、煤矸石等材料加石灰、石膏配合而成，后者用水泥混凝土制作。

空心砌块的空心率为 35%~50%，与砖混结构相比，墙体自重可减轻 20%~30%，并能改善建筑物的功能。

1. 硅酸盐砌块

以煤渣、粉煤灰、煤矸石等硅质材料为主要原料，加入适量石灰、石膏，掺入骨料并加水搅拌，经振动成型及蒸汽养护而成。

（1）粉煤灰硅酸盐砌块。粉煤灰硅酸盐砌块有 880 mm×380 mm×240 mm 和 880 mm×430 mm×240 mm 两种规格。按立方体试件抗压强度，砌块分为 MU10 级和 MU13 级两个强度等级。根据外观质量、尺寸偏差和干缩性分为一等品（B）和合格品（C）两个等级，如图 2—3 所示。

粉煤灰硅酸盐砌块可用于工业与民用建筑的墙体和基础。

（2）煤矸石空心砌块。煤矸石空心砌块的空心率为 40% 左右，型号和规格见表 2—3。

2. 混凝土空心砌块

（1）混凝土小型空心砌块。以水泥、砂、石子为原料，加水搅拌、成型、养护而成。目前常用的有承重砌块与非承重砌块两种。承重砌块的主要规格有 390 mm×190 mm×190 mm；非承重砌块的规格有 390 mm×90 mm×190 mm 和 190 mm×190 mm×190 mm 两种。如图 2—4 所示。

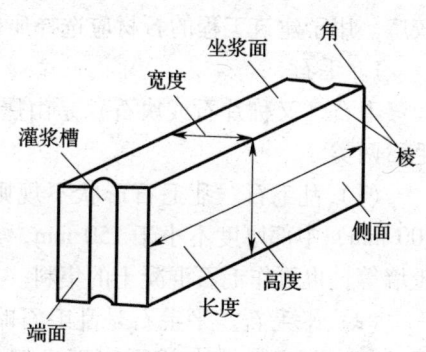

图 2—3　粉煤灰硅酸盐砌块形状示意图

表2—3　　　　　　　　　　　煤矸石空心砌块规格

型号	规格（mm）			孔数	体积（m³）	空心率（%）
	长	高	厚			
1	1 180	880	200	7	0.208	41.2
2	980	880	200	5	0.172	49.3
3	780	880	200	4	0.137	39.5
4	580	880	200	3	0.104	39.1
5	380	880	200	2	0.069	38.7
6	180	880	200	1	0.034	38.5

小型空心砌块划分为 MU3.5、MU5.0、MU7.5、MU10.0 和 MU15.0 五个强度等级。

小型空心砌块使用灵活，砌筑方便，适用于中小城市和农村建筑，也可用于大中城市。在寒冷地区，除强度应满足要求外，还要具有一定的保温性能。

（2）混凝土中型空心砌块。混凝土中型空心砌块的制作工艺与小型空心砌块基本相同，但生产设备不同。与小型空心砌块相比，其规格及质量均较大。中型空心砌块可提高施工的机械化程度，节约能源，降低造价。

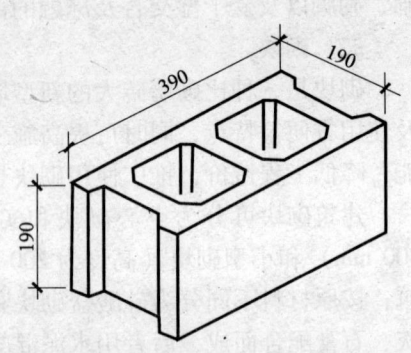

图2—4　混凝土小型空心砌块

中型空心砌块的规格为：

长度：500 mm、600 mm、800 mm、1 000 mm。

高度：400 mm、450 mm、800 mm、900 mm。

宽度：200 mm、240 mm。

划分为 MU3.5、MU5.0、MU7.5、MU10.0 和 MU15.0 五个强度等级。

中型空心砌块适用于民用及一般工业建筑。

三、石材

凡是由开采天然岩石而得到的毛料，或经加工而制成的块状或板状石料，统称天然石材。它具有比较高的硬度、抗压强度和耐久性。在建筑工程中可因地制宜、就地取材，用途较广。用于建筑工程的石材应选择质地坚实、未经风化的石料。

1. 毛石

毛石（又称片石或块石）是由爆破直接获得的石块。依其平整程度又分为乱毛石与平毛石两类。

（1）乱毛石。乱毛石形状不规则，如图2—5所示，一般在一个方向的尺寸达300～400 mm，中部厚度不小于150 mm，重20～30 kg。用于砌筑基础、勒角、墙角、堤坝、挡土墙等，也可作毛石混凝土的集料。

（2）平毛石。平毛石是乱毛石略经加工而成，其形状基本上有6个面，如图2—6所示，但表面粗糙，中部厚度不小于200 mm。常用于砌筑基础、墙身、勒角、桥墩、涵洞等。

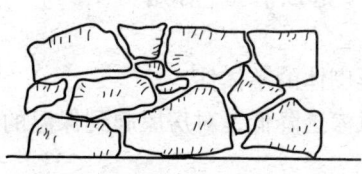
图2—5 乱毛石

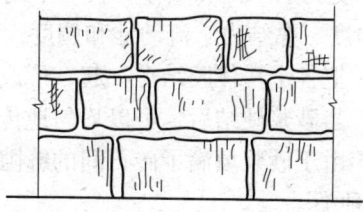
图2—6 平毛石

2. 料石

料石（又称条石）是由人工或机械开采出的较规则的六面体石块，略加凿琢而成。按其加工后的外形规则程度分为毛料石、粗料石、半细料石和细料石4种。

（1）毛料石。外形大致方正，一般不加工或仅稍加修整，高度不小于200 mm，叠砌面凹入深度不大于25 mm。

（2）粗料石。其截面的高度、宽度不小于200 mm，且不小于长度的1/4，叠砌面凹入深度不大于20 mm。

（3）半细料石。规格尺寸同上，但叠砌面凹入深度不大于15 mm。

（4）细料石。通过细加工，外形规则，规格尺寸同上，但叠砌面凹入深度不大于10 mm。

上述料石常由砂岩、花岗石等质地比较均匀的岩石开采琢制，至少应有一个面的边角整齐，以便互相合缝，如图2—7所示，主要用于砌筑墙身、踏步、地坪、拱等。

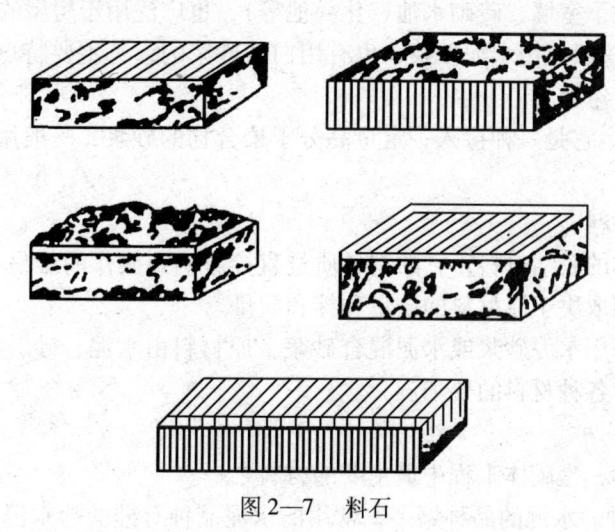
图2—7 料石

模块二 砌筑砂浆

一、砂浆的作用和种类

1. 作用

砂浆是把单个的块材组合成砌体的胶结材料，同时又是填充块体之间缝隙的填充材料。

由于砌体受力的不同和块体材料的不同,所以要选择不同的砂浆进行砌筑。砌筑砂浆应具备一定的强度、黏结力、流动性和稠度,它在砌体中主要起以下三个作用。

(1) 把各个块体胶结在一起,形成一个整体。

(2) 当砂浆硬结后,可以均匀地传递荷载,保证砌体的整体性。

(3) 由于砂浆填满了砖石间的缝隙,使砌体的风渗透降低,对房屋起到保温的作用。

2. 种类

砌筑砂浆是由骨料、胶结料、掺和料和外加剂组成的,一般分为水泥砂浆、混合砂浆和石灰砂浆3种。

(1) 水泥砂浆。水泥砂浆是由水泥和砂子按一定比例混合搅拌而成的,它可以配制强度较高的砂浆。水泥砂浆一般应用于基础、长期受水浸泡的地下室和承受较大外力的砌体。

(2) 混合砂浆。混合砂浆一般由水泥、石灰膏、砂子拌和而成。在硬化的初期需要一定的水分以帮助水泥水化,在后期则应处于干燥环境中以利石灰的硬化,一般用于地面以上的砌体,也适用于承受外力不大的砌体。混合砂浆由于加入了石灰膏,改善了砂浆的和易性,操作起来比较方便,有利于砌体密实度和工效的提高。

(3) 石灰砂浆。石灰砂浆是由石灰膏和砂子按一定比例搅拌而成的砂浆,它完全靠石灰的气硬而获得强度,强度等级一般可达到 M0.4~M1.0。

(4) 其他砂浆。

1) 防水砂浆。在水泥砂浆中加入3%~5%的防水剂制成防水砂浆,防水砂浆应用于需要防水的砌体(如地下室墙、砖砌水池、化粪池等),也广泛用于房屋的防潮层。

2) 嵌缝砂浆。一般使用水泥砂浆,也有用白灰砂浆的,其主要特点是砂子必须采用细砂或特细砂,以利于勾缝。

3) 聚合物砂浆。它是一种掺入一定量高分子聚合物的砂浆,一般用于有特殊要求的砌筑物。

二、砌筑砂浆材料

砌筑砂浆是砌体的胶结材料,它的制备质量直接影响到操作的难易和砌体的整体质量,而砂浆的制备质量则取决于原材料的质量和拌和质量。

砌筑砂浆一般采用水泥砂浆或水泥混合砂浆,原材料由水泥、砂、掺和料和水等组成,下面介绍砌筑砂浆对各种材料的要求。

1. 水泥

水泥是胶凝材料,是砌体工程中最主要的材料之一。

(1) 水泥的品种。水泥的品种繁多,常用的水泥品种有硅酸盐水泥、普通硅酸盐水泥、矿渣硅酸盐水泥、火山灰质硅酸盐水泥、粉煤灰硅酸盐水泥及其他品种的水泥。

1) 硅酸盐水泥。凡由硅酸盐水泥熟料、0~5%石灰石或粒化高炉矿渣、适量石膏磨细制成的水硬性胶凝材料,称为硅酸盐水泥(即国外通称的波兰特水泥)。硅酸盐水泥分为两种类型,不掺混合料的称为Ⅰ型硅酸盐水泥,代号为 P·Ⅰ。在硅酸盐水泥粉磨时掺加不超过水泥质量5%的石灰石或粒化高炉矿渣混合材料的称为Ⅱ型硅酸盐水泥,代号为 P·Ⅱ。硅酸盐水泥分为42.5、42.5R、52.5、52.5R、62.5、62.5R 六个强度等级(带 R 的为早强水泥)。

2) 普通硅酸盐水泥。普通硅酸盐水泥又称普通水泥，是由硅酸盐水泥熟料、6%～15%混合材料、适量石膏磨细制成的水硬性胶凝材料，代号为P·O。

普通硅酸盐水泥掺活性混合材料时，不得超过15%，其中允许用不超过5%的窑灰或不超过10%的非活性材料代替，掺非活性混合材料时，不得超过10%。

普通硅酸盐水泥分为32.5、32.5R、42.5、42.5R、52.5、52.5R六个强度等级。

3) 矿渣硅酸盐水泥。简称矿渣水泥，凡由硅酸盐水泥熟料和高炉粒化矿渣、适量石膏磨细制成的水硬性胶凝材料都称为矿渣硅酸盐水泥，代号为P·S。水泥中粒化高炉矿渣掺加量按质量百分比计为20%～70%，允许用石灰石、窑灰、粉煤灰和火山灰质混合材料中的一种材料代替矿渣，代替数量不得超过水泥质量的8%，代替后水泥中粒化高炉矿渣不得少于20%。

矿渣硅酸盐水泥分为32.5、32.5R、42.5、42.5R、52.5、52.5R六个强度等级。

4) 火山灰质硅酸盐水泥。简称火山灰水泥，凡由硅酸盐水泥熟料和火山灰质混合材料、适量石膏磨细制成的水硬性胶凝材料都称为火山灰质硅酸盐水泥，代号为P·P。水泥中火山灰质混合材料掺加量按质量百分比计为20%～50%。

火山灰质硅酸盐水泥分为32.5、32.5R、42.5、42.5R、52.5、52.5R六个强度等级。

5) 粉煤灰硅酸盐水泥。简称粉煤灰水泥，凡由硅酸盐水泥熟料和粉煤灰、适量石膏磨细制成的水硬性胶凝材料都称为粉煤灰硅酸盐水泥，代号为P·F。水泥中粉煤灰掺加量按质量百分比计为20%～40%。

粉煤灰硅酸盐水泥分为32.5、32.5R、42.5、42.5R、52.5、52.5R六个强度等级。

6) 其他品种水泥。

①铝酸水泥。以铝酸钙为主的铝酸盐水泥熟料磨细制成的水硬性胶凝材料，称为铝酸盐水泥，代号为CA。

铝酸盐水泥快硬早强，早期强度增长快，1天强度即可达到极限强度的80%左右，故宜用于紧急抢修工程（筑路、修桥、堵漏等）和早期强度要求高的工程。但铝酸盐水泥后期强度可能会下降，尤其是在高于30℃的湿热环境下，强度下降更快，甚至会引起结构的破坏。因此，结构工程中使用铝酸盐水泥应慎重。另外，严禁铝酸盐水泥与硅酸盐水泥或石灰混杂使用，也不得与尚未硬化的硅酸盐混凝土接触作用，否则将产生瞬凝，以致无法施工，且强度很低。

②快硬硅酸盐水泥。由硅酸盐水泥熟料和适量石膏磨细制成的，以3天抗压强度表示强度等级的水硬性胶凝材料称为快硬硅酸盐水泥（简称快硬水泥）。

快硬硅酸盐水泥与硅酸盐水泥的区别在于，前者提高了熟料中的C3A和C3S的含量，并提高了水泥的粉磨细度。快硬硅酸盐水泥的特点是凝结硬化快，早期、后期强度均高，抗渗性及抗冻性强，水化热大，耐腐蚀性差。该类水泥适用于早期强度要求高的工程、紧急抢修工程、低温施工工程及高强混凝土工程，但不得用于大体积混凝土及经常与腐蚀介质接触的混凝土工程。快硬水泥的有效储存期较其他水泥短。

③白色与彩色硅酸盐水泥。由白色硅酸盐水泥熟料加入适量石膏，磨细制成的水硬性胶凝材料称为白色硅酸盐水泥（简称白水泥）。在白色水泥粉磨时，加入适当颜料，即可制成彩色硅酸盐水泥（简称彩色水泥）。

白水泥和彩色水泥主要用于建筑物内外墙面的装饰，如地面、楼面、墙柱、台阶、建筑立面的线条、装饰图案、雕塑等。配以彩色大理石、白云石石子和石英砂做粗细骨料，可拌制成彩色砂浆和混凝土，做成水磨石、水刷石、斩假石等饰面，起到艺术装饰的效果。

(2) 水泥的成分、特性和适用范围。5种水泥的成分、特征及应用见表2—4。

表2—4　　　　　　　　　　5种水泥的成分、特征及应用

名称	硅酸盐水泥 （P·Ⅰ） （P·Ⅱ）	普通水泥 （P·O）	矿渣水泥 （P·S）	火山灰水泥 （P·P）	粉煤灰水泥 （P·F）
成分	1. 水泥熟料及少量石膏（Ⅰ型） 2. 水泥熟料掺5%以下混合材料、适量石膏（Ⅱ型）	在硅酸盐水泥中掺入活性混合材料6%~15%或非活性混合材料10%以下	在硅酸盐水泥中掺入20%~70%的粒化高炉矿渣	在硅酸盐水泥中掺入20%~50%火山灰质混合材料	在硅酸盐水泥中掺入20%~40%粉煤灰
主要特征	1. 早期强度高 2. 水化热高 3. 耐冻性好 4. 耐热性差 5. 耐腐蚀性差 6. 干缩性较小	1. 早期强度高 2. 水化热较高 3. 耐冻性较好 4. 耐热性较差 5. 耐腐蚀性较差 6. 干缩性较小	1. 早期强度低，后期强度增长较快 2. 水化热较低 3. 耐热性较好 4. 对硫酸盐类侵蚀抵抗力和抗水性较好 5. 抗冻性较差 6. 干缩性较大 7. 抗渗性差 8. 抗碳化能力差	1. 早期强度低，后期强度增长较快 2. 水化热较低 3. 耐热性不及矿渣水泥 4. 对硫酸盐类侵蚀抵抗力和抗水性较好 5. 抗冻性较差 6. 干缩性较大 7. 抗渗性较好	1. 早期强度低，后期强度增长较快 2. 水化热较低 3. 耐热性不及矿渣水泥 4. 对硫酸盐类侵蚀抵抗力和抗水性较好 5. 抗冻性较差 6. 干缩性较小 7. 抗碳化能力较差
适用范围	1. 制造地上、地下及水中的混凝土、钢筋混凝土及预应力混凝土结构，包括受循环冻融的结构及早期强度要求较高的工程 2. 配制建筑砂浆	与硅酸盐水泥基本相同	1. 大体积工程 2. 高温车间和有耐热耐火要求的混凝土结构 3. 蒸汽养护的工程构件 4. 一般地上、地下和水中的混凝土及钢筋混凝土结构 5. 有抗硫酸盐侵蚀要求的工程 6. 配制建筑砂浆	1. 地下、水中大体积混凝土结构 2. 有抗渗要求的工程 3. 蒸汽养护的工程构件 4. 有抗硫酸盐侵蚀要求的工程 5. 一般混凝土及钢筋混凝土工程 6. 配制建筑砂浆	1. 地上、地下、水中和大体积混凝土工程 2. 蒸汽养护的工程构件 3. 有抗裂性要求较高的构件 4. 有抗硫酸盐侵蚀要求的工程 5. 一般混凝土工程 6. 配制建筑砂浆

续表

名称	硅酸盐水泥 （P·Ⅰ） （P·Ⅱ）	普通水泥 （P·O）	矿渣水泥 （P·S）	火山灰水泥 （P·P）	粉煤灰水泥 （P·F）
不适用处	1. 大体积混凝土工程 2. 受化学及海水侵蚀的工程	同硅酸盐水泥	1. 早期强度要求较高的混凝土工程 2. 有抗冻要求的混凝土工程	1. 早期强度要求较高的混凝土工程 2. 有抗冻要求的混凝土工程 3. 干燥环境的混凝土工程 4. 有耐磨性要求的工程	1. 早期强度要求较高的混凝土工程 2. 有抗冻要求的混凝土工程 3. 有抗碳化要求的工程

（3）水泥的验收和检验。

1）水泥出厂合格证的验收。水泥出厂合格证应由生产厂家的质量部门提供给使用单位，作为证明其产品质量的依据，生产厂家在水泥发出日起7天内寄发并在32天内补报28天强度。

水泥出厂合格证应含品种、强度等级、出厂日期、抗压强度、抗折强度、安定性、试验强度等项内容和性能指标。各项应填写齐全，不得错漏。

2）水泥的外观质量。进场水泥应进行外观检查，其内容包括：

①标志。水泥袋上应清楚标明生产厂家、生产许可证编号、品种、名称、代号、强度等级，以及包装年、月、日和编号。

②包装。抽查水泥的质量是否符合规定，绝大部分袋装水泥每袋净重为（50±1）kg。

③外观检查。查看进场水泥有无受潮、结块、混入杂物或不同品种、强度等级的水泥混在一起的情况。

3）水泥的取样试验。

①取样方法和数量。水泥试验应以同一水泥厂、同强度等级、同品种、同批号且连续进场，袋装不超过200 t为一批，散装不超过500 t为一批，每批抽样不少于一次。每一验收批取样一组，数量为12 kg。

取样要有代表性，一般可以从20个以上的不同部位或20袋中取等量样品，数量至少为12 kg，搅拌均匀后分为两等份，一份供实验室试验用，一份密封保存备复验用。建筑施工企业应分别按单位工程取样。

②试验项目。常用5种水泥的必试项目为水泥胶泥试验（抗压强度、抗折强度）；水泥安定性；水泥初凝时间。

（4）水泥的保管。水泥属于水硬性胶凝材料，必须妥善保管，不得淋雨受潮，储存时间不宜超过3个月。超过3个月的水泥必须重新取样送检，待确定新强度后再使用。

对于不同品种牌号的水泥要分别堆放，堆放高度不宜超过10包。对于散装水泥要做好储存到仓，并有防水、防潮措施，要做到随来随用，不宜久存。

2. 砂子

砂子是岩石风化后的产物，由不同粒径混合组成。砂子按产地可分为山砂、河砂、海砂等；按平均粒径可分为粗砂、中砂、细砂3种。粗砂平均粒径不小于0.5 mm，中砂平均粒径为0.35~0.5 mm，细砂平均粒径为0.25~0.35 mm，还有特细砂平均粒径约为0.25 mm以下。

砌筑砂浆用的砂主要为天然砂，宜选用中砂为好，粗砂的砂浆和易性差，不便操作。细砂的砂浆强度低，一般用于勾缝，砌毛石砌体宜选用粗砂。砂的含泥量，对水泥砂浆和强度等级不小于M5的水泥混合砂浆不应超过5%，强度等级小于M5的水泥混合砂浆不应超过10%。对于含泥量较高的砂子，在使用前应过筛和用水冲洗干净。在施工现场，要求将砂子堆放在位置较高的地方，以防泥水浸入，影响质量。

3. 塑化材料

为改善砂浆和易性可采用塑化材料，施工中常用的塑化材料有石灰膏、电石膏、粉煤灰及外加剂。

（1）石灰膏。生石灰在化灰池中加大量的水（加水量为生石灰质量的3~4倍）熟化成石灰乳，然后经筛网流入沉淀池，经沉淀除去多余的水分得到的膏状物即为石灰膏。

石灰膏应在沉淀池中储存（陈化）两周以上，使粒径较小的过火石灰块充分熟化。用于抹灰罩面的石灰膏熟化时间不少于30天。熟化时为防止石灰碳化，在石灰膏表面应存有一层水。消石灰粉也须经过陈化后方可使用。在混合砂浆中，石灰膏有增加砂浆和易性的作用，使用时必须按规定的配合比配制，如果掺入量过多会降低砂浆的强度。

（2）电石膏。电石膏属工业废料，水化后形成青灰色乳浆，经过泌水和去渣后就可使用，其作用与石灰膏相同。

（3）粉煤灰。粉煤灰是电厂排出的废料。在砌筑砂浆中掺入一定量的粉煤灰，可以增加砂浆的和易性，粉煤灰有一定的活性，因此，能节约水泥，但塑化性不如石灰膏和电石膏。

（4）外加剂。外加剂在砌筑砂浆中起改善砂浆性能的作用，一般有塑化剂、抗冻剂、早强剂、防水剂等，为了提高砂浆的塑性和改善砂浆的保水性，常掺加微沫剂。微沫剂是塑化剂的一种，一般采用松香和氢氧化钠经热融制成，掺入砂浆后能产生极微细的气泡，使砂浆的塑性增大。微沫剂的一般掺量为水泥质量的0.005%，它可以取代砂浆中的部分石灰膏。

冬期施工时，为了增大砂浆的抗冻性，一般在砂浆中掺入抗冻剂。抗冻剂有亚硝酸钠、三乙醇胺、氯盐等多种，而最简便易行的则为氯化钠——食盐。掺入食盐可以降低拌和水的冰点，起到抗冻作用。

（5）拌和用水。拌和砂浆应采用自来水或天然洁净可供饮用的水，不得使用含有油脂类物质、糖类物质、酸性或碱性物质和经工业污染的水，因为这些有害物将影响砂浆的凝结和硬化。

三、砂浆的技术性能

1. 新拌砂浆的和易性

和易性是指新拌砂浆便于施工的性能。和易性好的砂浆容易在砖石底面上铺成均匀的薄层，并与底面黏结牢固，使砌体获得较好的整体性。砂浆的和易性包括流动性和保水性两个方面。

（1）流动性。流动性也叫稠度，是指砂浆的稀稠程度，流动性好的砂浆容易铺成薄层。

砂浆的流动性与胶凝材料的品种及用量、砂的粗细程度、形状、级配及搅拌时间等因素有关，但主要取决于用水量的大小。

砂浆的流动性可用沉入度表示。沉入度是质量为 300 g 的标准圆锥体，经 10 s 在砂浆中的沉入深度，以 mm 表示，如图 2—8 所示。

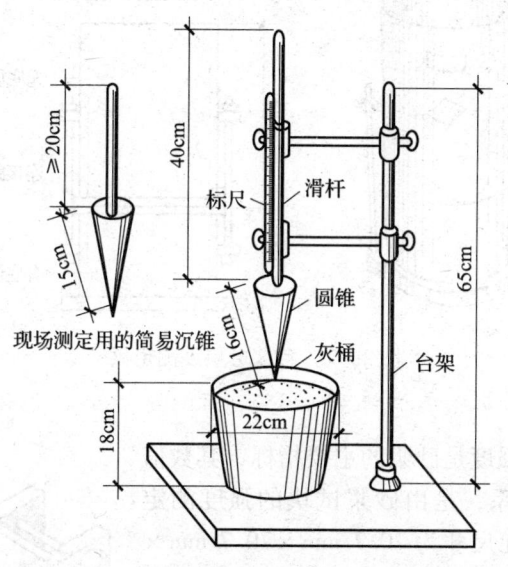

图 2—8　砂浆流动性测定仪（稠度计）

砂浆稠度的选择与砌体材料以及施工气候情况有关，一般可根据施工操作经验确定，可按表 2—5 选用。

表 2—5　　　　　　　　　　　砌筑砂浆的稠度

砌体种类	砂浆稠度（mm）
烧结普通砖砌体	70~90
轻骨料混凝土小型砌块砌体	60~90
烧结多孔砖、空心砖砌体	60~80
烧结普通砖平拱式过梁 空斗墙、筒拱 普通混凝土小型空心砌块砌体 加气混凝土砌块砌体	50~70
石砌体	30~50

（2）保水性。保水性是指新拌砂浆保持其内部水分不泌出的能力。保水性不好的砂浆在存放、运输和施工过程中容易产生离析和泌水现象，当铺于基底层时，水分易被基面很快吸走，从而使砂浆干涩，不便于施工，不易铺成均匀密实的砂浆薄层。同时，也影响水泥的正常水化和硬化，使强度和黏结力下降。为了提高水泥砂浆的保水性，往往掺入适量的石灰

膏，或掺入适量的微沫剂或塑化剂，这些措施能明显改善砂浆的保水性和流动性。

砂浆的保水性用砂浆分层度测定仪测定，如图2—9所示，以分层度（mm）表示。分层度过大（大于30 mm）易产生分层离析，不利于施工；分层度过小或接近于零的砂浆，容易发生干缩裂缝。故砌筑砂浆分层度不得大于30 mm，不宜小于10 mm，分层度在10~20 mm为宜。

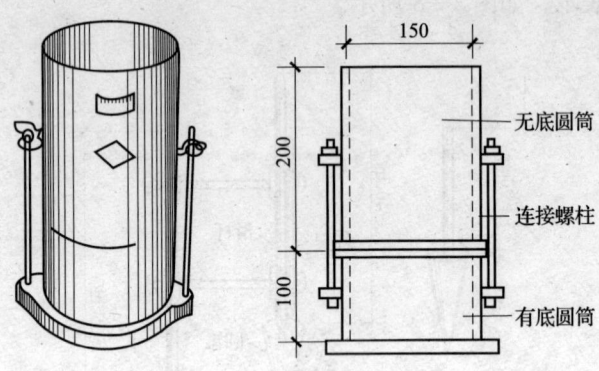

图2—9 砂浆分层度测定仪

2. 硬化砂浆的性质

（1）砂浆的强度。强度是砂浆的主要指标，其数值与砌体的强度有直接关系，是由砂浆试块的强度测定的。将取样的砂浆浇筑在尺寸为70.7 mm×70.7 mm×70.7 mm的立方体试模中制成试块，如图2—10所示，每组试块为6块，经过温度为(20±3)℃，一定湿度（水泥砂浆需相对湿度90%以上，混合砂浆需相对湿度60%~80%）的标准条件下养护，测取龄期为28天的抗压强度平均值。

砂浆强度分为M20、M15、M10、M7.5、M5、M2.5六个强度等级，各强度等级相应的抗压强度值应符合表2—6的规定。

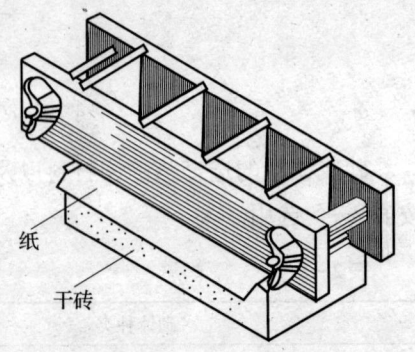

图2—10 砂浆试模

表2—6　　　　　　　　　砌筑砂浆强度等级

强度等级	龄期28天抗压强度（MPa）	
	各组平均值不小于	最小一组平均值不小于
M20	20	15
M15	15	11.25
M10	10	7.5
M7.5	7.5	5.63
M5	5	3.75
M2.5	2.5	1.88

(2)黏结力。砂浆应有足够的黏结力,以便将块材黏结成为坚固的整体,因此,要求砂浆对于砖石要有一定的黏结力。一般情况下,砂浆的抗压强度越高,其黏结力越大。此外,砂浆的黏结力与砖石表面状态、清洁程度、湿润情况以及施工养护条件等都有关系。如砌砖前要先浇水湿润,表面不沾泥土,就可以提高砂浆的黏结力,保证砌体的质量。

四、砌筑砂浆的拌制、使用及强度验收

1. 配合比

砂浆的配合比一般是以质量比的形式来表达的,是经过试验确定的,配合比确定后,操作者应严格按要求计量配料,水泥的称量精确度控制在±2%以内,砂子和石灰膏等掺和料的称量精确度控制在±5%以内,外加剂由于总掺入量很少,更要按说明或技术交底严格计量加料,不能多加或少加。

几种常用的砂浆配合比按比例列表如下,见表2—7,以便工程中参照使用。

表2—7　　　　　　　　　　砂浆配合比参考表

名称	砂浆等级	配合比	材料用量(kg)		
		水泥:石灰膏:砂子	水泥	石灰膏	砂子
水泥石灰砂浆	M2.5	1:0.99:8.7	166	164	1 450
	M5.0	1:0.71:7.51	193	137	1 450
	M7.5	1:0.58:6.9	209	121	1 450
	M10	1:0.34:5.89	246	84	1 450
	M15	1:0.17:4.83	300	50	1 450
	砂浆等级	水泥:粉煤灰:砂子	水泥	粉煤灰	砂子
水泥粉煤灰砂浆	M5.0	1:1.5:10.02	145	217	1 450
	M7.5	1:1.1:7.29	199	219	1 450
	M10	1:0.8:5.62	258	206	1 450
	砂浆等级	水泥:砂子	水泥		砂子
水泥砂浆	M2.5	1:7.25	200		1 450
	M5.0	1:6.84	212		1 450
	M7.5	1:6.33	229		1 450
	M10	1:5.35	271		1 450
	M15	1:4.39	330		1 450

注:表中选用的水泥为32.5级。

2. 搅拌时间

砂浆必须经过充分搅拌,使水泥、石灰膏、砂子等成为一个均匀的混合体。特别是水泥,如果搅拌不均匀,则会明显地影响砂浆的强度。一般要求砂浆在搅拌机内的搅拌时间不得少于2 min。

砌筑砂浆的拌制应按下述要求进行:

(1)原材料必须符合要求,而且具备完整的测试数据和书面材料。

(2)砂浆一般采用机械搅拌,如果采用人工搅拌时,宜将石灰膏先化成石灰浆,水泥和砂子干拌均匀后,加入石灰浆中,最后用水调整稠度,翻拌3~4遍,直至色泽均匀,稠度一致，没有疙瘩为合格。

（3）砂浆的配合比由试验室提供。砂浆的配合比应用指示牌将各种材料的用量和配合比标示在搅拌机上料处，如图2—11所示。这样可以使操作者按计量操作，也便于监督检查。

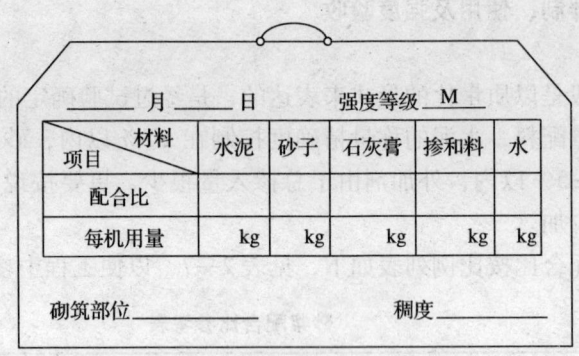

图2—11 砂浆配合比指示牌

（4）砌筑砂浆拌制好以后，应及时送到作业地点，要做到随拌随用。一般应在2 h之内用完，气温低于10℃时可延长至3 h，但气温达到冬期施工条件时，应按冬期施工的有关规定执行。

3. 砂浆的使用

砂浆应具有良好的保水性（分层度不大于30 mm），如砂浆出现泌水现象，应在砌筑前重新搅拌后再使用。

砂浆应随拌随用，拌完的水泥砂浆和水泥混合砂浆必须分别在3 h和4 h内用完。不允许使用过夜的砂浆，夏天最高温度超过30℃时，上述砂浆应分别在2 h和3 h内用完。对掺缓凝剂的砂浆，其使用时间可根据具体情况延长。

4. 砂浆试块强度验收

为了检查砌筑砂浆的强度，规范规定每一楼层或250 m^3 砌体中的各种设计强度的砂浆，每台搅拌机应至少检查一次，每次至少应制作一组试块（每组6块）。当砂浆强度等级或配合比变更时，还应制作试块。试块经28天标准养护龄期后，做抗压试验，试验结果应符合设计要求。砌筑砂浆试块强度验收时，其强度合格标准必须符合以下规定：

（1）砌筑砂浆的验收批，同一类型、强度等级的砂浆试块应不少于3组，当同一验收批只有一组时，该组砂浆试块抗压强度平均值必须大于或等于设计强度等级所对应的立方体抗压强度；同一验收批砂浆试块抗压强度的最小一组平均值必须大于或等于设计强度等级所对应的立方体抗压强度的0.75倍。

（2）抽检数量。每一检验批且不超过250 m^3 砌体的各种类型及强度等级的砌筑砂浆，每台搅拌机应至少抽检一次。

（3）检验方法。在砂浆搅拌机出料口随机取样制作砂浆试块（同盘砂浆只应制作一组试块），最后检查试块强度试验报告单。

（4）当施工中或验收中出现下列情况时，可采用现场检验方法对砂浆和砌体强度进行原位检测或取样检测，并制定其强度。

1）砂浆试块缺乏代表性或试块数量不足。

2) 对砂浆试块的试验结果有怀疑或有争议。
3) 砂浆试块的试验结果不能满足设计要求。

五、砌筑砂浆质量验收规范

（1）水泥进场使用前，应分批对其强度、安定性进行复验。检验批应以同一生产厂家、同一编号为一批。

当在使用中对水泥质量有怀疑或水泥出厂超过3个月（快硬硅酸盐水泥超过1个月）时，应复查试验，并按其结果使用。

不同品种的水泥不得混合使用。

（2）砂浆用砂不得含有有害杂物。砂浆用砂的含泥量应满足下列要求：
1) 对水泥砂浆和强度等级不小于M5的水泥混合砂浆，不应超过5%。
2) 对强度等级小于M5的水泥混合砂浆，不应超过10%。
3) 人工砂、山砂及特细砂，应经试配能满足砌筑砂浆技术条件要求。

（3）配制水泥石灰砂浆时，不得采用脱水硬化的石灰膏。

（4）消石灰粉不得直接使用于砌筑砂浆中。

（5）砌筑砂浆应通过试配确定配合比。当砌筑砂浆的组成材料有变更时，其配合比应重新确定。

（6）施工中当采用水泥砂浆代替水泥混合砂浆时，应重新确定砂浆强度等级。

（7）凡在砂浆中掺入有机塑化剂、早强剂、缓凝剂、防冻剂等，应经检验和试配符合要求后，方可使用。

（8）砂浆现场拌制时，各组分材料应采用质量计量。

（9）砌筑砂浆应采用机械搅拌，自投料完算起，搅拌时间应符合下列规定。
1) 水泥砂浆和水泥混合砂浆不得少于2 min。
2) 水泥粉煤灰砂浆和掺用外加剂的砂浆不得少于3 min。
3) 掺用有机塑化剂的砂浆，应为3~5 min。

（10）砂浆应随拌随用，水泥砂浆和水泥混合砂浆应分别在3 h和4 h内使用完毕；当施工期间最高气温超过30℃时，应分别在拌成后2 h和3 h内使用完毕。

应注意，对掺用缓凝剂的砂浆，其使用时间可根据具体情况延长。

（11）砌筑砂浆试块强度验收时，其强度合格标准必须符合以下规定：同一验收批砂浆试块抗压强度平均值必须大于或等于设计强度等级所对应的立方体抗压强度；同一验收批砂浆试块抗压强度的最小一组平均值必须大于或等于设计强度等级所对应的立方体抗压强度的0.75倍。

应注意：
1) 砌筑砂浆的验收批，同一类型、强度等级的砂浆试块应不少于3组。当同一验收批只有一组试块时，该组试块抗压强度和平均值必须大于或等于设计强度所对应的立方体抗压强度。
2) 砂浆强度应以按标准养护、龄期为28天的试块抗压试验结果为准。

抽检数量为每一检验批且不超过250 m³砌体的各种类型及强度等级的砌筑砂浆，每台搅拌机应至少抽检一次。

检验方法为在砂浆搅拌机出料口随机取样制作砂浆试块（同盘砂浆只应制作一组试

块),最后检查试块强度试验报告单。

(12) 当施工中或验收时出现下列情况时,可采用现场检验方法对砂浆和砌体强度进行原位检测或取样检测,并判定其强度。

1) 砂浆试块缺乏代表性或试块数量不足。

2) 对砂浆试块的试验结果有怀疑或有争议。

3) 砂浆试块做试验结果,不能满足设计要求。

模块三 砌筑工具和脚手架

一、砌筑工具

1. 小型工具

(1) 瓦刀。又叫泥刀,是个人使用及保管的工具。用于涂抹、摊铺砂浆、砍削砖块、打灰条及发碹。其形状如图2—12所示。

(2) 大铲。用于铲灰、铺灰和刮浆的工具,也可以在操作中用它随时调和砂浆。大铲以桃形者居多,也有长三角形和长方形。它是实施"三一"(一铲灰、一块砖、一揉挤)砌筑法的关键工具,传统型大铲如图2—13所示。鸳鸯大铲如图2—14所示。

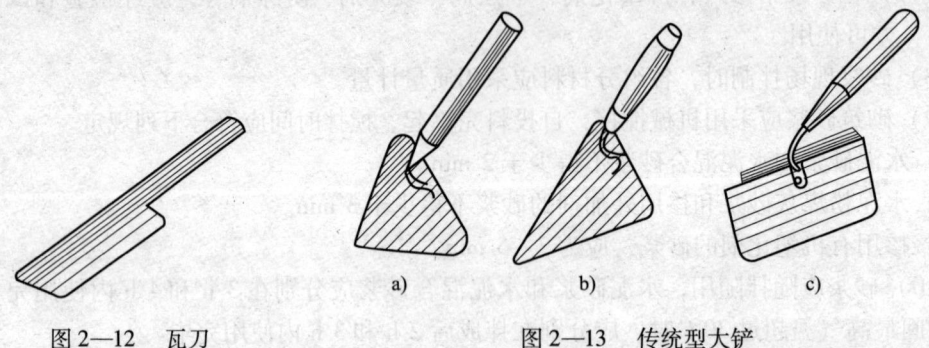

图2—12 瓦刀　　图2—13 传统型大铲
a) 桃形大铲　b) 长三角形大铲　c) 长方形大铲

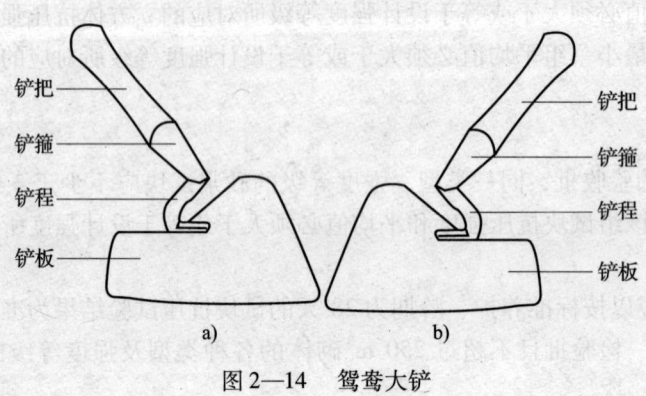

图2—14 鸳鸯大铲
a) 左手铲　b) 右手铲

（3）刨锛。用以打砍砖块的工具，也可当做小锤与大铲配合使用。为了便于打"七分头"（3/4砖），有的操作者在刨锛手柄上刻一凹槽线为记号，使凹口到刨锛刃口的距离为3/4砖长，形状如图2—15所示。

（4）锤子。俗称小榔头，作敲凿石料和开凿异形砖之用，形状如图2—16所示。

（5）钢凿。又叫錾子，可用45号或60号钢锻造。一般直径为20~28 mm，长150~250 mm。与锤子配合用于打凿石料，开剖异形砖等。其端部有尖头和扁头两种，如图2—17所示。

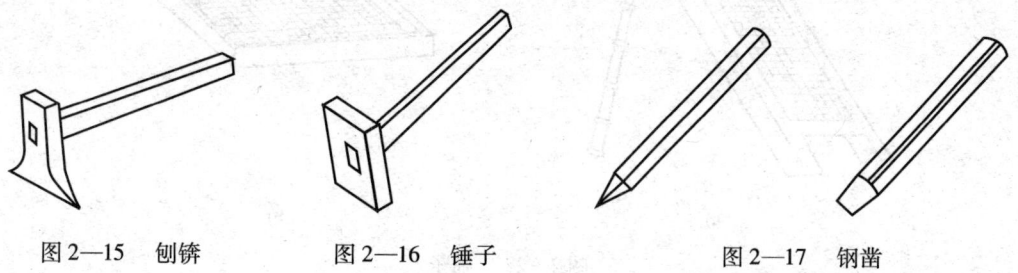

图2—15　刨锛　　　图2—16　锤子　　　图2—17　钢凿

（6）摊灰尺。用不易变形的木材制成。操作时放在墙上作为控制灰缝及摊铺砂浆用，如图2—18所示。

（7）溜子。又叫灰匙、勾缝刀，一般以 $\phi 8$ mm 钢筋打扁制成，并装上木柄，通常用于清水墙勾缝。用0.5~1 mm厚的薄钢板制成的较宽的溜子，则用于毛石墙的勾缝，如图2—19所示。

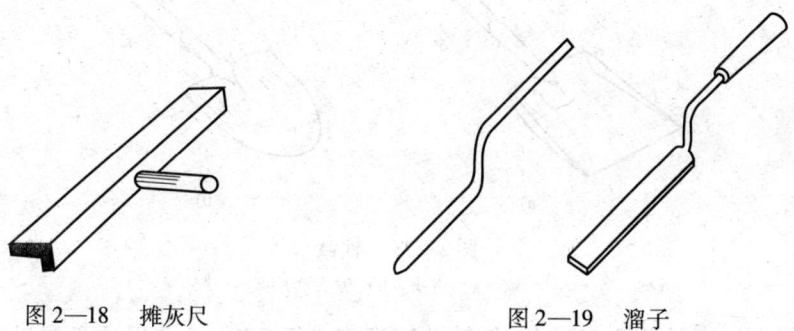

图2—18　摊灰尺　　　　　图2—19　溜子

（8）抿子。用0.8~1 mm厚的钢板制成，并铆上执手安装木柄成为工具。可用于石墙的抹缝、勾缝，如图2—20所示。

（9）灰板。又叫托灰板，用不易变形的木材制成。在勾缝时，用它承托砂浆，如图2—21所示。

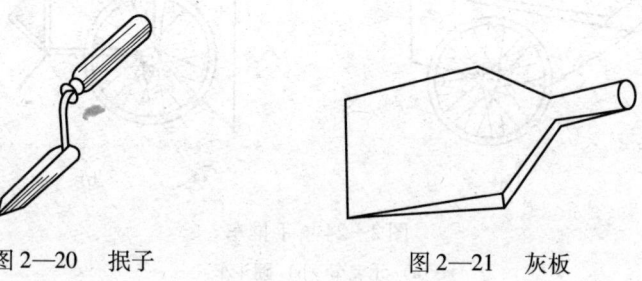

图2—20　抿子　　　　　图2—21　灰板

2. 共用工具

（1）筛子。主要用来筛砂。筛孔直径有 4 mm、6 mm、8 mm 等数种。勾缝需用细砂时，可利用铁窗纱钉在小木框上制成小筛子，如图 2—22 所示。

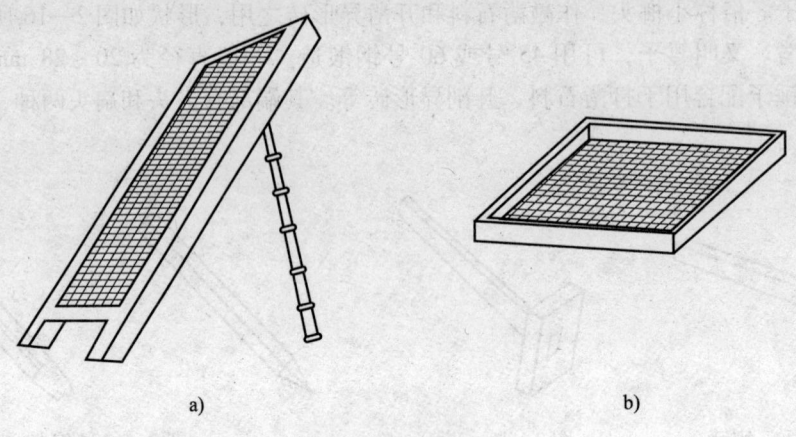

图 2—22　筛子
a）立筛　b）小方筛

（2）铁锨。又称铁锹，分为方头和尖头两种，用于挖土、装车、筛砂等工作。市场上有成品出售，如图 2—23 所示。

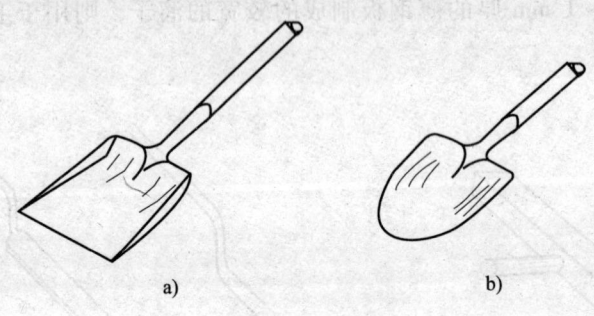

图 2—23　铁锨
a）方头　b）尖头

（3）手推车。容量约 0.12 m³，轮轴总宽度应小于 900 mm，以便于通过室内门洞口。用于运输砂浆、砖和其他散装材料，如图 2—24 所示。

图 2—24　手推车
a）元宝车　b）翻斗车

（4）运砖手推车。运输砖块的专用车。使用方便，能减少砖的破损，如图2—25所示。

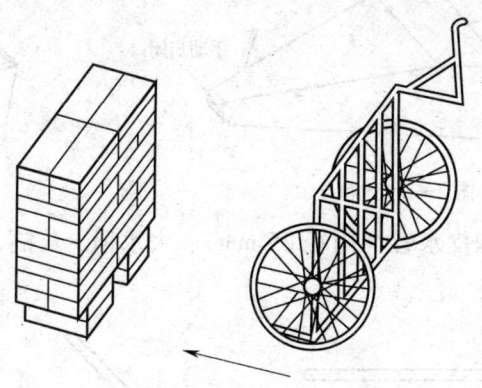

运砖手推车上砖方向

图2—25 运砖手推车

（5）砖夹。施工单位自制的夹砖工具。可用 $\phi 6\ mm$ 钢筋锻造，一次可以夹起4块标准砖，用于装卸砖块。砖夹形状如图2—26所示。

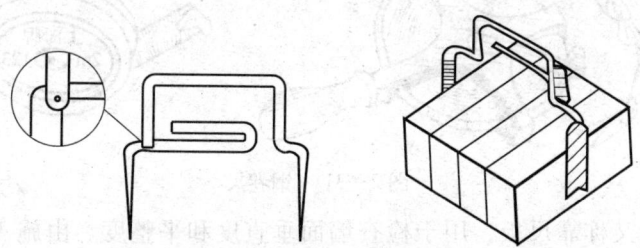

图2—26 砖夹

（6）砖笼。砖笼是采用塔吊施工时吊运砖块的工具。施工时，在底板上先码好一定数量的砖，然后把砖笼套上并固定，再起吊到指定地点，如此周转使用。砖笼的形状如图2—27所示。

（7）料斗。料斗是采用塔吊施工时吊运砂浆的工具。当砂浆吊运到指定地点后，打开启闭口，将砂浆放入储灰槽内。料斗形状如图2—28所示。

（8）灰槽。用1～2 mm厚的黑铁皮制成，供砌筑工存放砂浆用。灰槽形状如图2—29所示。

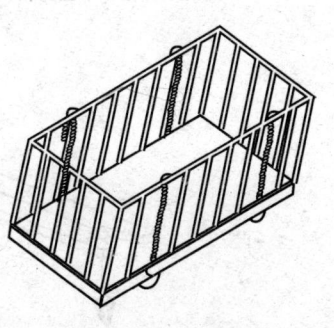

图2—27 砖笼

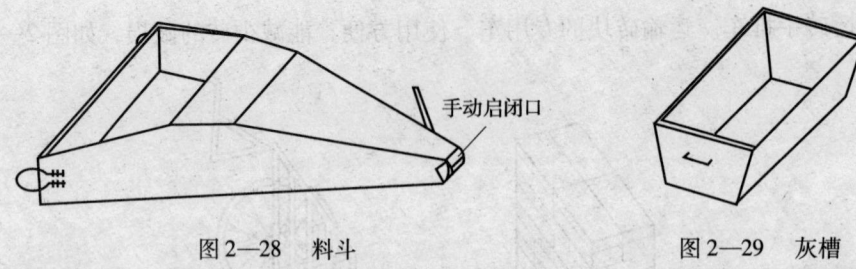

图2—28　料斗　　　　　　　图2—29　灰槽

(9) 其他工具。如橡皮水管（内径25 mm）、大水桶、灰镐、灰勺、钢丝刷及笤帚等，如图2—30所示。

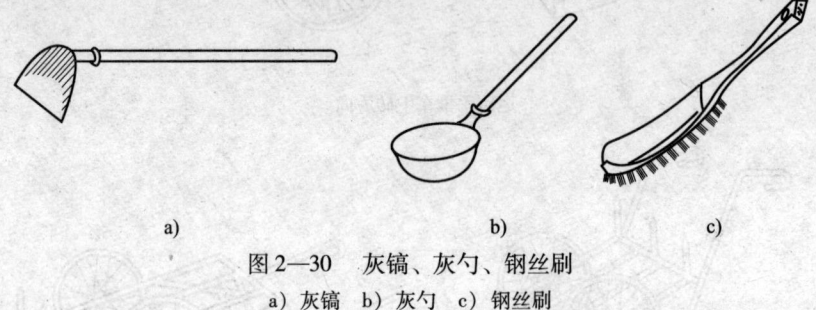

a)　　　　　b)　　　　　c)

图2—30　灰镐、灰勺、钢丝刷
a) 灰镐　b) 灰勺　c) 钢丝刷

3. 检测工具

(1) 钢卷尺。有1 m、2 m、3 m及30 m、50 m等几种规格。砌筑工操作宜选用2 m的钢卷尺，如图2—31所示。钢卷尺应选用有生产许可证的厂家生产的。钢卷尺主要用来测量轴线尺寸、位置及墙长、墙厚，以及门窗洞口的尺寸、留洞位置尺寸等。

图2—31　钢卷尺

(2) 托线板。又称靠尺板，用于检查墙面垂直度和平整度。由施工单位用木材自制，长1.2～1.5 m；也有铝制商品，如图2—32所示。

(3) 线锤。用于检查墙面的垂直度，主要与托线板配合使用，如图2—33所示。

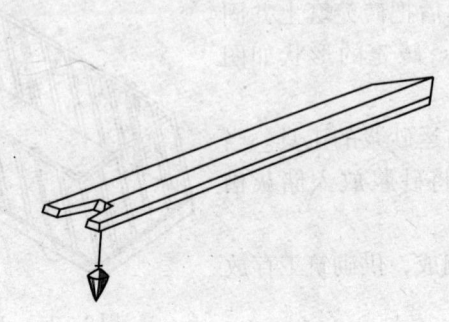
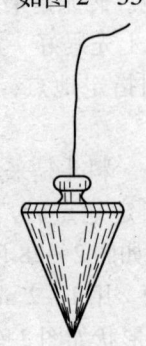

图2—32　托线板　　　　　　　图2—33　线锤

(4) 准线。准线是砌墙时拉的直径为 0.5~1 mm 的尼龙线。用于检测墙体水平灰缝的平直度,如图 2—34 所示。

(5) 塞尺。塞尺与托线板配合使用,以测定墙、柱的垂直度、平整度的偏差。塞尺上每一格表示厚度方向 1 mm,如图 2—35 所示。使用时,托线板一侧紧贴于墙或柱面上,由于墙或柱面本身的平整度不够,必然与托线板产生一定的缝隙,用塞尺轻轻塞进缝隙,塞进几格就表示墙或柱面偏差的数值。

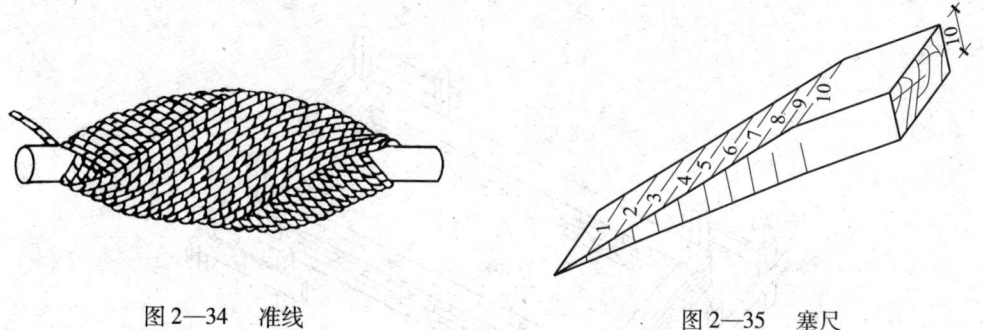

图 2—34 准线　　　　图 2—35 塞尺

(6) 水平尺。用铁和铝合金制成,中间镶嵌玻璃水准管,用来检查砌体对水平位置的偏差,如图 2—36 所示。

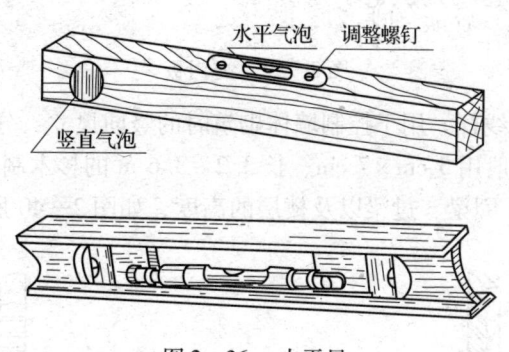

图 2—36 水平尺

(7) 百格网。用于检查砌体水平缝砂浆饱满度的工具。可用铁丝编制锡焊而成,也有在有机玻璃上划格而成,其规格为一块标准砖的大面尺寸。将其长宽方向各分成 10 格,画成 100 个小格,故称百格网,如图 2—37 所示。

(8) 方尺。用木材制成边长为 200 mm 的直角尺,有阴角和阳角两种,分别用于检查砌体转角的方正程度。方尺形状如图 2—38 所示。

(9) 龙门板。龙门板是在房屋定位放线后,砌筑时定轴线、中心线的标准,如图 2—39 所示。施工定位时一般要求板顶面的高程即为建筑物的相对标高 ±0.000。在板上画出轴线位置,以画"中"字示意,板顶面还要钉一根 20~25 mm 长的钉子。当在两个相对的龙门板之间拉上准线时,则该线就表示为建筑物的轴线。有的在"中"字的两侧还分别画出墙身宽度位置线和大放脚宽度位置线,以便于操作人员检查核对。施工中严禁碰撞和踩踏龙门板,也不允许坐在其上。建筑物基础施工完毕后,把轴线标高等标志引测到基础墙上后,方可拆除龙门板、龙门桩。

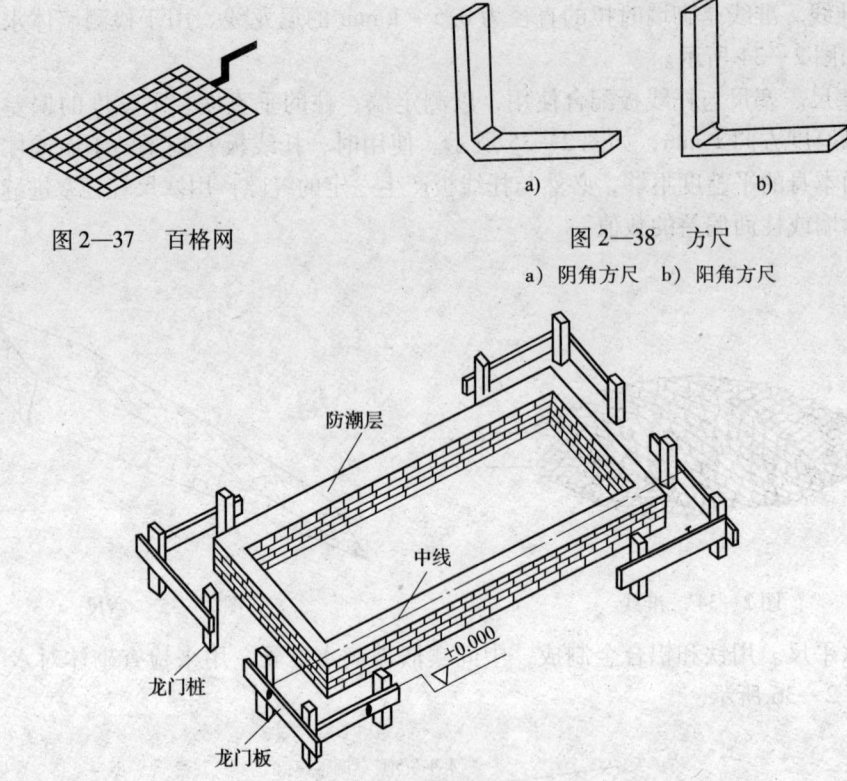

图 2—37 百格网

图 2—38 方尺
a) 阴角方尺 b) 阳角方尺

图 2—39 龙门板

(10) 皮数杆。又称线杆。用于控制墙体砌筑时的竖向尺寸,分基础用和墙身用两种。

1) 墙身皮数杆。一般用 5 cm×7 cm、长 3.2~3.6 m 的杉木制作。上面画有砖的层数、灰缝厚度、门窗、楼板、圈梁、过梁以及楼层的高度,如图 2—40 所示。

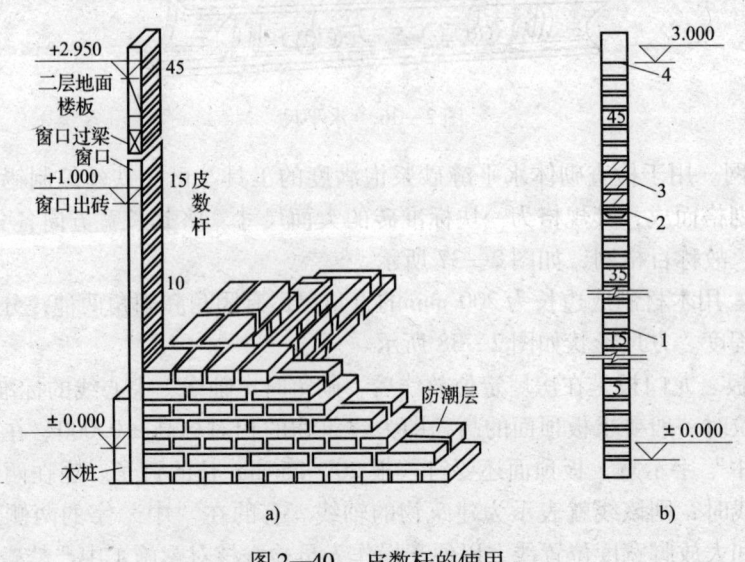

图 2—40 皮数杆的使用
a) 皮数杆立法 b) 皮数杆

1—表示窗下框 2—表示窗上框 3—表示钢筋混凝土过梁 4—表示一层楼标高

2）基础皮数杆。一般用 30 mm 见方的杉木制作，杆顶应高出防潮层。上面画有砖层数、灰缝厚度、地圈梁、防潮层的高度。

常用工具汇总表见表 2—8。

表 2—8　　　　　　　　　　　　常用工具汇总表

类别	名称	作用
瓦工工具	1. 瓦刀	用于砌墙、打砖、打灰条及发碹
	2. 大铲	用于铲灰、铺灰与刮灰
	3. 刨锛	用于打砍砖块
	4. 锤子	用于敲凿石料与异形砖
	5. 钢凿	用于开凿石料与异形砖
	6. 摊灰尺	用于控制灰缝及摊铺砂浆
	7. 溜子	用于清水墙勾缝
	8. 捩子	用于石墙抹、勾缝
	9. 灰板	用于承托砂浆
共用工具	10. 筛子	用于筛分砂子
	11. 铁锹	用于挖土、装车、筛砂等
	12. 手推车	用于运输砂浆和其他散装材料
	13. 运砖手推车	用于运输砖块
	14. 砖夹	用于装卸砖块
	15. 砖笼	用于垂直吊运砖块
	16. 料斗	用于垂直吊运砂浆
	17. 灰桶	用于临时储存砂浆
检测工具	18. 钢卷尺	用于测量墙体、构件尺寸
	19. 托线板	用于检测墙体的垂直度和平整度
	20. 线锤	用于检测墙体、构件垂直度
	21. 准线	用于检测墙体水平灰缝的平直度
	22. 塞尺	用于测定墙、柱垂直度和平整度的数值偏差
	23. 水平尺	用于检测砌体水平方向的偏差
	24. 百格网	用于检测墙体水平灰缝的饱满度
	25. 方尺	用于检测墙体转角的方正度
	26. 龙门板	用于定轴线、中心线
	27. 皮数杆	用于控制墙体砌筑时的竖向尺寸

二、机械设备

1. 砂浆搅拌机

砂浆搅拌机是砌筑工程中的常用机械，用来制备砌筑和抹灰用的砂浆，如图 2—41 所示。常用规格是 0.2 m³ 和 0.325 m³；台班产量为 18~26 m³。目前常用的砂浆搅拌机有倾翻出料式的 HJ-200 型、HJ₁-200B 型和活门式的 HJ-325 型。砂浆搅拌机及凝凝土搅拌机种类见表 2—9。

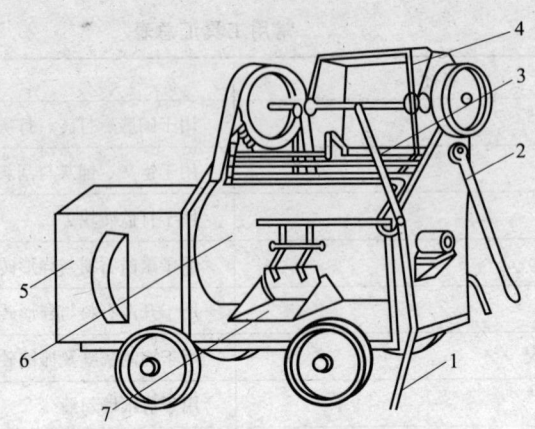

图 2—41　砂浆搅拌机

1—水管　2—上料操纵手柄　3—出料操纵手柄　4—上料斗　5—变速箱　6—搅拌斗　7—出灰门

表 2—9　砂浆搅拌机及混凝土搅拌机种类

机械名称	规格（L）	台班产量（m³）	用途
砂浆搅拌机	200 和 325	18 和 26	砌筑工程量不大时用于搅拌砌筑砂浆
混凝土搅拌机	200、400 和 500	24、40 和 50	工程量较大时用于搅拌砌筑砂浆

混凝土搅拌机可一机两用，既可搅拌混凝土，也可搅拌砂浆。当搅拌混合砂浆后再搅拌混凝土时，必须将混凝土搅拌机清洗后，方能搅拌混凝土，这样才能保证混凝土的强度。混凝土搅拌机如图 2—42 所示。

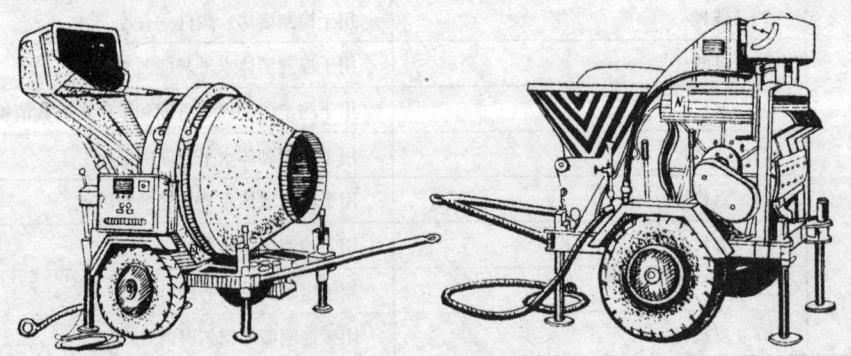

图 2—42　混凝土搅拌机

操作要求：

（1）机械安装应平稳、牢固，地基应夯实、平整。

（2）移动式砂浆搅拌机的安装，其行走轮应离开地面，机座要高出地面一定距离，以便于出料。

(3) 开机前应先检查电气设备的绝缘和接地是否良好，带轮和齿轮必须有防护罩。对机械需润滑的部位加油润滑，并检查机械各部件是否正常。

(4) 工作时先空载转动 1 min，检查其传动装置工作是否正常，在确保正常状态下再加料搅拌。搅拌时要边加料边加水，要避免过大粒径的颗粒卡住叶片。

(5) 加料时，操作工具（如铁锹等）不能碰撞搅拌叶片，更不能在转动时把工具伸进机内扒料。

(6) 工作完毕必须把搅拌机清洗干净。

(7) 机器应设置在工作棚内，以防雨淋日晒，冬期还应有挡风保暖设施。

2. 垂直运输设备

(1) 井架。多层建筑施工常用的垂直运输设备，俗称绞车架，一般用钢管、型钢支设，并配置吊篮、天梁、卷扬机，形成垂直运输系统。井架基础一般要埋在一定厚度的混凝土底板内，底板中预埋螺栓，与井架底盘连接固定。井架的顶端、中部应按规定设置数道缆风绳，以保证井架的稳定。井架形状如图 2—43 所示。

(2) 龙门架。由两根立杆和横梁构成。立杆由角钢或 φ200~250 mm 的钢管组成，配上吊篮用于材料的垂直运输。

由于龙门架的吊篮突出在立杆之外，所以要求吊篮周围必须设有护身栏，同时在立管上制作悬臂角钢支架，配上滚杠，作为吊篮到达使用层时临时搁放的安全装置，如图 2—44 所示。

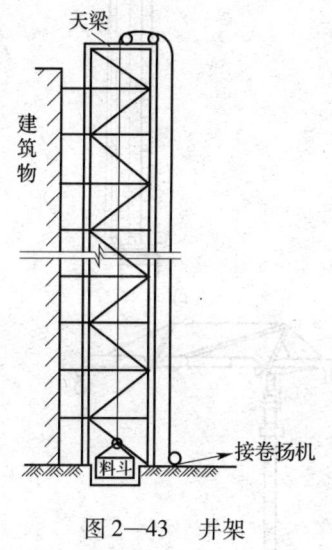

图 2—43 井架

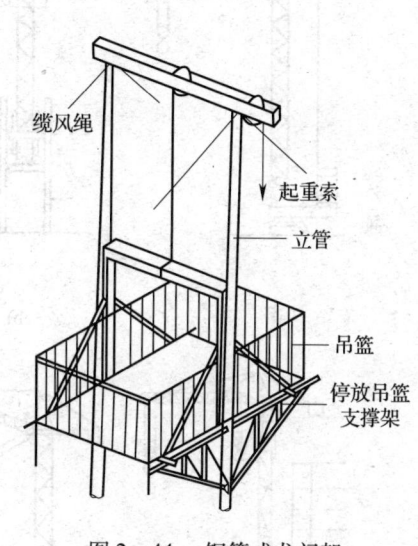

图 2—44 钢管式龙门架

(3) 塔式起重机。简称塔吊，是现代工业与民用建筑施工及设备安装工程中主要使用的建筑起重机。

1) 塔式起重机的特点。

①塔式起重机在水平面内起重作业的范围大。塔式起重机的吊臂长（可达 70 m 以上），塔身又靠近建筑物，且吊臂装在塔身的顶部，故幅度利用率大（可达全幅度的 80%，比其他类型的起重机高），因而它的作业范围大。

②塔式起重机的塔身高度大，可满足不同层数及高度的建筑物与构筑物的施工要求。塔

式起重机的起升高度主要取决于塔身的高度，塔身越高，所能获得的起升高度就越大，目前，采用建筑物外附着式的塔式起重机起升高度可在200 m以上。

③塔式起重机具有可靠的自身稳定与平衡性能，无须牵缆，起吊性能好，起吊重物能同时进行垂直和水平运输，并同时可做360°全回转运动，机动灵活迅速。

④塔式起重机具有多种工作速度，生产率高。起升机构一般包括正常作业的起吊速度、安装就位的慢速度、空钩下降的快速度等。

⑤塔式起重机能起吊各种类型的建筑材料、制品、预制构件及建筑设备，特别适合起吊超长、超宽的重大构件。

⑥塔式起重机机构组成的标准化程度高，装拆方便，能适应频繁的工作转移，安全可靠。

⑦塔式起重机结构庞大，自重大，运输和转移工地所需时间较长，轨道式塔式起重机还要铺设轨道，费工且成本高。

2）塔式起重机的组成、类型及型号。

①组成。塔式起重机主要由钢结构、工作机构、安全装置及电气系统等组成。

②类型。塔式起重机的类型很多，常用的主要有以下类型，如图2—45所示。

③常用的塔式起重机。

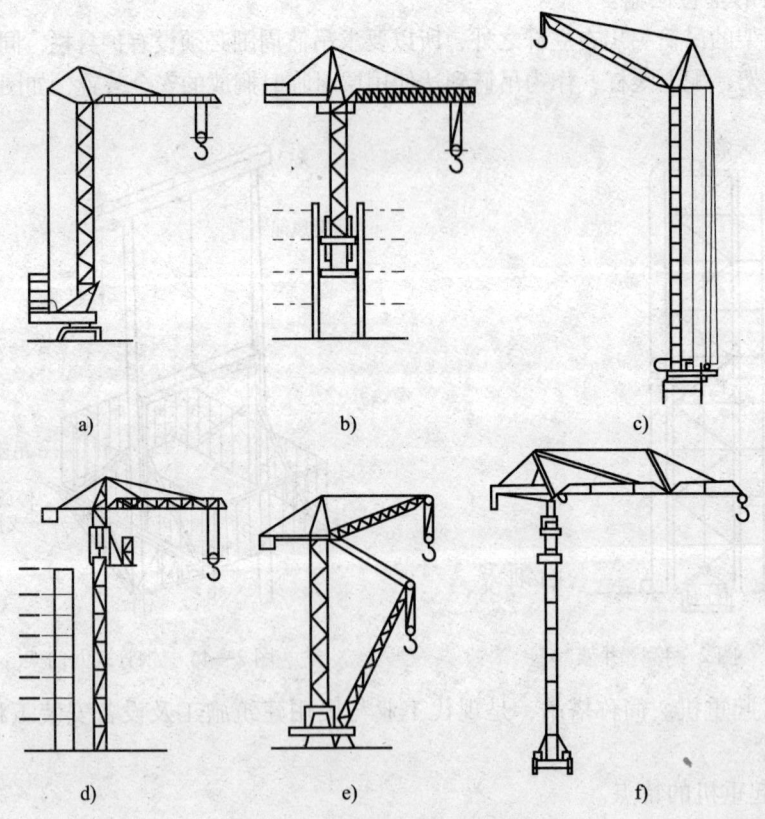

图2—45　塔式起重机的类型
a）下旋式小车变幅　b）内爬式　c）下旋动臂式　d）附着自升式　e）塔桅式　f）轨道自升式

a. QTK40塔式起重机。它是一种新型的下旋式塔式起重机，具有伸缩塔身、小车变幅、整体拖运、快速安装、轨道式运行等特点。主要用于8层左右的民用建筑施工，采用

30°仰臂工作时,可用于10层以内的住宅吊装工作。

b. SCM-D160塔式起重机。它是一种上回转式、动臂变幅、自升式的新型塔式起重机,这种塔机采用引进的先进技术,使其技术性能先进,构造合理,并可带载变幅,施工吊装时就位准确,特别适用于施工场地狭窄、空间拥挤的城市商业区,以及塔形建筑的施工,是目前国际上较流行的一种机型。

c. QTZ40塔式起重机。它是一种上回转式、小车变幅、外附着自升多功能塔式起重机,它是吸收国外塔吊的先进技术,结合国内最新科研成果开发的一类新机型,包括QTZ25、QTZ100等系列机型。该系列塔机构造简单,造型美观,用钢量省,安全保护装置完善,性能参数达到了国际上同类产品的先进水平。

3. 水平运输机具

主要有机动翻斗车等,如图2—46所示。

4. 砌块施工的常用机具

砌筑砌块墙体时,一般配备塔吊施工。没有塔吊时,可采用台灵架等设备配合施工。

(1) 台灵架。台灵架主要用于起吊和安装砌块,可以自行制作,形状如图2—47所示。

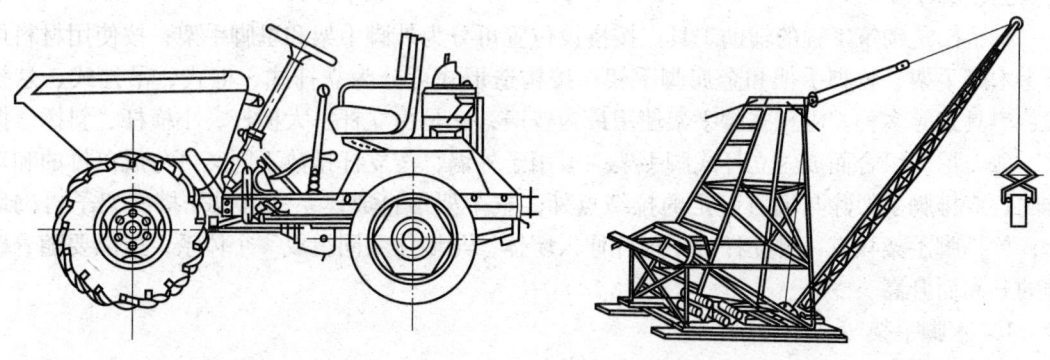

图2—46 机动翻斗车　　　　　　　图2—47 台灵架

(2) 夹具。夹具主要用于砌筑砌体,是夹取砌块进行安装和就位的工具。夹具分单块夹和多块夹两种,如图2—48所示。

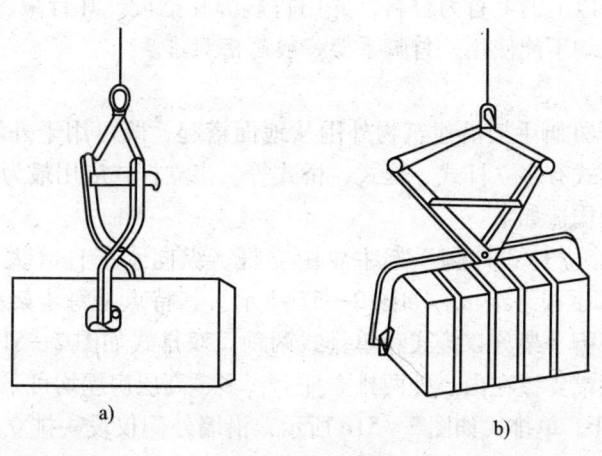

图2—48 夹具
a) 单块夹　b) 多块夹

（3）索具。索具是用来吊装体积较大和质量较重的砌块的一种工具，如图 2—49 所示。

（4）撬棒。用于安装砌块时撬动、校正、微调砌块位置的一种手工工具，可用 $\phi 20$ mm 钢材锻打做成，其长度约为 1 m，一头尖，一头扁，如图 2—50 所示。

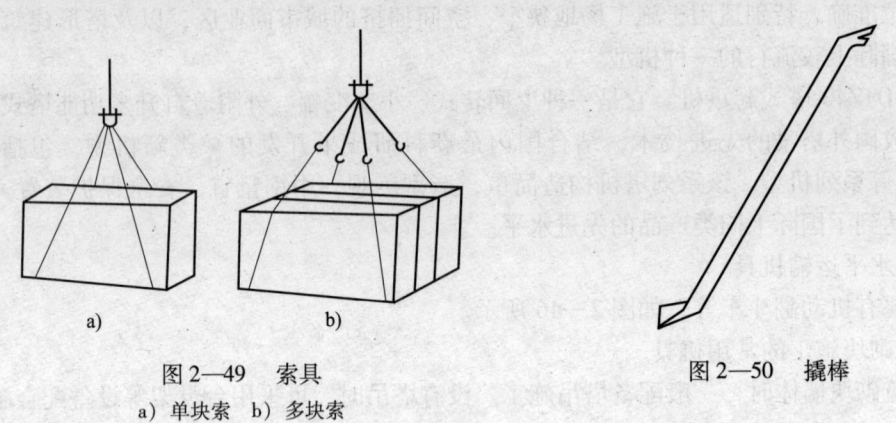

图 2—49　索具　　　　　　　图 2—50　撬棒
a）单块索　b）多块索

三、脚手架

脚手架是砌筑工程的辅助工具。按搭设位置可分为外脚手架和里脚手架；按使用材料可分为木脚手架、竹脚手架和金属脚手架；按构造形式可分为立杆式、框式、吊挂式、悬挑式、工具式等多种。立杆式脚手架使用最为普遍，它是由立杆、大横杆、小横杆、斜撑、抛撑、剪刀撑等组合而成。立杆式脚手架一般用于外墙，按立杆排数不同又可分成单排的和双排的。双排脚手架除与墙有一定的拉结点外，整个架子自成体系，可以先搭好架子再砌墙体；单排脚手架只有一排立杆，小横杆伸入墙体，与墙体共同组成一个体系，所以要随着砌体的升高而升高。

1. 木脚手架

采用剥皮杉杆作为杆材，用 8 号镀锌铁丝绑扎搭设。因铁丝容易生锈，故此类脚手架适用于北方气候干燥地区。

2. 竹脚手架

采用生长期 3 年以上的毛竹为材料，并用竹篾绑扎搭设，凡青嫩、橘黄、黑斑、虫蛀、裂纹连通两节以上的均不能使用。竹脚手架一般都搭双排。

3. 钢管脚手架

（1）外脚手架。外脚手架沿建筑物外围从地面搭起，既可用于外墙砌筑，又可用于外装饰施工。其主要形式有多立杆式、框式、桥式等。多立杆式应用最为广泛。多立杆式外脚手架基本组成及一般构造如下。

1）基本组成。多立杆式外脚手架主要由立杆、纵向水平杆（大横杆）、横向水平杆（小横杆）、斜撑、脚手板等组成，如图 2—51 所示。其特点是每步架高可根据施工需要灵活布置。多立杆式外脚手架分双排式和单排式两种。双排式如图 2—51b 所示，沿墙外侧设两排立杆，小横杆两端支撑在内、外两排立杆上，多、高层房屋均可采用，当房屋高度超过 50 m 时，需专门设计。单排式如图 2—51c 所示，沿墙外侧仅设一排立杆，其小横杆一端与大横杆连接，另一端支撑在墙上，仅适用于荷载较小，高度较低（<25 m），墙体有一定强度的多层房屋。

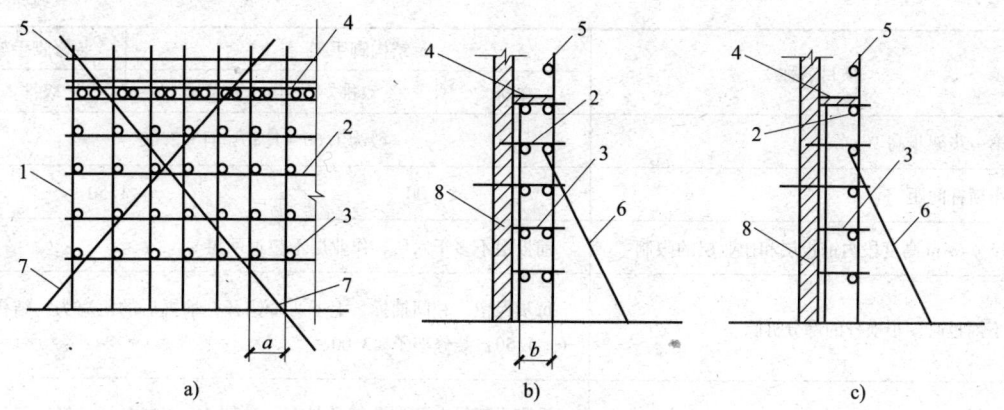

图2—51 多立杆式外脚手架
a)立面 b)侧面(双排) c)侧面(单排)
1—立杆 2—大横杆 3—小横杆 4—脚手板 5—栏杆 6—抛撑 7—斜撑 8—墙体

多立杆式外脚手架由钢管(ϕ48 mm×3.5 mm)和扣件组成,如图2—52所示,采用扣件连接,既牢固又便于装拆,可以重复周转使用,因而广泛应用。

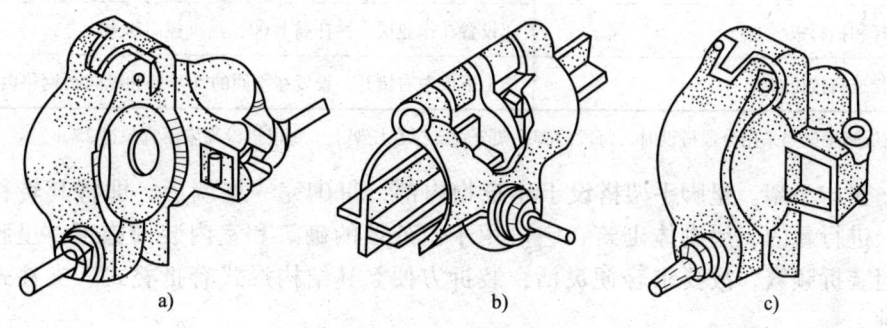

图2—52 扣件形式
a)回转扣件 b)对接扣件 c)直角扣件

2)一般构造。多立杆式外脚手架的一般构造要求见表2—10。

表2—10 多立杆式外脚手架的一般构造要求 m

项目名称		结构脚手架			装修脚手架
		单排	双排	单排	双排
脚手架里立杆离墙面的距离		—	0.35~0.50	—	0.35~0.50
小横杆里端离墙面的距离或插入墙体的长度		0.30~0.50	0.10~0.15	0.30~0.50	0.15~0.20
小横杆外端伸出大横杆外的长度		>0.15			
双排脚手架内外立杆横距 单排脚手架立杆与墙面距离		1.35~1.80	1.00~1.50	1.15~1.50	1.15~1.20
立杆纵距	单立杆	1.00~2.00			
	双立杆	1.50~2.00			
大横杆间距(步高)		≤1.50		≤1.80	

续表

项目名称	结构脚手架			装修脚手架
	单排	双排	单排	双排
第一步架步高	一般为1.60~1.80，且≤2.00			
小横杆间距	≤1.00			≤1.50
15~18 m高度段内铺板层和作业层的限制	铺板层不多于六层，作业层不超过两层			
不铺板时，小横杆的部分拆除	每步保留、相间抽拆，上下两步错开，抽拆后的距离为：结构架子≤1.50；装修架子≤3.00			
剪刀撑	沿脚手架纵向两端和转角处起，每隔10 m左右设一组，斜杆与地面夹角为45°~60°，并沿全高度布置			
与结构拉结（连墙杆）	每层设置，垂直距离≤4.0，水平距离≤6.0，且在高度段的分界面上必须设置			
水平斜拉杆	设置在与连墙杆相同的水平面上			视需要设置
护身栏杆和挡脚板	设置在作业层，栏杆高1.00，挡脚板高0.40			
杆件对接或搭接位置	上下或左右错开，设置在不同的（步架和纵向）网格内			

注：高层脚手架当采用分段搭设时，每段的脚手架分别支撑在托架上，每段搭设高度不宜超过25 m。

（2）里脚手架。里脚手架搭设于建筑物内部，每砌完一层墙后，即将其转移到上一层楼层，进行新的一层砌体砌筑，它可用于内外墙的砌筑和室内装饰施工。里脚手架用料少，但装拆频繁，故要求轻便灵活，装拆方便。其结构形式有折叠式、支柱式和门架式等多种。

1）折叠式。折叠式里脚手架适用于民用建筑的内墙砌筑和内粉刷，也可用于砖围墙、砖平房的外墙砌筑和粉刷。根据材料不同，分为角钢、钢管和钢筋折叠式里脚手架。角钢折叠式里脚手架的架设间距如图2—53所示，砌墙时不超过2 m。

2）支柱式。支柱式里脚手架由若干个支柱和横杆组成。适用于砌墙和内粉刷。其搭设间距，砌墙时不超过2 m。支柱式里脚手架的支柱有套管式和承插式两种形式。如图2—54所示为套管式支柱，它是将插管插入立管中，以销孔间距调节高度，在插管顶端的凹形支托内搁置方木横杆，横杆上铺设脚手架。架设高度为1.5~2.1 m。

3）门架式。门架式里脚手架由两片A形支架与门架组成，如图2—55所示。适用于砌墙和粉刷。支架间距，砌墙时不超过2.2 m。按照支架与门架的不同结合方式，分为套管式和承插式两种。

A形支架有立管和套管两部分，立管常用ϕ50 mm×3 mm的钢管，支脚可用钢管、钢筋或角钢焊成。套管式的支架立管较长，由立管与门架上的销孔调节架子高度。承插式的支架立管较短。承插式门架在架设第二步时，销孔要插上销钉，防止A形支架被撞后转动。

4．脚手架使用安全事项

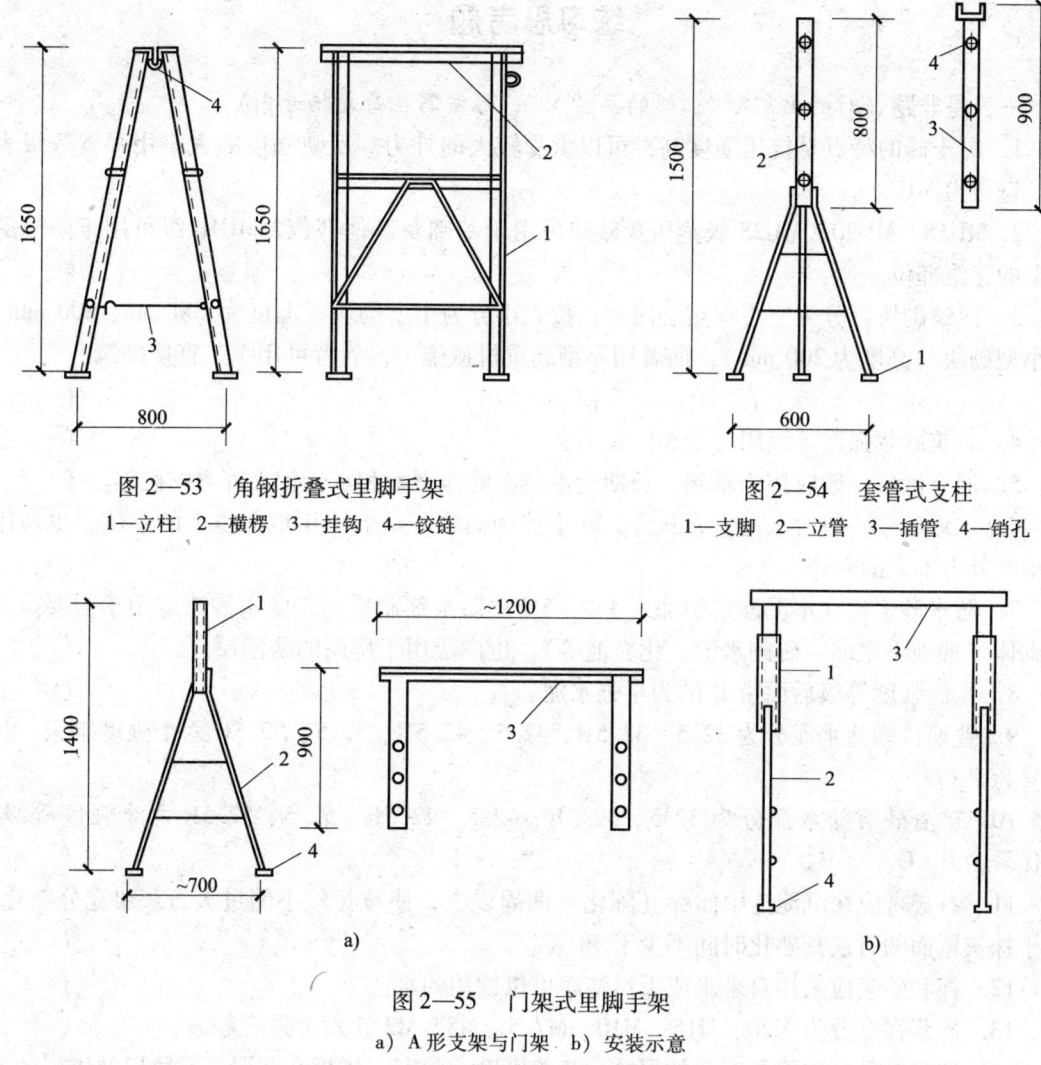

图 2—53　角钢折叠式里脚手架
1—立柱　2—横楞　3—挂钩　4—铰链

图 2—54　套管式支柱
1—支脚　2—立管　3—插管　4—销孔

图 2—55　门架式里脚手架
a）A 形支架与门架　b）安装示意
1—立管　2—支脚　3—门架　4—垫板

（1）脚手架由专业架子工搭设，未经验收的不能使用。使用中未经专业搭设负责人同意，不得随意自搭飞跳或自行拆除某些杆件。

（2）脚手架上所设的各类安全设施，如安全网、安全围护栏杆等不得随意拆除。

（3）当墙身砌筑高度超过地坪 1.2 m 时，应由架子工搭设脚手架。一层以上或 4 m 以上高度时应设安全网。

（4）砌筑时架子上的允许堆料荷载不应超过 3 000 Pa。堆砖不能超过三层，砖要顶头朝外码放。灰斗和其他材料应分散放置，以保证使用安全。

（5）上下脚手架应走斜道或梯子，不准翻爬脚手架。

（6）脚手架上有霜雪时，应清扫干净后方可进行操作。

（7）大雨或大风后要仔细检查整个脚手架，如发现沉降、变形、偏斜应立即报告，经纠正加固后才能使用。

练习思考题

一、是非题（对的画"√"，错的画"×"，答案写在每题括号内）

1. 黏土砖的特点是抗压强度高，可以承受较大的外力。反映强度的大小用强度等级表示，符号为 MU。（   ）

2. MU15、MU20、MU25 级蒸压灰砂砖可用于基础及其他部位，MU10 级可用于防潮层以上的建筑部位。（   ）

3. 建筑砌块可分为空心和实心两种，按大小分为中型砌块（高度为 400 mm、800 mm）和小型砌块（高度为 200 mm），前者用小型起重机械施工，后者可用手工直接砌筑。（   ）

4. 砌筑砂浆强度等级用符号 MU 表示。（   ）

5. 混合砂浆一般应用于基础、长期受水浸泡的地下室和承受较大外力的砌体。（   ）

6. 水泥砂浆一般由水泥、石灰膏、砂子拌和而成。一般用于地面以上的砌体，也适用于承受外力不大的砌体。（   ）

7. 防水砂浆是在水泥砂浆中加入 3%～5% 的防水剂制成的，防水砂浆应用于需要防水的砌体（如地下室墙、砖砌水池、化粪池等），也广泛用于房屋的防潮层。（   ）

8. 水泥强度等级后面带 R 的为早强水泥。（   ）

9. 普通硅酸盐水泥分为 32.5、32.5R、42.5、42.5R、52.5、52.5R 六个强度等级。其代号为 P·O。（   ）

10. 矿渣硅酸盐水泥分为 32.5、32.5R、42.5、42.5R、52.5、52.5R 六个强度等级。其代号为 P·O。（   ）

11. 石灰膏应在沉淀池中储存（陈化）两周以上，使粒径较小的过火石灰块充分熟化。用于抹灰罩面的石灰膏熟化时间不少于 30 天。（   ）

12. 拌和砂浆应采用自来水或天然洁净可供饮用的水。（   ）

13. 砂浆强度分为 M20、M15、M10、M7.5、M5、M2.5 六个强度等级。（   ）

14. 墙身皮数杆上面画有砖的层数、灰缝厚度、门窗、楼板、圆梁、过梁以及楼层的高度。（   ）

15. 基础皮数杆上面画有砖层数、灰缝厚度、地圈梁、防潮层的高度。（   ）

16. 脚手架上所设的各类安全设施，如安全网、安全围护栏杆等可以任意拆除。（   ）

二、单项选择题（答案写在每题括号内）

1. 标准砖的尺寸为（   ）。当砌体灰缝厚度为 10 mm 时，组砌成的墙体即符合 4 块砖长等于（   ）块砖宽，也等于 16 块砖厚，等于（   ）m 长的模数规律。
   A. 240 mm×115 mm×53 mm   B. 240 mm×115 mm×55 mm
   C. 8   D. 1

2. 混凝土小型空心砌块，承重砌块的主要规格有（   ）；非承重砌块的规格有（   ）和（   ）两种。
   A. 390 mm×190 mm×190 mm   B. 390 mm×90 mm×190 mm

  C. 190 mm×190 mm×190 mm   D. 150 mm×150 mm×150 mm

 3. 毛石（又称片石或块石）是由爆破直接获得的石块。依其平整程度又分为（　　）与（　　）两类。

  A. 条石   B. 乱毛石   C. 平毛石   D. 料石

 4. 水泥属于水硬性胶凝材料，必须妥善保管，不得淋雨受潮，储存时间不宜超过（　　）个月。

  A. 3   B. 4   C. 5   D. 6

 5. 粗砂平均粒径不小于（　　），中砂平均粒径为（　　），细砂平均粒径为（　　），还有特细砂平均粒径约为（　　）以下。

  A. 0.5 mm   B. 0.25 mm

  C. 0.35～0.5 mm   D. 0.25～0.35 mm

 6. 砂浆的配合比一般是以（　　）的形式来表达的，是经过试验确定的，操作者应严格按要求计量配料，水泥的称量精确度控制在（　　）以内，砂子和石灰膏等掺和料的称量精确度控制在（　　）以内。

  A. 体积比   B. 质量比   C. ±2%   D. ±5%

 7. 砂浆必须经过充分搅拌，使水泥、石灰膏、砂子等成为一个均匀的混合体。一般要求砂浆在搅拌机内的搅拌时间不得少于（　　）。

  A. 2 min   B. 3 min   C. 4 min   D. 5 min

 8. 砌筑砂浆应采用机械搅拌，自投料完算起，搅拌时间应符合下列规定。

 （1）水泥砂浆和水泥混合砂浆不得少于（　　）。

 （2）水泥粉煤灰砂浆和掺用外加剂的砂浆不得少于（　　）。

 （3）掺用有机塑化剂的砂浆，应为（　　）。

  A. 3 min   B. 2 min   C. 6 min   D. 3～5 min

三、多项选择题（答案写在每题括号内）

 1. 混凝土小型空心砌块划分为（　　）五个强度等级。

  A. MU3.5   B. MU5.0

  C. MU7.5   D. MU10.0 和 MU15.0

 2. 料石（又称条石）是由人工或机械开采出的较规则的六面体石块，略加凿琢而成。按其加工后的外形规则程度分为（　　）4种。主要用于砌筑墙身、踏步、地坪、拱等。

  A. 毛料石   B. 粗料石   C. 半细料石   D. 细料石

 3. 砌筑砂浆应具备一定的（　　）4种特性。

  A. 强度   B. 黏结力   C. 流动性   D. 稠度

 4. 砌筑砂浆一般分为（　　）3种。

  A. 水泥砂浆   B. 混合砂浆   C. 石灰砂浆   D. 泥灰砂浆

 5. 常用的水泥品种有（　　）及其他品种的水泥。

  A. 硅酸盐水泥   B. 普通硅酸盐水泥

  C. 火山灰质硅酸盐水泥   D. 矿渣硅酸盐水泥、粉煤灰硅酸盐水泥

四、简答题

 1. 砌筑砂浆在砌体中主要起到哪些作用？

2. 砌筑砂浆的拌制应当符合哪些要求？
3. 砂浆的使用有哪些要求？

五、思考题

1. 普通黏土砖有哪几种？其强度等级分为几个等级？
2. 砂浆有何作用？可分为几种？
3. 对砌筑砂浆材料有哪些要求？
4. 砌筑砂浆分为几个强度等级？

第三单元　普通黏土砖组砌方法

知识技能要求

1. 掌握砌体中砖及灰缝名称和砖砌体的组砌原则。
2. 掌握普通黏土砖的组砌形式。
3. 掌握普通黏土砖的砌筑方法。

模块一　普通黏土砖砌筑基本知识

一、砌体中砖及灰缝名称和砖砌体的组砌原则

1. 砌体中砖及灰缝的名称

（1）普通黏土砖的尺寸：240 mm × 115 mm × 53 mm。砖块有三对相等的面，最大的 240 mm × 115 mm 面称为大面，长的一面 240 mm × 53 mm 称为条面，短的一面 115 mm × 53 mm 称为丁面，如图 3—1 所示。

（2）砌筑中破成不同尺寸的砖可分："七分头""半砖""二寸条"和"二寸头"，如图 3—2 所示。

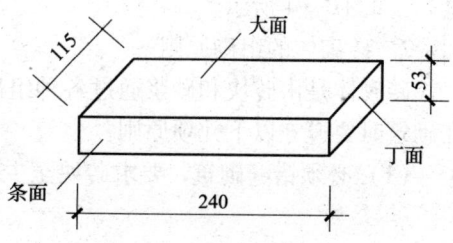

图 3—1　砖的尺寸

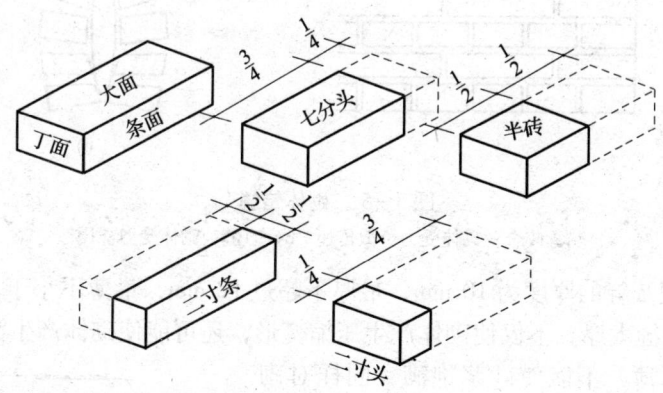

图 3—2　破成不同尺寸的砖

（3）砌体内砖依据砌筑方向的不同可分：顺砖（砖的长度方向平行墙的轴线）和丁砖（砖的长度方向垂直墙的轴线），如图 3—3 所示。

（4）砖在砌体内的位置可分为："卧砖"（或称"眠砖"）"陡砖""立砖"，如图 3—4 所示。

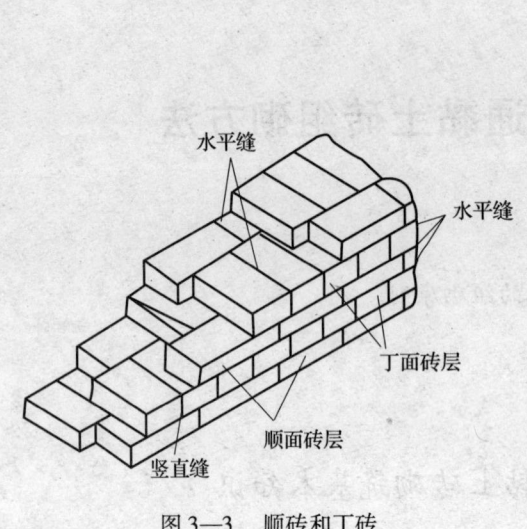
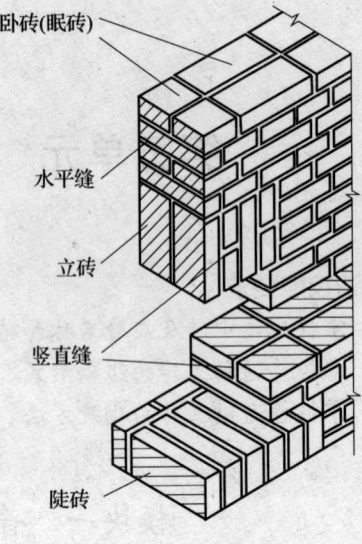

图 3—3　顺砖和丁砖　　　　　　图 3—4　砖与灰缝

(5) 灰缝（砖与砖之间的缝）可分水平缝（水平方向的缝）和竖直缝（竖直方向的缝），如图 3—4 所示。

2．砖砌体的组砌原则

砖砌体是由砖块和砂浆通过各种组砌方法砌成的整体。为了使砖砌体形成牢固的整体，在砌筑时要遵守以下几项原则：

(1) 必须错缝砌筑，要求砖块至少应错缝 1/4 砖长，如图 3—5 所示。

图 3—5　砌体错缝
a) 错缝咬合，砌体受力分散传递　b) 直缝，砌体受力被压散

(2) 必须控制灰缝的厚度为 10 mm，最厚不超过 12 mm，最薄不小于 8 mm，如图 3—6 所示。因为水平灰缝太厚，不仅使砌体产生压缩变形，还可能使砌体产生滑移，对砌体结构不利。水平灰缝太薄，不能使砂浆饱满，同样对砌体的整体性不利。

竖直灰缝（俗称头缝），也不应太厚或太薄，否则对砌体结构也有不利影响。如果没有灰缝（即两块砖直接组合在一起，俗称瞎缝），对砌体结构的整体性影响更坏。

图 3—6　灰缝厚度

（3）墙体之间纵横方向的连接，在砌筑时是非常关键的，最好能同时砌筑。如果不能同时砌筑时，应按照规定在先砌的砌体上留出接槎，正常的接槎方法按规范规定有两种：

1）斜槎（又称踏步槎），如图3—7所示。
2）直槎（又称马牙槎），如图3—8所示。

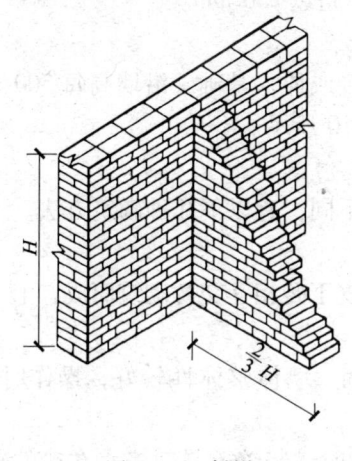

图3—7　斜槎

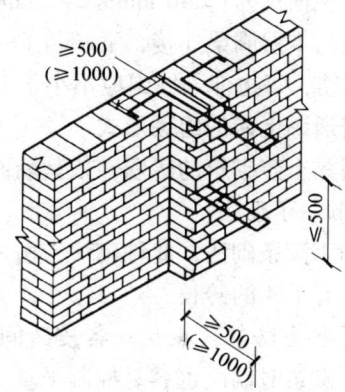

图3—8　直槎

规范规定非抗震设防及抗震设防烈度为6度、7度地区的临时间断处，当不能留斜槎时，除转角处外，可留直槎，但直槎必须做成凸槎。留直槎处应加设拉结钢筋，拉结钢筋的数量为每120 mm墙厚放置1ϕ6拉结钢筋（240 mm厚墙放置2ϕ6拉结钢筋），间距沿墙高不应超过500 mm；对非抗震设防的，其埋入长度从留槎处算起每边均不应小于500 mm；对抗震设防烈度为6度、7度的地区，均不应小于1 000 mm；末端都应有90°弯钩，如图3—8所示。

（4）大马牙槎（罗汉槎）

1）钢筋混凝土构造柱处的砖墙应砌成大马牙槎。每一马牙槎沿高度方向的尺寸不宜超过300 mm，如图3—9、图3—10所示。

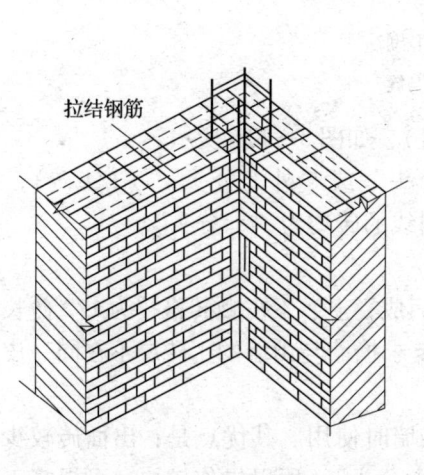

图3—9　大马牙槎

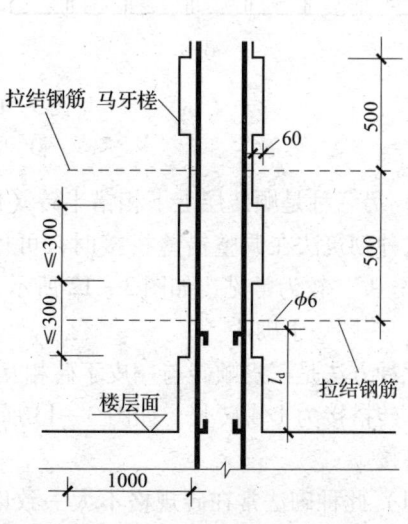

图3—10　大马牙槎处钢筋布置

2) 大马牙槎应先退后进，按砖的皮数以四退四出为宜（符合尺寸要求时也可五退五出），如图3—9所示。

3) 操作时，先按构造柱截面尺寸边线退60 mm（1/4砖长）砌4皮砖，之后再在柱边伸出60 mm（1/4砖长）砌4皮砖，如此重复砌筑则成大马牙槎。

钢筋混凝土构造柱主筋配4ϕ12；箍筋ϕ6，间距不超过250 mm。

构造柱截面尺寸：240 mm×240 mm。

柱上端与本层圈梁连接，下端与下一楼层圈梁连接或伸入基础。沿墙高每500 mm设置2ϕ6水平拉筋，每边伸入墙内应不小于1 m，如图3—10所示。

二、普通黏土砖的组砌形式

用普通黏土砖砌筑的砖墙，依其墙面组砌形式的不同，有以下几种砌筑方法。

1. 一顺一丁砌法

又叫满丁满条砌法，此种砌法，由一皮顺砖与一皮丁砖相互交替砌筑而成，上、下皮的竖缝相互错开1/4的砖长。

(1) 这种方法的优点是：各皮砖间错缝搭接牢固，墙体整体性较好，操作时变化小，易于掌握，砌筑时墙面也容易控制平直。

(2) 这种砌筑方法的缺点是：当砖的规格不一致时，竖缝不易对齐，在墙的转角、丁字接头、门和窗洞口等处都要砍砖，因此，砌筑效率受到一定限制，另外，当砌24墙时，丁砖层的砖有两个面露出墙面（也称出面砖）较多，故对砖的质量要求较高。

(3) 这种砌法在砌筑中采用较多，它的墙面形式有两种：

1) 一种是砖层上下对称（俗称十字缝），如图3—11a所示。

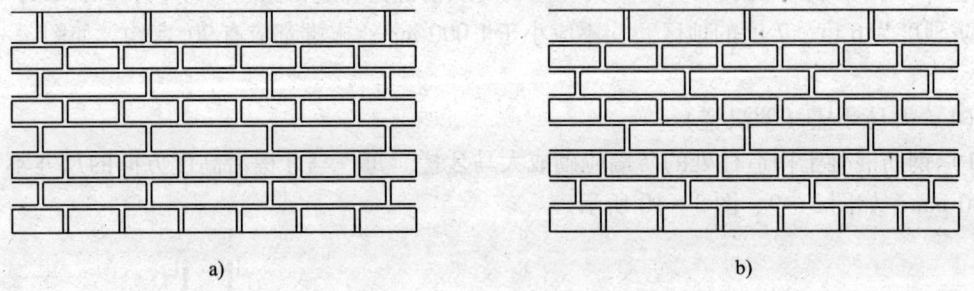

a)   b)

图3—11　一顺一丁砌法
a) 十字缝　b) 骑马缝

2) 另一种是顺砖层上下相错半砖（俗称骑马缝），如图3—11b所示。

这种砌筑法在调整错缝搭接时，可用"内七分头"或"外七分头"（3/4砖），但以"外七分头"较为常见，如图3—12所示。图中有斜线的砖均为"七分头"。

2. 三顺一丁砌法

此种方法是三皮顺砖与一皮丁砖相互交叉叠砌而成，上、下皮顺砖搭接为1/2砖长，顺砖与丁砖搭接为1/4砖长，如图3—13所示。同时要求檐墙与山墙的丁砖层不在同一皮，以利于搭接。

(1) 此种砌法常在砖规格不太一致以及砌清水墙时使用。其优点是：出面砖较少，在转角、十字与丁字接头、门窗洞口等处可减少打"七分头"，所以操作较快，可提高工作效率。其缺点是：由于顺砖层较多，不易控制墙面平整，当砖较湿或砂浆较稀时，顺砖层不易砌平，而且容易向外挤出，影响质量。

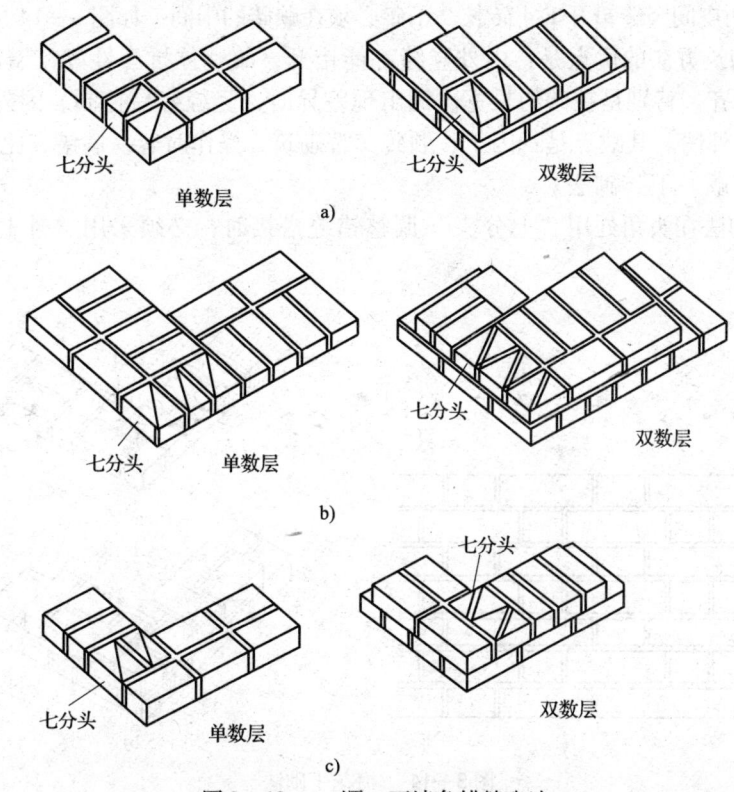

图3—12 一顺一丁墙角错缝砌法
a) 一砖墙（外七分头） b) 一砖半墙 c) 一砖墙（内七分头）

（2）此种砌法的头角处，错缝搭接通常在丁砖层采用"内七分头"调整，如图3—13所示。

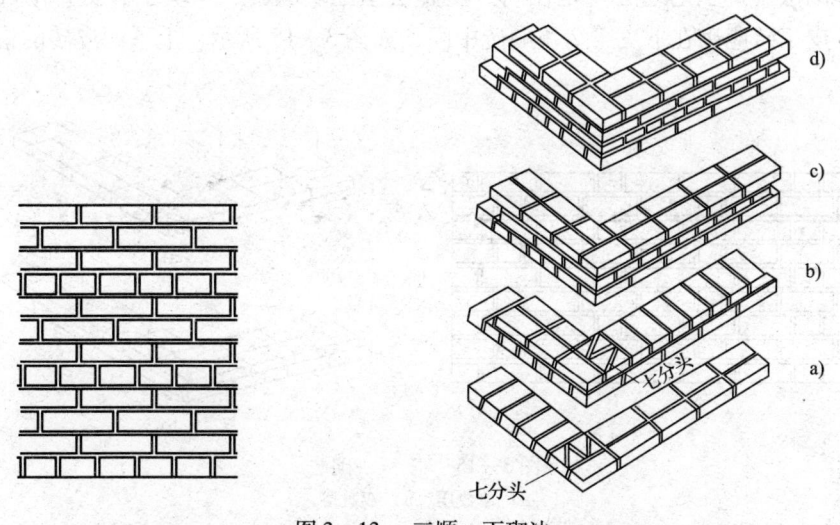

图3—13 三顺一丁砌法
a) 第1皮（第5皮开始循环） b) 第2皮 c) 第3皮 d) 第4皮

3. 梅花丁砌法

梅花丁砌法（俗称沙包法）是在同一皮砖内一块顺砖、一块丁砖相隔砌筑（在转角处不受此限），上下两皮间竖缝错开1/4砖长，丁砖必须在顺砖的中间，如图3—14所示。

（1）此种砌筑方法的优点是：内外竖缝都能错开，故整体抗压性好，墙面容易控制平整，竖缝易于对齐，特别是在砖的长宽比例出现差异时，竖缝容易控制。因外形整齐美观，所以多用于砌筑外墙。其缺点是：因丁、顺砖交替砌筑，操作时容易搞错，比较费工，且抗拉强度不如"三顺一丁"砌法。

（2）此种砌法在头角处用"七分头"调整错缝搭接时，必须采用"外七分头"，如图3—14所示。

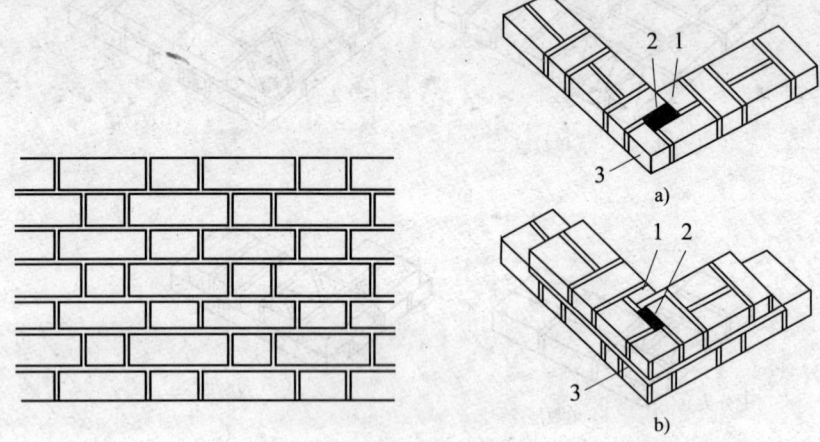

图3—14 梅花丁砌法
a）单数层 b）双数层
1—半砖 2—1/4砖 3—七分头

4. 三三一砌法

三三一砌法（即三七缝法）是在同一皮砖层里三块顺砖、一块丁砖交替砌成。上下皮叠砌时，上皮丁砖应砌在下皮第2块顺砖中间，如图3—15所示。上下两皮砖的搭接长度为1/4砖长。

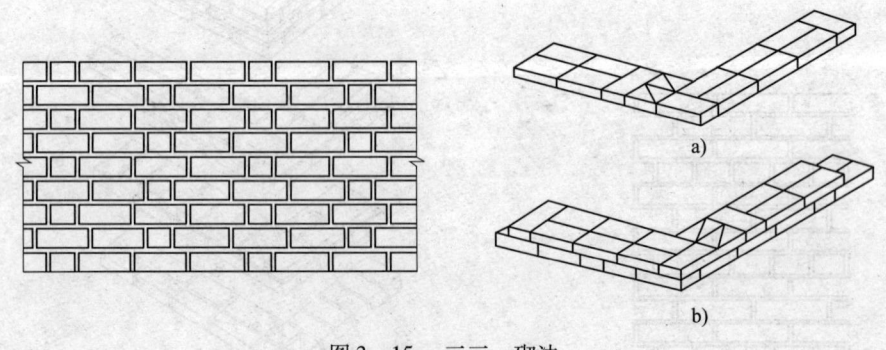

图3—15 三三一砌法
a）单数层 b）双数层

采用此种砌法的优点是：正、反面墙均较平整，可以节约抹灰材料。其缺点是：施工中砍砖较多，砌长度不大的窗间墙时，排砖很不方便，故工效较"三顺一丁"慢，同时因砖层内丁砖数量较少，对整体性有一定影响。

5．顺砌法（条砌法）

每皮砖全部用顺砖砌筑，两皮间竖缝搭接 1/2 砖长。此种砌法仅用于半砖隔断墙，如图 3—16 所示。

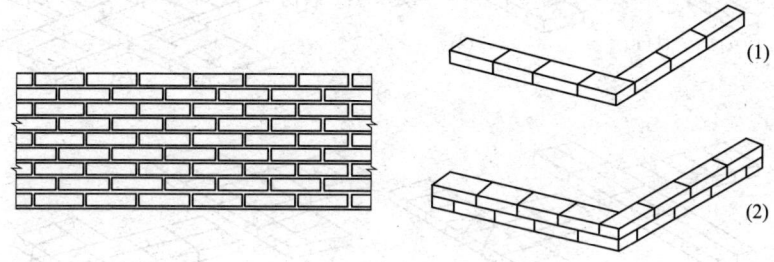

图 3—16　顺砌法

6．丁砌法

每皮全部用丁砖砌筑，两皮间竖缝搭接为 1/4 砖长，如图 3—17 所示。此种砌法多用于圆形构筑物，如水塔、烟囱、水池、圆仓、窨井等的墙身。一般采用外圆放宽竖缝，内圆缩小竖缝的办法形成圆弧。

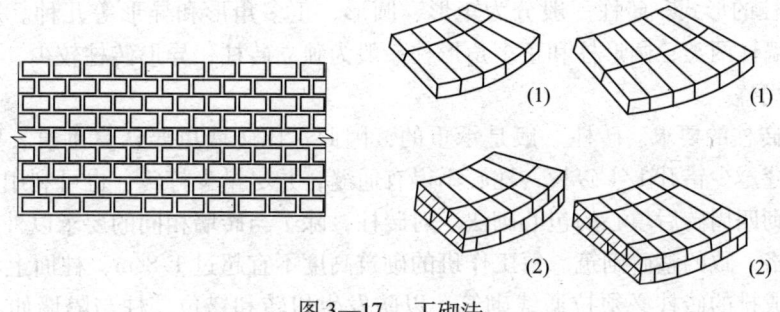

图 3—17　丁砌法

7．两平一侧砌法

两平一侧砌法是在两皮砌的顺砖旁砌一块侧砖，其厚度为 18 cm，故常用于 18 墙砌筑，如图 3—18 所示。此种砌法比较费工，且墙体的抗震性能较差。但可节约用砖量，一般用做一层及二层楼房的内、外墙。每砌两皮砖以后，将平砌砖和侧砌砖里外互换，即可组成两平一侧砌体。

8．丁字墙交接砌法

在砖墙的丁字及十字交接处，应分皮错缝砌筑。内角相交处竖缝应错开 1/4 砖长。当砌丁字接头时，应在横墙端头加砌"七分头"。十字、丁字墙排砖如图 3—19 所示。

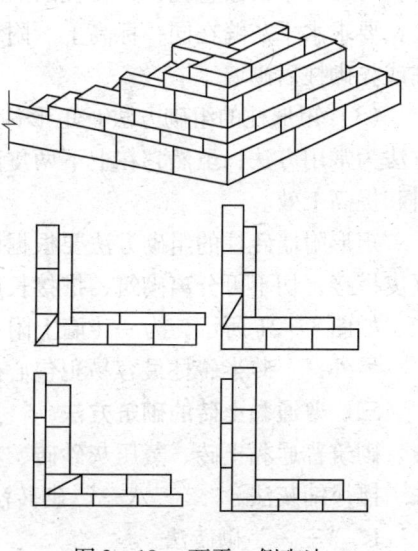

图 3—18　两平一侧砌法

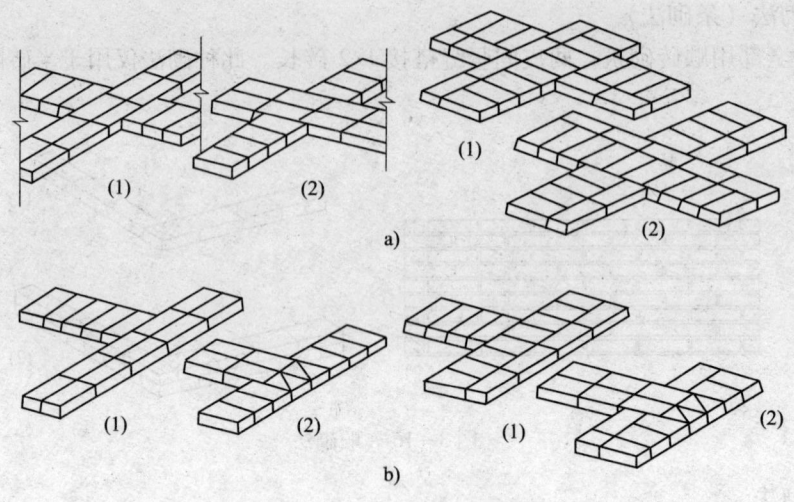

图3—19 墙体交接排砖
a）十字墙交接 b）丁字墙交接

9．矩形砖柱的组砌方法

（1）砖柱的形式。砖柱一般分为矩形、圆形、正多角形和异形等几种。矩形砖柱分为独立柱和附墙柱两类；圆形柱和正多角形柱一般为独立砖柱；异形砖柱较少，现在通常由钢筋混凝土柱代替。

（2）对砖柱的要求。砖柱一般是承重的，因此，比砖墙更要认真砌筑。要求柱面上下各皮砖的竖缝至少错开1/4砖长，柱心不得有通缝，并尽量少打砖，也可利用1/4砖，绝对不能采用先砌四周砖后填心的包心砌法。对砖柱，除了与砖墙相同的要求以外，应尽量选边角整齐、规格一致的整砖砌筑。每工作班的砌筑高度不宜超过1.8 m，柱面上不得留设脚手眼，如果是成排的砖柱必须拉通线砌筑，以防发生扭转和错位。柱与隔墙如不能同时砌筑时，可在柱中留出直槎，并在柱的灰缝中预埋拉结条，每道不少于2根。对于清水墙配清水柱，要求水平灰缝在同一标高上。附墙柱在砌筑时，应使墙和柱同时砌筑，不能先砌墙后砌柱或先砌柱后砌墙。

（3）矩形柱的组砌方法。矩形柱的组砌方法，如图3—20所示。图中一砖半柱的组砌方法为常用方法，虽然它在上下两皮砖间有两条1/2砖长的通缝，但砍砖少，有利于节约材料和提高工效。

矩形附墙砖柱的组砌方法要根据墙厚不同及柱的大小而定，无论哪种砌法都应使柱与墙逐皮搭接，切不可分离砌筑，搭接长度至少1/2砖长，柱根据错缝需要，可加砌3/4砖或半砖。如图3—21所示，为一砖墙上附有不同尺寸柱的砌法。

另外，一砖半砖柱最容易犯包心砌法的毛病，应多加注意。

三、普通黏土砖的砌筑方法

砌筑普通黏土砖、蒸压灰砂砖、粉煤灰砖、煤渣砖等操作方法，可选用"三一"砌砖法、摊尺铺灰法、"二三八一"砌砖法、铺浆挤砌法、满刀灰刮浆法。

1．"三一"砌砖法

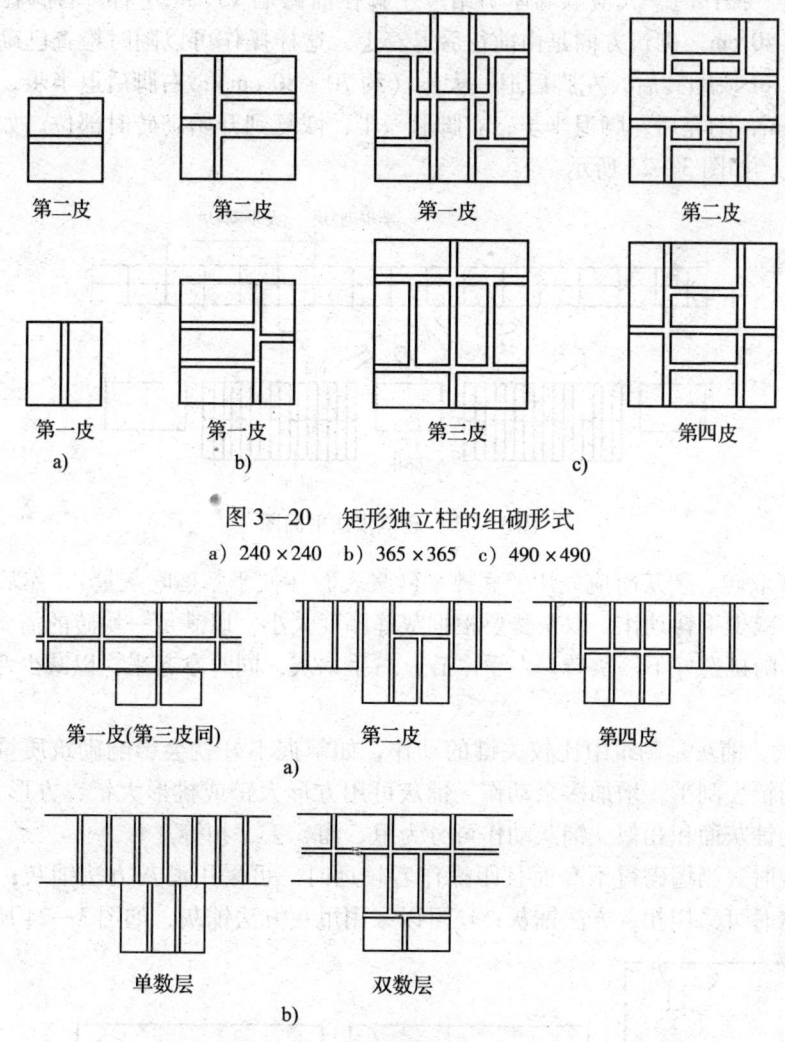

图 3—20 矩形独立柱的组砌形式
a) 240×240 b) 365×365 c) 490×490

图 3—21 矩形附墙柱的组砌形式
a) 240 墙附 120×365 砖垛 b) 240 墙附 240×365 砖垛

"三一"砌砖法又称铲灰挤砌法，它的基本动作是"一铲灰、一块砖、一挤揉"。具体操作顺序及要领如图 3—22 所示。

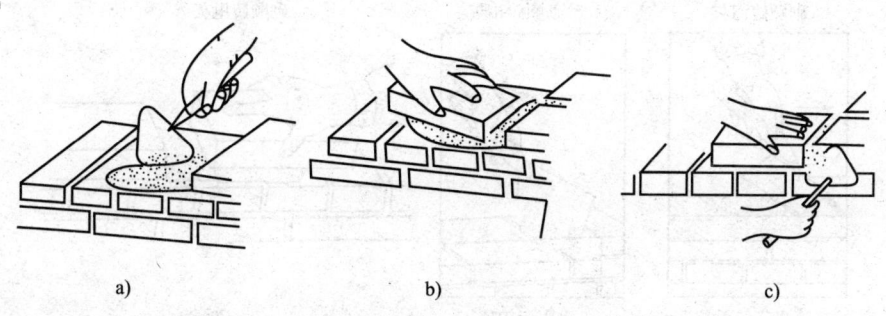

图 3—22 "三一"砌砖法示意图
a) 一铲灰 b) 一块砖 c) 一挤揉

（1）步法。操作时，人应顺墙体斜站，左脚在前离墙 15 cm 左右，右脚在后，距墙及左脚跟约 30~40 cm。砌筑方向是由前往后退着走，这样操作可以随时检查已砌好的砖是否平直。砌完 3~4 块顺砖后，左脚后退一大步（约 70~80 cm），右脚后退半步，人斜对墙面可砌筑约 50 cm，砌完后左脚退半步，右脚退一步，恢复到开始砌砖时部位。如此反复上述步法继续砌砖，如图 3—23 所示。

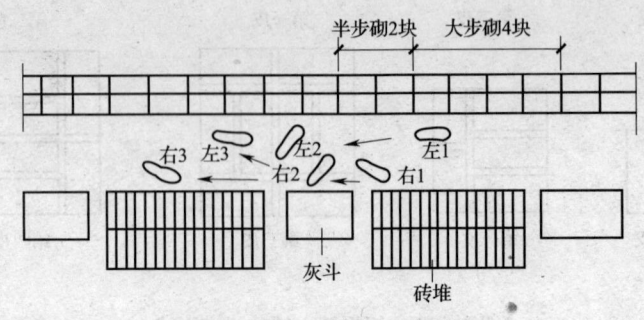

图 3—23　砌筑步法平面图

（2）铲灰取砖。铲灰时应先用铲底摊平砂浆表面（便于掌握吃灰量），然后用手腕横向转动来铲灰，减少手臂动作，取灰量要根据灰缝厚度大小，以满足一块砖的需要量为准。取砖时应随拿砖随挑选好下一块砖。左手拿砖，右手拿灰，同时拿起来，以减少弯腰次数，争取砌筑时间。

（3）铺灰。铺灰是砌筑中比较关键的动作，如掌握不好就会影响砌筑质量，有时落灰点不准还需用铲去刮平，增加多余动作。铺灰可用方形大铲或桃形大铲，方形大铲的形状、尺寸与砖面的铺灰面积相似。铺灰动作可分为甩、溜、丢、扣等。

在砌顺砖时，当墙砌得不高而且距操作者较远时，可采用溜灰方法铺灰；当墙砌得较高，近身砌砖时可采用扣灰方法铺灰；还可以采用甩灰方法铺灰，如图 3—24 所示。

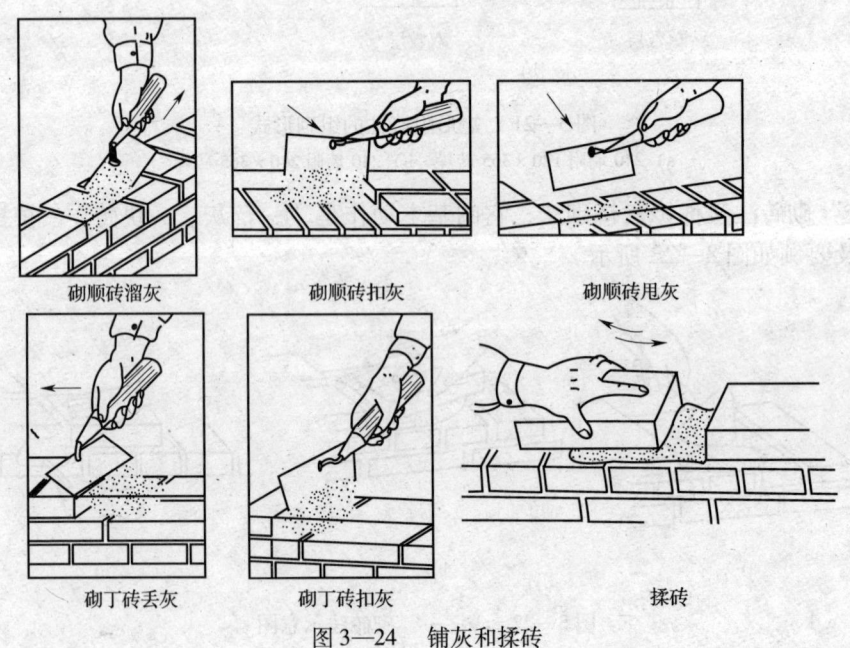

图 3—24　铺灰和揉砖

在砌丁砖时，当墙砌得较高而且近身时，可采用丢灰方法铺灰；还可以采用扣灰方法铺灰，如图3—24所示。

铺灰的具体操作方法如下：

用甩浆法，甩出浆的厚度使摊铺面积正好能砌一块砖，不要铺得超过已砌完的砖太多，否则先铺的灰由于砖吸水分会变稠，不利于下一块砖揉挤。砌清水墙铺灰时约比一块砖长余出1~2 cm，宽约8~9 cm，灰口要缩进外墙2 cm。铺好灰不要用大铲来回扒拉，或用铲角抠点灰去打头缝，这样容易造成水平缝不饱满。砌完砖应将灰缝缩入墙内10~12 mm，即所说砌缩口灰，砂浆不铺到边，以便预留出勾缝深度。

不论采用哪一种铺灰动作，都要求铺出的灰条近似砖的外形，长度比一块砖稍长1~2 cm，宽约8~9 cm，灰条与墙面距离约2 cm，并与前一块砖的灰条相接。

(4) 揉砖。左手拿砖在已砌好的砖前约3~4 cm处开始平放推挤，并用手轻揉。在揉砖时，眼要上边看线，下边看墙皮，左手中指随即同时伸出，摸一下上下砖棱是否齐平。砌好一块砖后，随即用铲将挤出的砂浆刮回，放在竖缝中或投入灰斗内。揉砖的目的是使砂浆饱满。铺在砖面上的砂浆如果较薄，揉的劲要小些；如果较厚，揉的劲要大一些，并且根据已铺好的砂浆位置要前后揉或左右揉。总之，以揉到下齐砖棱上齐线为适宜，要做到平齐、轻放、轻揉，如图3—24所示。当砖揉好后，禁止用铲在砖上再敲几下。

采用"三一"砌砖法时，所用砂浆的稠度宜为7~9 cm。不能太稠，砂浆太稠不易揉砖，竖缝也填不满；但砂浆也不能太稀，太稀的砂浆易从大铲上滑下去，操作不方便。

"三一"砌砖法的优点是：由于铺出来的砂浆，面积相当于一块砖的大小，并随即揉砖，因此，灰缝容易饱满，黏结力强，能保证砌筑质量；在挤砌时随手刮去挤出的砂浆，使墙面保持清洁。

"三一"砌砖法的缺点是：这种操作方法一般是个人单干，发挥分工协作的效能较差；操作时取砖、铲灰、铺灰、转身、弯腰等繁琐动作较多，要耗去一定时间，影响砌筑效率。因而，常用2铲灰砌3块砖或3铲灰砌4块砖的办法来提高砌筑效率。

"三一"砌砖法适合于砌窗间墙、柱、垛、烟囱筒壁等较短的部位。

2. 摊尺铺灰法

砌砖时，先在墙上铺1 m左右的砂浆，用摊灰尺找平，然后在其上砌砖，称为摊尺铺灰法，又叫坐浆砌砖法，它是利用摊尺来控制摊铺砂浆的厚度。

操作时，人站立的位置以距离墙面10~15 cm为宜，左脚在前，右脚在后，人斜对墙面，砌筑时随着砌筑前进方向，退着走，每退一步可砌3~4块顺砖长。

砌筑时，先转身用双手拿灰勺取砂浆，把砂浆均匀地倒在墙上，每次砂浆摊铺长度不宜超过1 m。取好砂浆后的灰勺，放在下次取用砂浆的灰斗中。再转过身来，左手拿摊尺，平搁在砖墙的边棱上，右手拿瓦刀刮平砂浆，如图3—25所示。

在砌砖时，右手握瓦刀，左手拿砖，用砂浆披好竖缝，随即砌上，看齐、放平、摆正。砌完一段后，将瓦刀放在最后一块砌好的砖上，转身再取砂浆，如此在砌砖时，不允许在摊平后的砂浆中刮取竖缝浆，以免影响水平灰缝的砂浆饱满度。

在砌筑时应注意，砖块头缝的砂浆另外用瓦刀抹上去，不允许在铺平的砂浆上刮取，以免影响水平灰缝的饱和程度。摊尺铺灰砌筑时，当砌一砖墙时，可一人自行铺灰砌筑，墙较厚时可组成两人小组，一人铺灰，一人砌墙，分工协作、密切配合，这样会提高工效。

图 3—25　摊尺铺灰法

摊尺铺灰法的优点是：由于用摊尺控制了水平灰缝厚度，因此，灰缝整齐，缩进一致；墙面整洁，砂浆损耗较少。

摊尺铺灰法的缺点是：用瓦刀摊铺砂浆时，由于摊尺仅厚 1 cm，砂浆层较薄，砖只能摆上，不能挤浆，因此，水平灰缝不易饱满，黏结力不强，竖缝不满，会影响砌筑质量。为此，可把摊尺加厚至超过水平灰缝平均厚度 3 mm 以上，以便将摆砖改为挤砌。另外，用瓦刀摊铺砂浆也较费时，每一块砖要另用砂浆披竖缝，会影响砌筑效率。

摊尺铺灰法灰缝均匀，墙面清洁美观，适合于砌门窗洞口较多的墙体或独立柱等。

3．"二三八一"砌砖法

"二三八一"砌砖法是近几年在"三一"砌砖法的基础上，将各种最佳动作加以汇总、简化、提炼，重新组合成符合人体生理活动规律的砌砖动作，即两种步法、三种身法、八种铺灰手法、一种挤揉动作。这种砌砖法促使砌砖动作实现科学化、标准化，从而达到了降低劳动强度，提高砌筑质量和效率的目的。"二三八一"砌砖法是建设部提倡推广的砌砖方法。

灰槽的安放应由墙角开始，第一个灰槽离墙角 0.8 m，其余灰槽按 1.5 m 间距安放，灰槽之间放置双列排砖，要求排列整齐。门、窗口处可不放料，灰槽位置相应退出门、窗框 0.8 m。材料与墙之间留出约 0.5 m 的走道，砖和灰槽平面布置如图 3—26 所示。

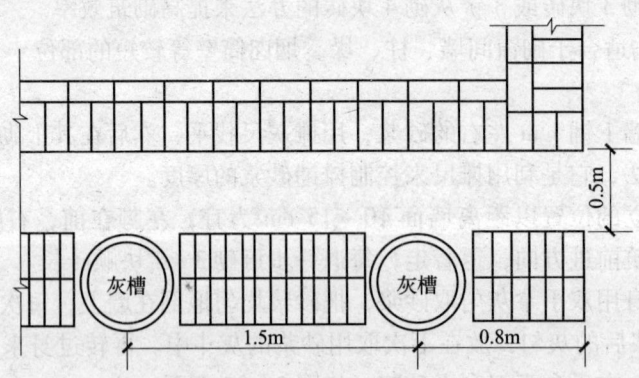

图 3—26　砖和灰槽平面布置

（1）步法。砌砖采取后退砌法。开始砌筑时，人斜站成丁字步，后腿靠近灰槽，稍一弯腰就可完成铲灰动作。按丁字步迈出一步，可砌 1 m 长的墙。砌至近身，前腿后退半步，成并列步正面对墙，又可砌 50 cm 长的墙。砌完后将后腿移至另一灰槽边，复而又成丁字步，重新完成如上动作。砌筑步法平面图同"三一"砌砖法。

（2）身法。身法主要指砌砖弯腰动作，分为侧身弯腰、丁字步正弯腰、并列步正弯腰 3

种动作。铲灰拿砖时用侧身弯腰,利用后腿稍弯,斜肩、垂臂,稍一侧身即可完成铲灰拿砖动作。侧身弯腰使身体形成一个趋势,即利用后腿伸直将身体重心移向前腿,呈丁字步正弯腰进行铺灰砌砖,砌至近身前腿后撤,使铲灰—拿砖—侧身弯腰—转身成并列步—正弯腰进行铺灰砌砖,身体重心还原。

(3)铺灰手法。砌顺砖时,采用"甩、扣、泼、溜"4种手法;砌丁砖时,采用"扣、溜、泼、一带二"4种手法。

砌顺砖时手法:"甩"是用大铲铲取均匀条状砂浆,提升到砌筑部位,将铲转90°(手心向上),顺砖面中心甩出,使砂浆拉长均匀落下,如图3—27所示;"扣"是用大铲取条状砂浆,反扣出砂浆,铲面运动路线与"甩"正好相反,手心向下,如图3—28所示;"泼"是用大铲铲取扁平状砂浆,提取到砌筑面上将铲面翻转、手柄在前,平行向前推进,泼出砂浆,如图3—29所示;"溜"是用大铲铲取扁平状砂浆,将铲送到墙角部位,比齐墙边抽铲落浆,如图3—30所示。

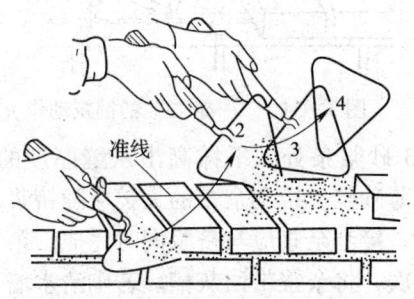

图3—27 砌顺砖"甩"的铺灰动作

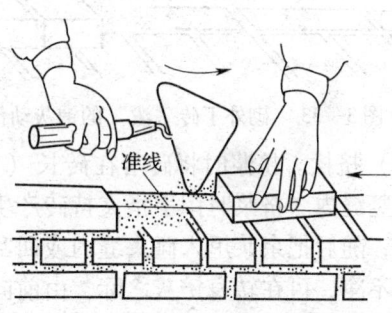

图3—28 砌顺砖"扣"的铺灰动作

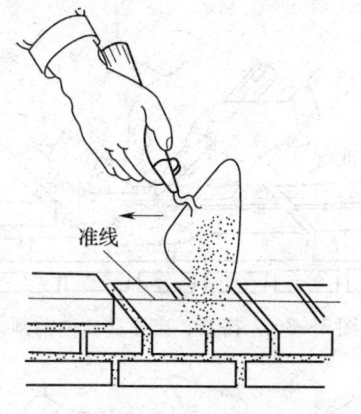

图3—29 砌顺砖"泼"的铺灰动作

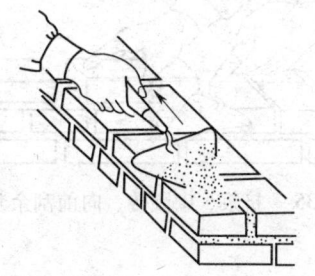

图3—30 砌角砖"溜"的铺灰动作

砌丁砖时手法:"扣"是用大铲铲取砂浆时前部略低,扣在砖面上的砂浆外口稍厚一些,如图3—31所示;"溜"是用大铲铲取扁平状砂浆,铺灰时将手臂伸过准线,铲边比齐墙边,抽铲落浆,如图3—32所示;"泼"是用大铲铲取扁平状砂浆,泼灰时落灰点向里移动20 mm,挤浆后呈深10 mm左右的缩口缝,如图3—33所示;"一带二"是用大铲铲取砂浆,大铲即将向下落灰前,左手持砖伸到落灰的位置,当砂浆向下落时,砖顺面的一端也落上少许砂浆,这样砖放到的位置便有了碰头灰,如图3—34所示。砂浆落下后,应用大铲摊一下。

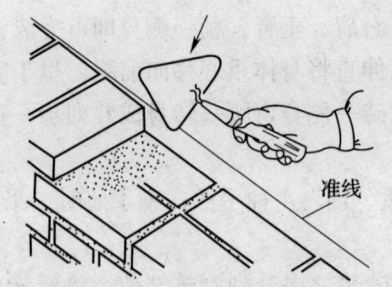
图3—31 砌里丁砖"扣"的铺灰动作

图3—32 砌里丁砖"溜"的铺灰动作

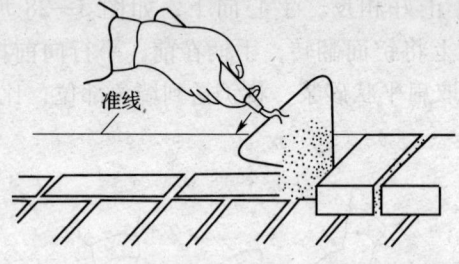
图3—33 砌外丁砖"泼"的铺灰动作

图3—34 "一带二"的铺灰动作

（4）挤揉。挤浆时将砖落在砖长（宽）约2/3砂浆条处，平摊高出灰缝厚度的砂浆，推挤入竖缝内。挤浆时用手指夹持砖产生微颤，压薄砂浆。接刮余浆的大铲应随挤浆方向由后向前，随后把余浆甩入碰头缝内或回刮带回灰槽。接刮余浆应与挤浆同时完成。余浆有时一次刮不净，可在转身铲灰之际，由前向后回刮一次，将余浆带回灰槽。若砌清水墙，则回刮动作改为用铲边划缝动作，使砌墙作业同时完成部分划缝工作。随时检查砖下棱对齐情况，如有偏差及时调整，如图3—35、图3—36、图3—37和图3—38所示。

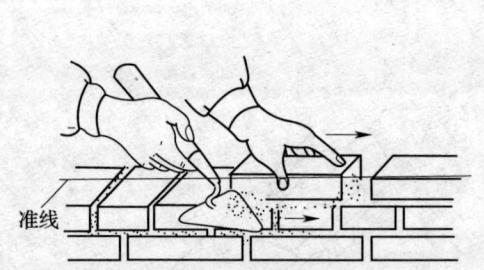
图3—35 挤浆、砌顺砖、向前刮余浆

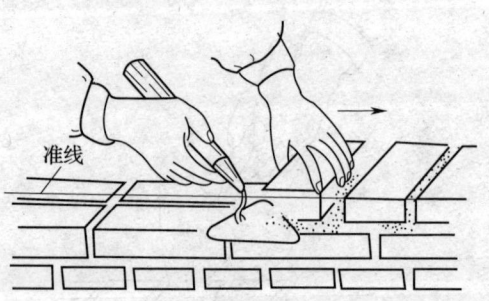
图3—36 挤浆、砌丁砖、向前刮余浆

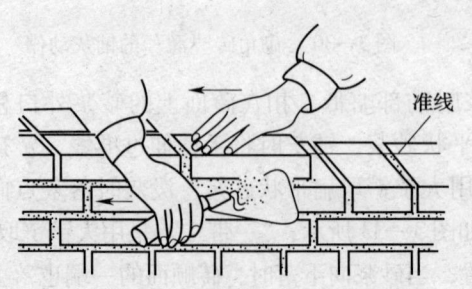
图3—37 砌外顺砖、向前刮余浆

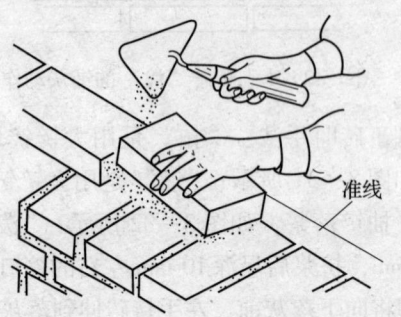
图3—38 将余浆甩入碰头缝内

4. 铺浆挤砌法

铺浆挤砌法是采用铺灰工具，先在墙面上铺砂浆，然后将砖浆压紧砂浆层，并推挤黏结的一种砌砖方法。

当采用铺浆挤砌法砌筑时，铺浆长度不得超过 750 mm，施工期间气温超过 30℃时，铺浆长度不得超过 500 mm。铺浆挤砌法分为单手和双手两种挤浆方法，如图 3—39 所示。

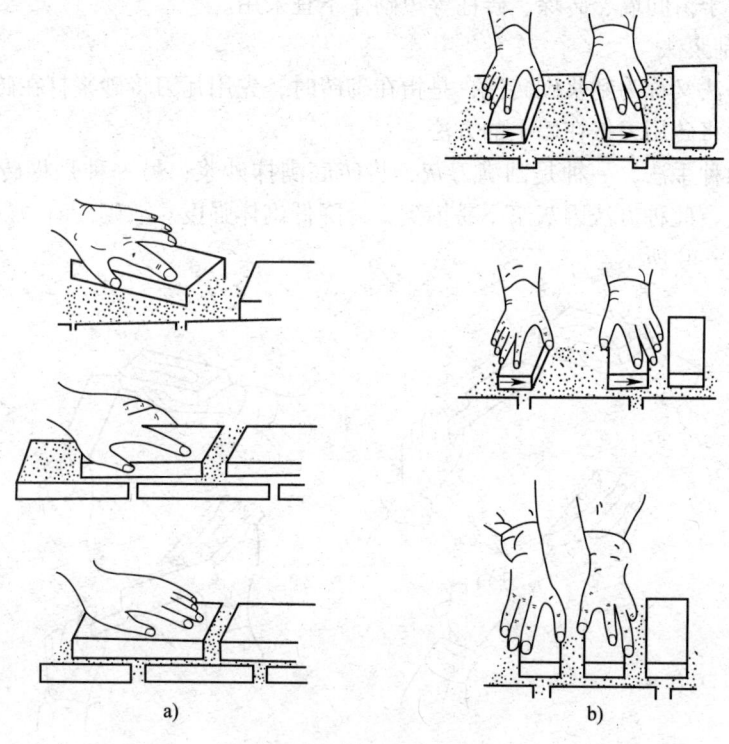

图 3—39 铺浆挤砌法
a) 单手挤浆法 b) 双手挤浆法

（1）单手挤砌法。一般用铺灰器铺灰，操作者应沿砌筑方向退着走。砌顺砖时，左手拿砖距前面的砖块约 5~6 cm 处将砖放下，砖稍稍蹭灰面，沿水平方向向前推挤，把砖前灰浆推起作为立缝处砂浆（俗称挤头缝），如图 3—39a 所示。并用瓦刀将水平灰缝挤出墙面的灰浆刮清甩填于立缝内。

当砌丁砖时，将砖擦灰面放下后，用手掌横向往前挤，挤浆的砖口略倾斜，挤到将接近一指缝时，砖块略向上翘，以便带起灰浆挤入立缝内，将砖压到与准线平齐为止，并将内外挤出的灰浆刮净，甩填于立缝内。

当砌墙的内侧顺砖时，应将砖由外向里靠，水平向前挤推。这样立缝处砂浆容易饱满，同时用瓦刀将反面墙水平缝挤出的砂浆刮起，甩填在挤砌的立缝内。挤浆砌筑时，手掌要用力，使砖与砂浆密切结合。

（2）双手挤浆法。双手挤浆法的操作方法基本与单手挤浆法相同，但它的要求与难度要更高一些。砌墙时，无论向哪个方向砌，都要把靠墙的一只脚固定站稳，脚尖稍稍偏向墙边，另一只脚同时向后斜方向踏出约半步，使两脚很自然地呈丁字形；人体略向一侧倾斜，这样转身拿砖、挤砌和看棱角都较灵活方便。拿砖时，靠墙的一只手先拿，另一只手跟着上去,也可双手同时取砖;两眼要迅速查看砖的边角,将棱角整齐的一边先砌在墙的外侧;取砖和选砖几乎同时进行。为此操作必须熟练,无论是砌丁砖还是顺砖,靠墙的一只手先挤,另一只手迅速跟着挤砌,如图3—39b所示。其他操作方法与单手挤浆法相同。

铺浆挤砌法,可采用2～3人协作进行,劳动效率高,劳动强度较低,且灰缝饱满,砌筑质量较高,但快铺快砌应严格掌握平推平挤,保证灰浆饱满。该法适用于长度较大的混水墙及清水墙;对于窗间墙、砖垛、砖柱等短砌体不宜采用。

5. 满刀灰刮浆法

满刀灰刮浆法又称为刮浆砌砖法,是指在砌砖时,先用瓦刀将砂浆打在砖黏结面上和砖的灰缝处,然后将砖用刀按在墙上的方法。

刮浆法有两种手法,一种是刮满刀灰,将砖底满抹砂浆;另一种是将砖底四边刮上砂浆,而中间留空,此种方法因灰浆不易饱满,易降低砌体强度。故砌砖时一般应采用满刀灰刮浆法,如图3—40所示。

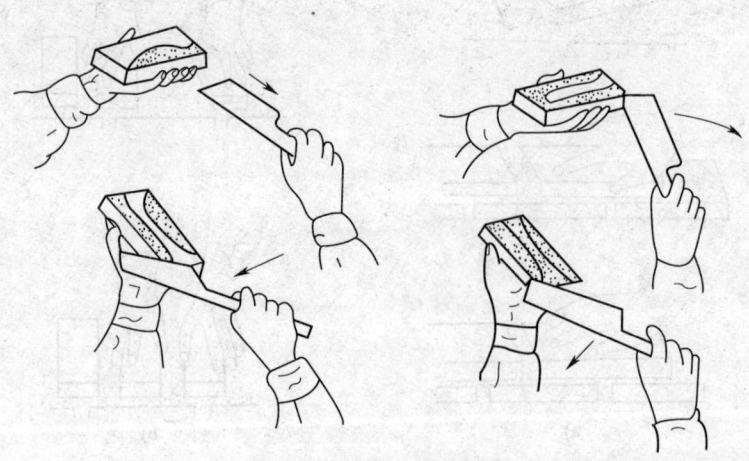

图3—40 满刀灰刮浆法

刮浆法具体操作方法:通常使用瓦刀,操作时右手拿瓦刀,左手拿砖,先用左手正手拿砖,用瓦刀把砂浆刮在砖的侧面,然后再左手反手拿砖用瓦刀抹满砖的大面,并在另一侧刮上砂浆,要刮布均匀,中间不要留有空隙,四周可以稍厚一些,中间稍薄些。与墙上已砌好的砖接触的头缝即碰头灰也要刮上砂浆。当砖块刮好砂浆后,放在墙上,挤压至与准线平齐。如有挤出墙面的砂浆须用瓦刀刮下填于头缝内。

这种方法砌筑的砖墙因砂浆刮得均匀,灰缝饱满,所以砖墙质量较好,但工效较低,通常仅用于铺砌砂浆有困难的部位,如砌平拱、弧拱、窗台虎头砖、花墙、炉灶、空斗墙等。

6. 操作要领及注意事项

以上介绍了5种砌砖操作方法,可供适当地选用。此外,还应熟练掌握基本的操作技能和操作要领以及注意事项,才能很好地完成砌筑工程的施工任务。

操作要领概括为:"注意选砖,横平竖直,灰缝均匀,砂浆饱满,上下错缝,咬槎严密;上跟线,下跟棱,不游丁,不走缝"。

(1) 润砖。润砖是砌筑工程的重要一环。常温下,润砖应在砌筑前1～2天浇水浸湿,以浸入深度15 mm为宜，不应太干，也不可过湿。干砖难于操作，太湿砖则造成砂浆流淌。

（2）选砖。同批砖有优劣，同一砖四面也不相同，物尽其用，砌筑不同部位，选配适宜的砖面是一项重要的基本功。选砖的要领是："执一备二眼观三"。具体操作是用手掌托起砖块，在掌上旋转或翻转，观察和选定完好的砖面，用于所砌墙体部位。同时，在取砖时，对第二、三块砖也应预选。清水墙选砖尤为重要，应选取规格一致、颜色相同、光滑方整的砖面放在外面，方可保证墙面整齐美观。

（3）放砖。砖块在墙面上必须平整均匀，严禁倾斜，当里手高时墙面胀；当里手低时墙面背。因此，砌筑时应均匀水平地放置砖块，避免形成鱼鳞墙而影响美观。

（4）跟线穿墙。砌砖一定要跟线，要遵循"上跟线，下跟棱，左右相跟要对平"的口诀，即砖的上棱边应距线1 mm左右，下棱边要与下层已砌好的砖棱平，左右前后位置要准确。

穿墙是指从上面第一块砖往下穿看到底，每皮砖都要在同一平面上，如有出入，及时修理纠正。

（5）认真自检。一般砌三层砖要用线锥吊大角，五皮砖用靠尺检查墙面垂直及平整度，即所谓的"三层一吊、五层一靠"。

当砌到一步架时，要用托线板全面检查垂直及平整度，墙体大角应绝对垂直平整，若有偏差，及时纠正，严禁砸撬墙体。

（6）及时划缝。砌清水墙应随砌随划缝，划缝深度为8~10 mm，划缝应深浅一致，划缝完后用笤帚清扫干净，混水墙应随砌随刮净舌头灰。

（7）保持清洁，文明操作。铺灰挤浆时应保持墙面清洁，切勿掉、扔砖头，随时收起落地灰，做到活完脚底清。

模块二　普通黏土砖砌筑操作训练

任何一项操作技术，均包含着一种需长时间训练，并且始终贯穿于整个操作项目全过程的基础技能——基本功。砖砌体砌筑也不例外，只有掌握了砌筑基本功和有关各种砌体砌筑的法则、要领、程序，就不难把各种简单而又复杂的砌体砌筑好。因此，基本功的强化训练与掌握非常必要。

一、铲（取）灰

1. 瓦刀取灰

操作者右手拿瓦刀→向右（灰桶方向）侧身弯腰→将瓦刀插入灰桶内侧（靠近操作者的一边）→转腕将瓦刀口边接触灰桶内壁→顺着内壁用瓦刀刮取。这时，瓦刀已挂满灰浆，如图3—41所示。

2. 大铲铲灰

操作者右手拿大铲→向右（灰桶方向）侧身弯腰→将大铲切入（大铲面水平略带倾斜）灰桶砂浆→向左前或右前顺势舀起砂浆，如图3—42所示。

掌握好取灰的数量，尽量做到一铲（刀）灰一块砖。

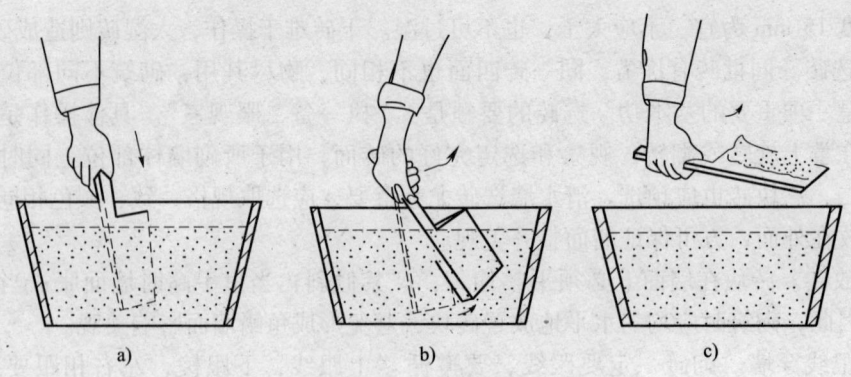

图 3—41 瓦刀取灰法
a) 瓦刀插入灰桶 b) 转腕 c) 瓦刀刮起灰浆

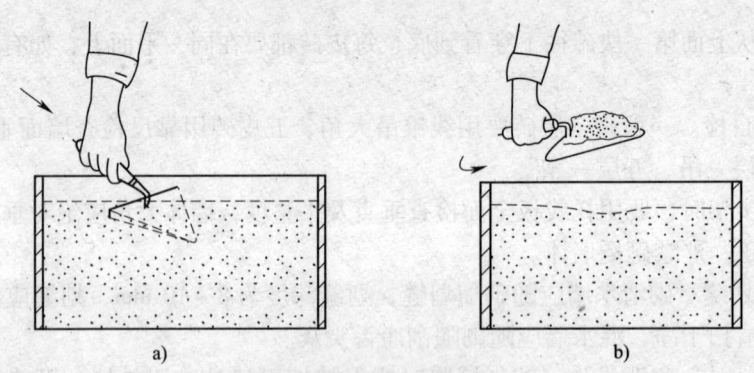

图 3—42 大铲铲灰法
a) 大铲切入灰浆 b) 舀起灰浆

二、取砖

1. 左手取砖，右手铲灰的动作应该一次完成，这样不仅节约时间，而且减少了弯腰的次数。

2. 取砖时，要注意选砖，对哪些砖适合砌在什么部位，要做到心中有数，并且力争做到取第一块砖时就要看准下一块用的砖。

3. 旋砖。左手将砖平托（砖的大面贴在手心）→食指或中指稍勾砖的边棱→四指拨动（同时左臂抖腕）→砖在掌心旋转→选定合适面，如图 3—43 所示。

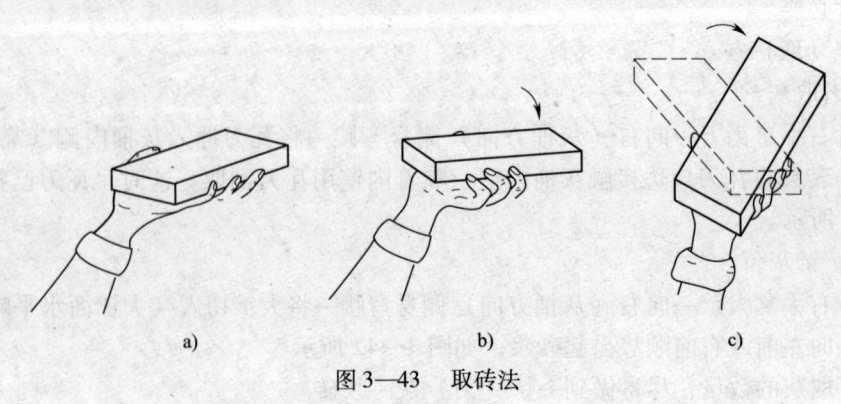

图 3—43 取砖法
a) 左手平托砖 b) 四指拨动 c) 砖旋转

三、瓦刀挂灰

1. 准备动作

右手拿瓦刀取好灰浆，左手取砖，平托砖块（砖大面朝掌心，砖块略向操作者倾斜）。左手掌平托砖块时，大拇指勾住左条面，食指紧贴砖下大面，其他三指勾住右条面，如图3—44所示。

2. 第一次刮砂浆

正手将瓦刀后背斜靠砖大面右边棱后端（刀口略翘起）→手臂带动瓦刀沿着边棱向前右下均匀滑刮→部分砂浆挂在砖大面右侧，如图3—45所示。

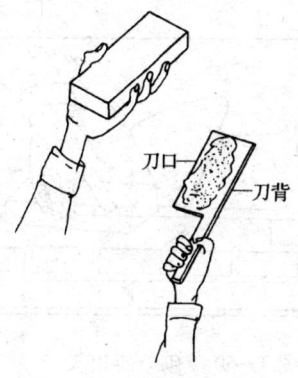

图3—44 准备动作

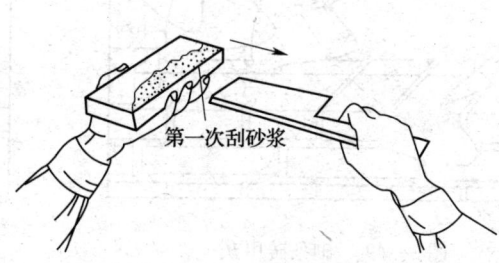

图3—45 第一次刮砂浆

3. 第二次刮砂浆

反手将瓦刀前口斜靠砖大面左边棱前端（刀背略翘起）→手臂带动瓦刀沿着边棱向后左下均匀滑刮→部分砂浆挂在砖大面左侧，如图3—46所示。

4. 第三次刮砂浆

正手将瓦刀前背斜靠砖大面前边棱左端（刀口略翘起）→手臂带动瓦刀沿着边棱向前右下均匀滑刮→部分砂浆挂在砖大面前侧，如图3—47所示。

图3—46 第二次刮砂浆

5. 第四次刮砂浆

反手将瓦刀后口斜靠砖大面后边棱右端（刀背略翘起）→手臂带动瓦刀沿着边棱向后左下均匀滑刮→剩余砂浆挂在砖大面后侧，如图3—48所示。

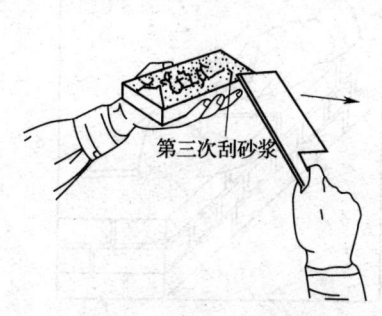

图3—47 第三次刮砂浆

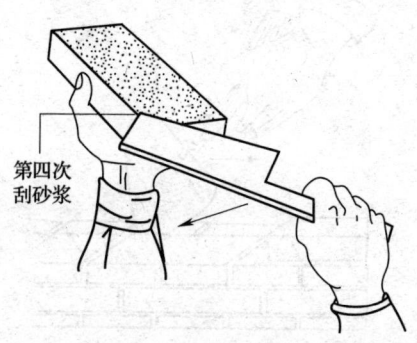

图3—48 第四次刮砂浆

四、大铲铺灰

1. 砌条砖甩灰

铲取砂浆呈均匀条状→将大铲提升到砌筑位置→铲面转成90°（手心向上）→用手腕向上扭动配合手臂的上挑力顺砖面中心将灰甩出→砂浆呈条状均匀落下，如图3—49所示。

2. 砌条砖扣灰

铲取砂浆呈均匀条状→将大铲提升到砌筑位置→铲面转成90°（手心向下）→利用手臂前推力顺砖面中心将灰扣出→砂浆呈条状均匀落下，如图3—50所示。

图3—49 砌条砖甩灰

图3—50 砌条砖扣灰

甩灰用于砌离身低而远的墙体。扣灰用于砌近身高部位的墙体。甩与扣铲面运动路线正好相反。铲取灰条呈长16 cm、宽4 cm、厚3 cm形状。落下灰条呈长26 cm、宽8 cm、厚2 cm形状。

3. 砌条砖泼灰

铲取砂浆呈扁平状→将大铲提升到砌筑位置→铲面转成斜状（手柄在前）→利用手腕转动半泼半甩、平行向前推进泼出砂浆→砂浆呈扁平状，厚度为1.5 cm，如图3—51所示。

用于砌近身及身后部位的墙体，泼出的灰浆长26 cm、宽9 cm。

4. 砌条砖溜灰

铲取砂浆呈扁平状→将大铲提升到砌筑位置→铲尖紧贴砖面、铲柄略抬高→向身后抽铲落灰→砂浆呈扁平状、与墙边取齐，厚度为1.5 cm，如图3—52所示。

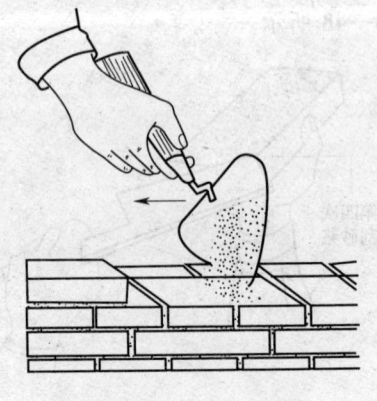

图3—51 砌条砖泼灰

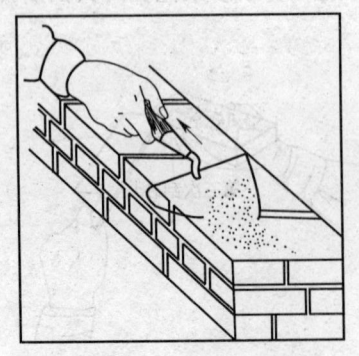

图3—52 砌条砖溜灰

用于砌角砖，溜出灰浆长 26 cm、宽 9 cm。

5. 砌丁砖正手甩灰

铲取砂浆呈扁平状→将大铲提升到砌筑位置→铲面成斜状（朝手心方向）→利用手臂的左推力将灰甩出→砂浆呈扁平状，厚度为 2 cm 左右，如图 3—53 所示。

用于砌离身低而远的墙体。甩出灰浆长 22 cm、宽 9 cm。

6. 砌丁砖反手甩灰

铲取砂浆呈扁平状→将大铲提升到砌筑位置→铲面成斜状（朝手背方向）→利用手臂的右推力将灰甩出→砂浆呈扁平状，厚度为 2 cm 左右，如图 3—54 所示。

用于砌近身高部位的墙体。甩出灰浆长 22 cm、宽 9 cm。

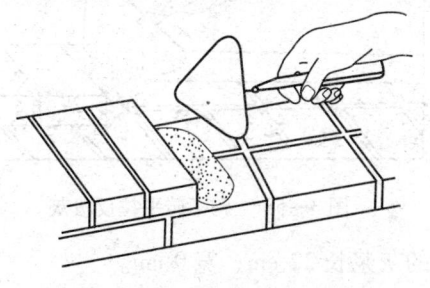
图 3—53　砌丁砖正手甩灰

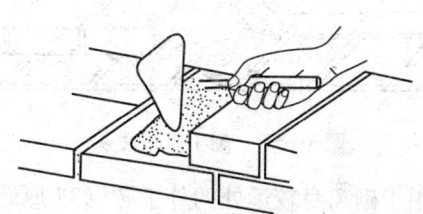
图 3—54　砌丁砖反手甩灰

7. 砌丁砖扣灰

铲取砂浆前部略低→将大铲提升到砌筑位置→铲面成斜状（朝丁砖长方向）→利用手臂推力将灰甩出→扣在砖面上的灰条外部稍厚，如图 3—55 所示。

用于砌里丁砖（37 厚墙）。扣出灰浆长 22 cm、宽 9 cm。

8. 砌丁砖溜灰

铲取砂浆前部略厚→将大铲提升到砌筑位置→将手臂伸过准线，使大铲边与墙边取平→抽铲落灰→砂浆呈扁平状，厚度为 1.5 cm，如图 3—56 所示。

用于砌里丁砖（37 厚墙）。溜出灰浆长 22 cm、宽 9 cm。

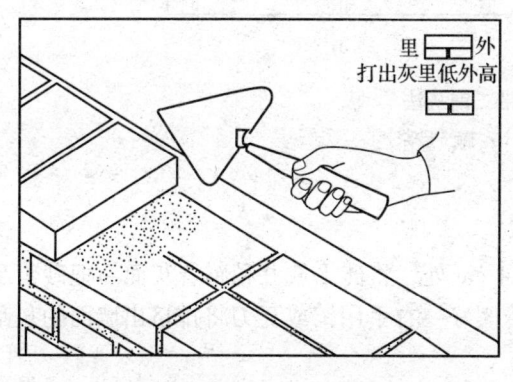
图 3—55　砌丁砖扣灰

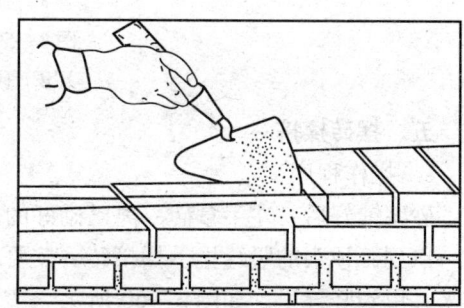
图 3—56　砌丁砖溜灰

9. 砌丁砖正泼灰

铲取砂浆呈扁平状→将大铲提升到砌筑位置→铲面成斜状（掌心朝左）→利用腕力平

行向左推进泼出砂浆→砂浆呈扁平状,厚度为1.5 cm,如图3—57所示。

用于砌近身处的外丁砖（37厚墙）。泼出灰浆长22 cm、宽9 cm。

10. 砌丁砖平拉反泼灰

铲取砂浆呈扁平状→将大铲提升到砌筑位置→铲面成斜状（掌心朝右）→利用腕力平拉反泼砂浆→砂浆呈扁平状,厚度为1.5 cm,如图3—58所示。

图3—57 砌丁砖正泼灰

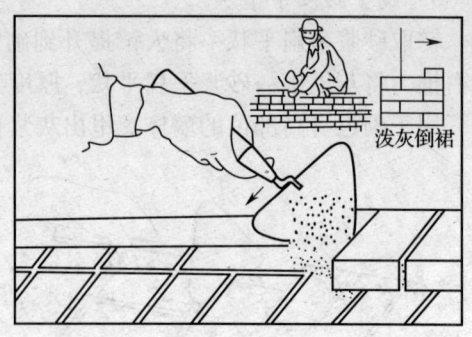
图3—58 砌丁砖平拉反泼灰

用于砌离身较远处的外丁砖（37厚墙）。泼出的灰浆长22 cm、宽9 cm。

11. 一带二铺灰法

铲取砂浆呈扁平状→将大铲提升到砌筑位置→铲面转成90°（手心向下）→将砖丁头伸入落灰处,接打碰头灰→用铲摊平砂浆,厚为1.5 cm,长为22 cm,宽为9 cm,如图3—59所示。

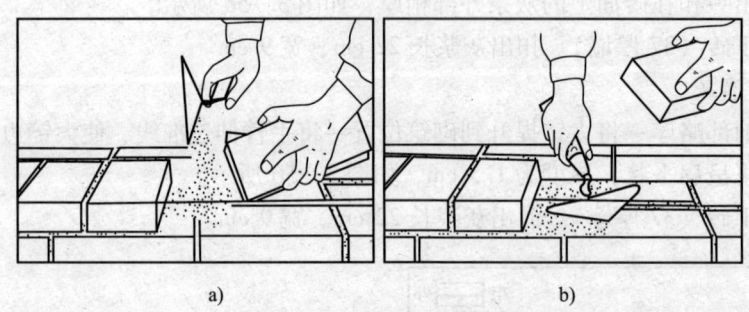
图3—59 一带二铺灰法
a) 接打碰头灰 b) 摊平砂浆

五、摆砖揉挤

1. 操作程序

砂浆铺好后→左手拿砖→离已砌好的砖3~4 cm处,将砖平放并稍蹭着灰面→把砂浆刮起→点到砖顶头的竖缝里→揉挤砖→按要求将砖摆好→右手用铲或瓦刀将排挤出墙面的灰刮起来,甩到竖缝里,如图3—60所示。

2. 操作要求

揉砖时,眼要上看线下看墙面;砂浆薄要轻揉,砂浆厚要重揉;视情况前后左右揉;以将砖揉挤到上齐线下跟砖棱、砂浆饱满、灰缝厚度符合要求为宜。

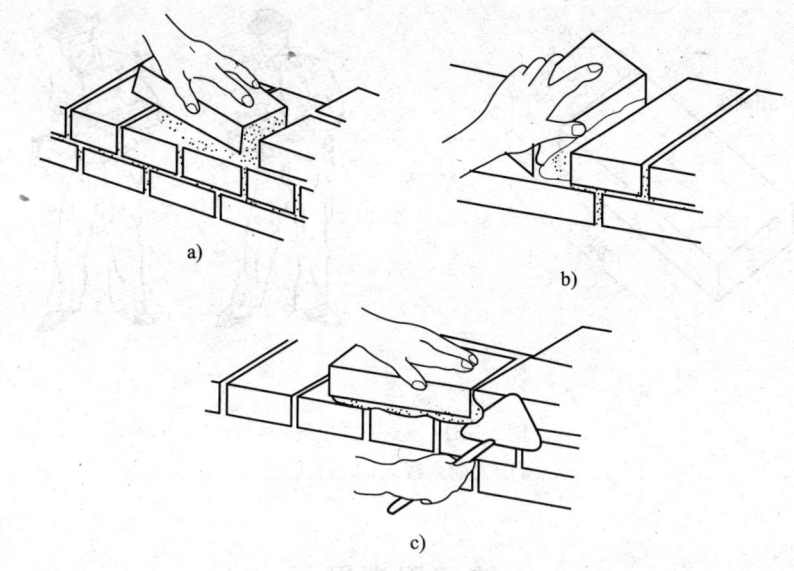

图 3—60 摆砖揉挤法
a) 条砖揉挤 b) 丁砖揉挤 c) 刮浆

六、砍砖

1. 砍凿七分头

选砖（外观平整、内在质地均匀）→左手持砖（条面向上）→以瓦刀或刨锛所刻标记处伸量一下砖块→在砖的条面上画出印子→用瓦刀或刨锛砍下二寸头，如图 3—61 所示。

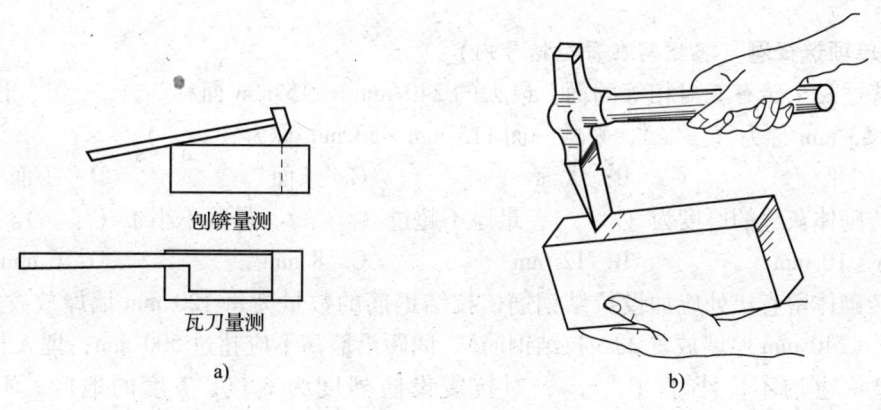

图 3—61 砍凿七分头
a) 量测砖块 b) 砍凿七分头

2. 砍凿二寸条

选砖（外观平整、内在质地均匀）→两个大面均画好刻痕→用瓦刀或刨锛在砖的两个丁面上各砍一下→用瓦刀口轻轻叩打砖的两个大面，逐步增加叩打力量→最后在砖的两个丁面用力砍凿成二寸条，如图 3—62 所示。

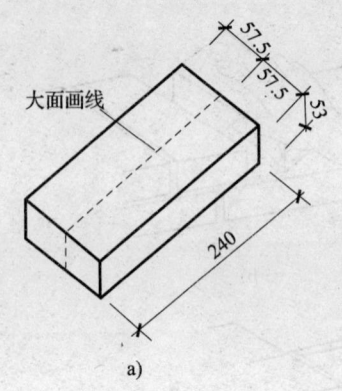

图3—62 砍凿二寸条
a) 大面画线 b) 劈砖

练习思考题

一、是非题（对的画"√"，错的画"×"，答案写在每题括号内）

1. 砖砌体必须错缝砌筑，要求砖块至少应错缝1/4砖长。（　　）
2. 每工作班的砌筑高度不宜超过2.4 m，柱面上不得留设脚手眼。（　　）
3. 砌体内砖依据砌筑方向的不同可分为：顺砖（砖的长度方向平行墙的轴线）和丁砖（砖的长度方向垂直墙的轴线）。（　　）
4. 砖与砖之间的灰缝可分为水平缝（水平方向的缝）和竖直缝（垂直方向的缝）。（　　）

二、单项选择题（答案写在每题括号内）

1. 普通黏土砖有三对相等的面，最大的 240 mm×115 mm 面称为（　　），长的一面 240 mm×53 mm 称为（　　），短的一面 115 mm×53 mm 称为（　　）。
   A. 平面　　　　B. 大面　　　　C. 条面　　　　D. 丁面
2. 砖砌体灰缝的厚度为（　　），最厚不超过（　　），最薄不小于（　　）。
   A. 10 mm　　　B. 12 mm　　　C. 8 mm　　　　D. 6 mm
3. 砖砌体留直槎处应加设拉结钢筋，拉结钢筋的数量为每 120 mm 墙厚放置（　　）拉结钢筋（240 mm 厚墙放置 2φ6 拉结钢筋），间距沿墙高不应超过 500 mm；埋入长度从留槎处算起每边均不应小于（　　），对抗震设防烈度为 6 度、7 度的地区，不应小于（　　）；末端应有 90°弯钩。
   A. 1φ6　　　　B. 2φ6　　　　C. 500 mm　　　D. 1 000 mm
4. 钢筋混凝土构造柱截面尺寸为（　　）。钢筋混凝土构造柱主筋配（　　）；箍筋（　　），间距（　　）。
   A. 240 mm×240 mm　B. φ6　　C. 4φ12　　D. ≤250 mm
5. 钢筋混凝土构造柱上端与本层圈梁连接，下端与下一楼层圈梁连接或（　　）。沿墙高每（　　）设置（　　）水平拉筋，每边伸入墙内应（　　）。

A. 500 mm　　　　B. 伸入基础　　　　C. ≥1 m　　　　D. 2φ6

三、多项选择题（答案写在每题括号内）

1. 砌筑中破成不同尺寸的砖可分为（　　）。
   A. 七分头　　　B. 半砖　　　C. 二寸条　　　D. 二寸头
2. 砖在砌体内的位置可分为（　　）。
   A. 卧砖（或称眠砖） B. 陡砖　　　C. 立砖　　　D. 平砖
3. 砌筑普通黏土砖、蒸压灰砂砖、粉煤灰砖、煤渣砖等操作方法，可选用（　　）。
   A. "三一"砌砖法　　　　　　　B. 摊尺铺灰法
   C. 满刀灰刮浆法　　　　　　　D. "二三八一"砌砖法

四、简答题

1. 如何砌筑钢筋混凝土构造柱处的大马牙槎（罗汉槎）？
2. 三顺一丁砌法有哪些优点及缺点？

五、思考题

1. 砖砌体的组砌要遵循哪三条原则？
2. 什么叫踏步槎？什么叫马牙槎？
3. 砖砌体中的拉结筋应该怎么放？
4. 砖砌体中各种砖及灰缝的名称是什么？
5. 一顺一丁砌法中用什么方法调整灰缝？
6. 什么叫梅花丁？适用于什么条件？
7. 试述三顺一丁的组砌方法。
8. 一砖半砖柱组砌方法最易犯什么毛病？
9. 砌砖工作的四个基本动作是什么？
10. 怎样砍七分头和二寸条？
11. 试述瓦刀披灰法的优缺点。
12. 试述瓦刀披灰法的适用场合。

第四单元 砖石基础的砌筑

知识技能要求
1. 了解砖石基础砌筑的操作准备。
2. 掌握砖石基础砌筑的操作方法。
3. 牢记砖石基础砌筑砂浆只能采用水泥砂浆。

模块一 砖石基础砌筑的操作准备

砖石基础砌筑的操作工艺顺序：
准备工作→拌制砂浆→确定组砌方法→排砖撂底→收退（放脚）→正墙→检查→抹防潮层（找平层）结束基础→勾缝。

一、准备工作

1. 施工准备

砖石基础砌筑是在土方开挖结束后，垫层施工完毕，已经放好线、立好皮数杆的前提下进行的。砖石基础施工前，一方面应熟悉施工图，听取施工技术人员的技术交底，另一方面应对上道工序进行验收，如检查土方开挖尺寸和坡度是否正确，基底墨斗线是否齐全，基础皮数杆的立设是否恰当，垫层或基底标高是否与基础皮数杆相符。

2. 材料准备

（1）水泥：要弄清水泥是袋装还是散装，它们的出厂日期、标号是否符合要求。如果是袋装水泥，要抽查过磅，以检查袋装水泥的计量正确程度。

（2）砖石：检查砖石的规格、强度等级、品种等是否符合设计要求，并提前做好浇水洇砖工作。

（3）砂子：砂子一般用中砂，要求先经过 5 mm 筛孔过筛。如果采用细砂，应提醒施工技术人员调整配合比，砂粒必须有足够的强度，并限制砂子粉末量及含泥量。

（4）其他材料：其他材料如拉结筋、预埋件、防水粉（防水剂）等均应一一检查其数量、规格是否符合要求。

3. 作业条件准备

（1）检查基槽土方开挖是否符合要求，灰土或混凝土垫层是否验收合格。土壁是否安全，上下有无踏步或梯子。

（2）对基槽有积水的要予以排出，并注意集水井、排水沟是否通畅，水泵工作是否正常。

(3)检查基础皮数杆最下一层砖是否为整砖,如不是整砖,要弄清各皮数杆的情况,确定是"提灰"还是"压灰"。如果差距较大,超过20 mm以上,应用细石混凝土找平。

(4)检查砂浆搅拌机是否运转正常,后台计量器材是否齐全、准确。对运送材料的车辆进行过磅计量,以便装料后确定总配合比计量。

二、拌制砂浆

砖石基础砌筑砂浆只能采用水泥砂浆,不能使用混合砂浆。

1. 砂浆的配合比

水泥砂浆的配合比是以质量比的形式来表达的,是经过试验确定的,配合比确定后,操作者应严格按要求计量配料,水泥的称量精确度控制在±2%以内,砂子称量精确度控制在±5%以内,外加剂要按说明或技术交底严格计量加料,不能多加或少加。

2. 砂浆的使用

水泥砂浆应随拌随用,必须在拌制后3~4 h内使用完毕。

模块二 砖石基础砌筑的操作方法

一、砖基础大放脚组砌方法

1. 砖基础的一般构造

基础砌体都砌成台阶形式,叫做大放脚。大放脚有等高式和间隔式两种,每两皮砖每边收进60 mm的叫做等高式大放脚;第一个台阶两皮砖收一次,每边收进60 mm,第二个台阶一皮砖收一次,每边也收进60 mm,如此循环变化的叫做间隔式大放脚。其收台形式如图4—1所示。

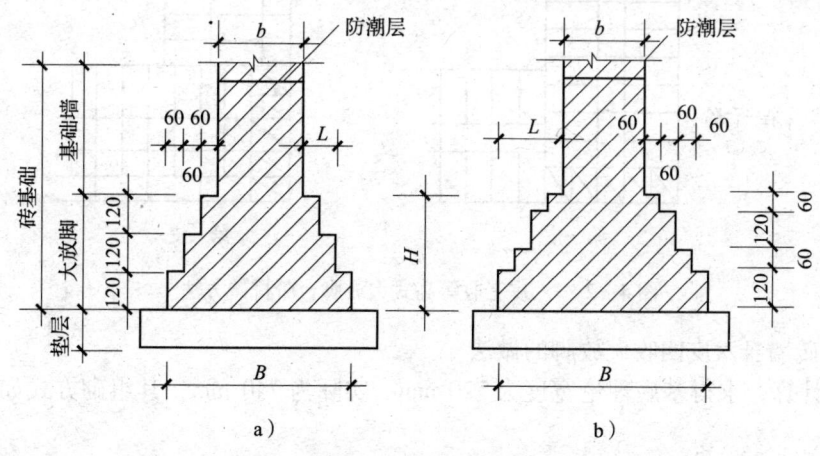

图4—1 砖基础的形式
a) 等高式 $H:L=2$ b) 间隔式 $H:L=1.5$

2. 大放脚的组砌

当设计无规定时,大放脚及基础墙一般采用一顺一丁的组砌方式,由于它有收台阶的

操作过程,组砌时比墙身复杂一些。如图4—1所示可知,大放脚基底宽度可以按下式计算:

$$B = b + 2L$$

式中　B——大放脚宽度;
　　　b——墙身宽度;
　　　L——放出墙身的宽度。

实际应用时,还要考虑灰缝的宽度,大放脚基底宽度计算好后,即可进行排砖摆底。

(1) 一砖墙身六皮三收等高式大放脚的做法

此种大放脚共有三个台阶,每个台阶的宽度为1/4砖长,即60 mm,按上述计算,得到基底宽度为 $B = 600$ mm,考虑竖缝后实际应为615 mm,即两砖半宽,其组砌方式如图4—2所示。

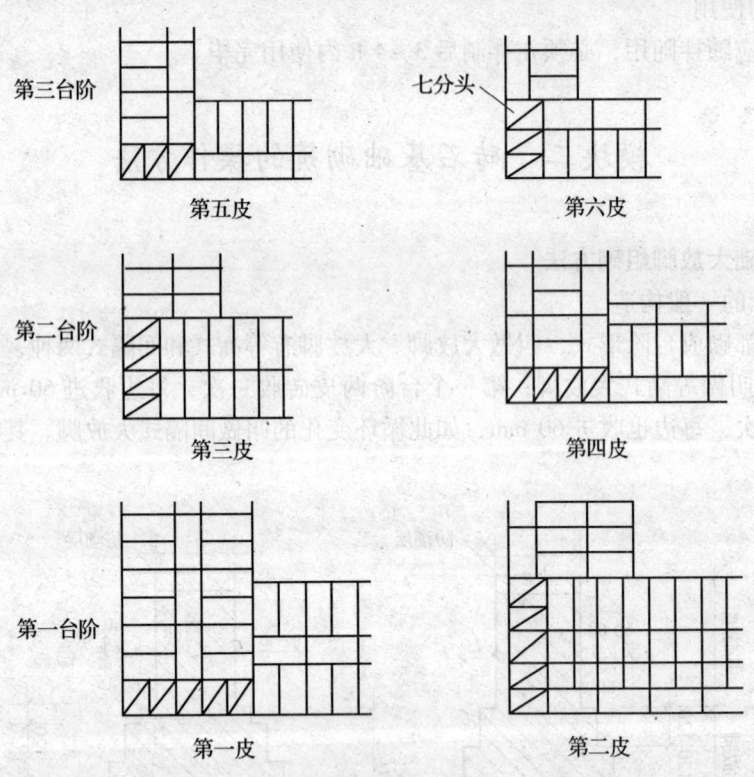

图4—2　六皮三收等高式大放脚台阶排砖方法

(2) 一砖墙身六皮四收大放脚的做法

按上式计算,求得基底理论宽度为720 mm,实际为740 mm,其组砌方式如图4—3所示。

(3) 一砖墙身附一砖半宽、凸出一砖的砖垛时,四皮两收大放脚的做法

墙身的排底方法与上面两例相仿,关键在于砖垛部分与墙身的咬槎处理和收放。根据上述方法计算出墙身放脚宽为两砖,砖垛的放脚宽度两砖半,其组砌方式如图4—4所示。

(4) 一砖独立方柱六皮三收大放脚的做法

也可按上述方法计算得基底宽度为两砖半,其组砌方式如图4—5所示。

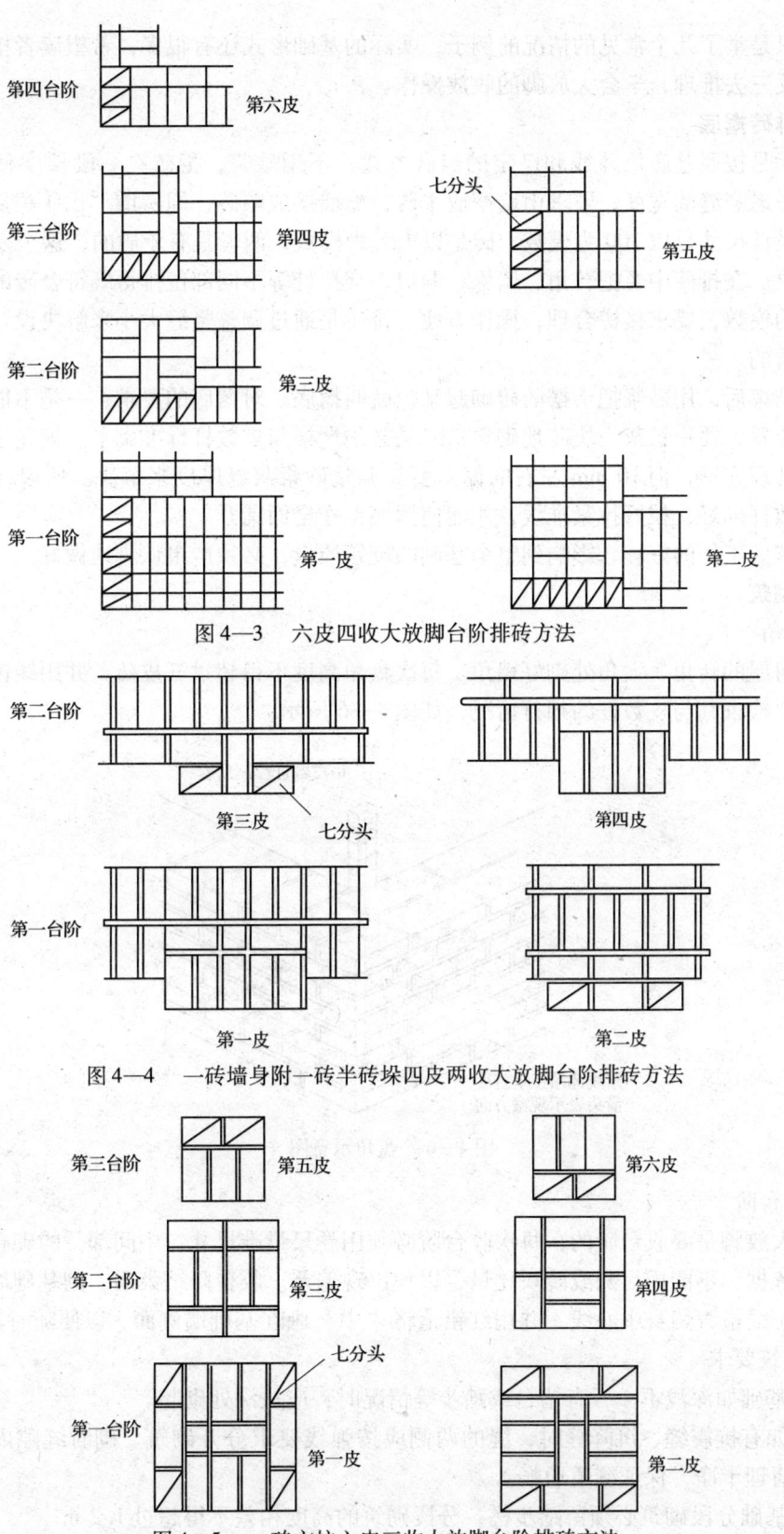

图 4—3 六皮四收大放脚台阶排砖方法

图 4—4 一砖墙身附一砖半砖垛四皮两收大放脚台阶排砖方法

图 4—5 一砖方柱六皮三收大放脚台阶排砖方法

以上只是举了几个常见的情况的例子,实际的基础形式还有很多,希望读者根据举例的情况举一反三去推理,学会大放脚的收放操作。

二、排砖摆底

排砖就是按照基底尺寸线和已定的组砖方式,不用砂浆,把砖在一段长度整个干摆一层,排时考虑竖缝的宽度,要求山墙摆成丁砖,檐墙摆成顺砖,即所谓"山丁檐跑"。

因为设计尺寸是以 100 为模数,砖是以 125 为模数,两者是有矛盾的,这个矛盾要通过排砖来解决。在排砖中要把转角、墙垛、洞口、交接处等不同部位排得既符合砖的模数,又符合设计的模数,要求接槎合理,操作方便。排砖是通过调整竖缝大小来解决设计模数和砖模数的矛盾的。

排砖结束后,用砂浆把干摆的砖砌起来,就叫摆底。对摆底的要求,一是不能改已排好砖的平面位置,要一铲灰一块砖地砌筑;二是必须严格与皮数杆标准砌平。偏差过大的应在准备阶段处理完毕,但 10 mm 左右的偏差要靠调整砂浆灰缝厚度来解决。所以,必须先在大角按皮数杆砌好,拉好拉紧准线,才能使摆底工作全面铺开。

排砖摆底工作的好坏,影响到整个基础的砌筑质量,必须严肃认真地做好。

三、砌筑

1. 盘角

即在房屋的转角、大角处砌好墙角。每次盘角高度不得超过五皮砖,并用线锤检查垂直度,同时要检查其与皮数杆的相符情况,如图 4—6 所示。

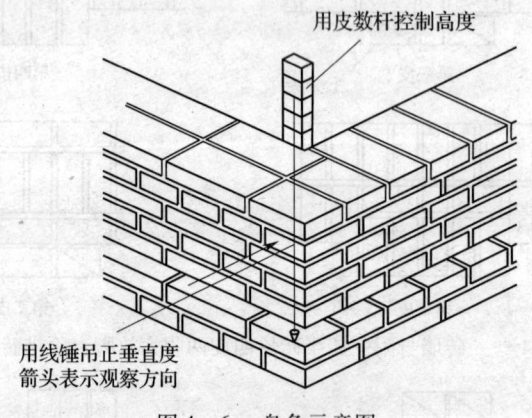

图 4—6　盘角示意图

2. 收台阶

基础大放脚是要收台阶的,每次收台阶必须用卷尺量准尺寸,中间部分的砌筑应以大角处准线为依据,不能用目测或砖块比量,以免出现偏差。收台阶结束后,砌基础墙前,要利用龙门板拉线检查墙身中心线,并用红铅笔将"中"画在基础墙侧面,以便随时检查复核。

3. 砌筑要求

(1) 基础如深浅不一,有错台或踏步等情况时,应从深处砌起。

(2) 如有抗震缝、沉降缝时,缝的两侧应按弹线要求分开砌筑。砌时缝隙内落入的砂浆要随时清理干净,保证缝道通畅。

(3) 基础分段砌筑必须留踏步槎,分段砌筑的高度相差不得超过 1.2 m。

(4)基础大放脚应错缝,利用碎砖和断砖填心时,应分散填放在受力较小的、不重要的部位。

(5)预留孔洞应留置准确,不得事后开凿。

(6)基础灰缝必须密实,以防止地下水的浸入。

(7)各层砖与皮数杆要保持一致,偏差不得大于±10 mm。

(8)管沟和预留孔洞的过梁,其标高、型号必须安放正确,坐灰饱满,如坐灰厚度超过20 mm时,应用细石混凝土铺垫。

(9)搁置暖气沟盖板的挑砖和基础最上一皮砖均应用丁砖砌筑,挑砖的标高应一致。

(10)地圈梁底和构造柱侧应留出支模用的"穿杠洞",待拆模后再填补密实。

四、防潮层

基础防潮层应在基础墙全部砌到设计标高后才能施工,最好能在室内回填土完成以后进行。

如果基础墙顶部有钢筋混凝土地圈梁,则可代替防潮层,如果没有地圈梁,则必须做防潮层。

防潮层应作为一道工序来单独完成,不允许在砌墙砂浆中添加一些防水剂进行砌筑来代替防潮层。防潮层所用砂浆一般采用1:2水泥砂浆加入水泥质量3%~5%的防水剂搅拌而成。如使用防水粉,应先把粉剂加水搅拌成均匀的稠浆后添加到砂浆中去。

抹防潮层时,应先在基础墙顶的侧面抄出水平标高线,然后用直尺夹在基础墙两侧,尺面按水平线找准,然后摊铺砂浆,待初凝后再用木抹子收压一遍,做到平、实,其表面粗糙。

五、毛石基础大放脚摆底

1. **检查放线**

毛石基础大放脚摆底前与砖基础大放脚一样,应及时做好基槽的检查与修正偏差和基槽边坡的修整。

毛石基础大放脚应放出基础轴线和边线,立好基础皮数杆,皮数杆上标明退台及分层砌石的高度,皮数杆之间要拉上准线。阶梯形基础还应定出立线和卧线,立线是控制基础大放脚每阶的宽度,卧线是控制每层高度及平整度,并逐层向上移动,如图4—7所示。

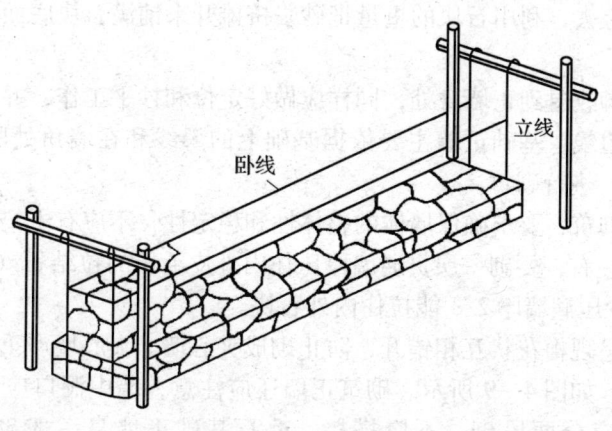

图4—7 立线与卧线

2. 基础或垫层标高修正

毛石基础大放脚垫层标高修正同砖基础。如在地基上直接砌毛石，则应将基底标高清修至符合要求。

3. 摆底

毛石基础大放脚，应根据放出的边线进行摆底工作，与砖基础大放脚相似，毛石基础大放脚的摆底，关键要处理好大放脚的转角，做好檐墙和山墙丁字相交接槎部位的处理。大角处应选择比较方正的石块砌筑，俗称放角石。角石应三个面比较平整、外形比较方正，并且高度适合大放脚收退的断面高度。角石立好后，以此石厚为基准把水平线挂在角石厚高度处，再依线摆砌外皮毛石和内侧皮毛石，此两种毛石要有所选择，至少两个面较平整，使底面卧砌平稳，外侧面平齐。外皮毛石摆砌好后，再填中间的毛石（俗称腹石）。

4. 收退

毛石基础收退，应掌握错缝搭砌的原则。第一台阶砌好后应适当找平，再把立线收到第二个台阶，每阶高度一般为 300～400 mm，并至少两皮毛石，第二阶毛石收退砌筑时，要拿石块错缝试摆，上级阶梯的石块应至少压砌下级阶梯的 1/2，相邻阶梯的毛石应相互错缝搭砌，阶梯形毛石基础每阶收退宽度不应大于 200 mm，如图 4—8 所示。

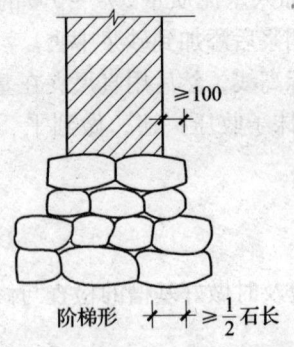 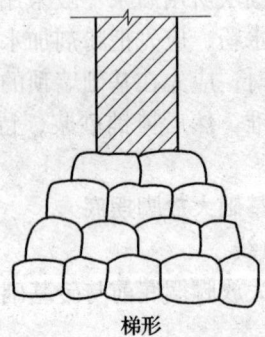

图 4—8　毛石基础

每砌完一级台阶（一层），其表面必须大致平整，不可有尖角、驼角、放置不稳等现象。如有高出标高的石尖，可用手锤修正。毛石底坐浆应饱满，一般砂浆先虚铺 4～5 cm 厚，然后把石块砌上去，利用石块的重量把砂浆挤摊开来铺满石块底面。

5. 正墙

毛石基础大放脚收退到正墙身处，同样应做好定位和抄平工作，并引中心至大放脚顶面和墙角侧边再分出边线。基础正墙主要依据基础上的墨线和在墙角处竖立的标高杆（相当于砌砖墙的皮数杆）进行砌筑。

毛石墙基正墙砌筑，要求确保墙体的整体性和稳定性，不应有干垫和双垫，每一层石块水平方向间隔 1 m 左右，要砌一层贯通墙厚压住内外皮毛石的拉结石（亦称满墙石），或墙厚大于 400 mm 至少压满墙厚 2/3 能拉住内外石块。

上下层拉结石呈现梅花状互相错开，防止砌成夹心墙。夹心墙严重影响墙体的牢固和稳定，对质量很不利，如图 4—9 所示。砌筑正墙还应注意，墙中洞口应预留出来，不得砌完后凿洞。沉降缝处应分两段砌，不应搭接。毛石基础正墙身一般砌到室外自然地坪下 100 mm。

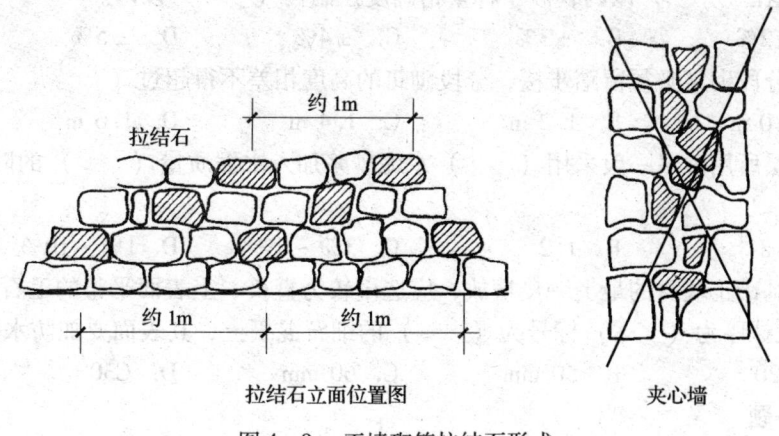

图 4—9　正墙砌筑拉结石形式

6. 抹找平层和结束毛石基础

毛石基础正墙身的最上一皮摆放，应选用较为直长、上表面平整的毛石作为顶砌块，顶面找平一般抹 50 mm 的 C20 细石混凝土，其表面要加防水剂抹光。基础墙身石缝应用小抿子将石缝嵌填密实、找平结束即完成毛石基础全部工作，正墙表面应加强养护。

练习思考题

一、是非题（对的画"√"，错的画"×"，答案写在每题括号内）

1. 砌筑砖基础当设计无规定时，大放脚及基础墙一般采用一顺一丁的组砌方式。
（　　）
2. 排砖时不考虑竖缝的宽度，要求山墙摆成丁砖，檐墙摆成顺砖，即所谓"山丁檐跑"。
（　　）
3. 排砖是通过调整竖缝大小来解决设计模数和砖模数的矛盾的。（　　）
4. 每次盘角高度不得超过 8 皮砖，并用线锤检查垂直度，同时要检查其与皮数杆的相符情况。
（　　）
5. 如有抗震缝、沉降缝时，缝的两侧应按弹线要求分开砌筑。砌时缝隙内落入的砂浆要随时清理干净，保证缝道通畅。
（　　）
6. 砖基础预留孔洞应留置准确，不得事后开凿。各层砖与皮数杆要保持一致，偏差不得大于 ± 10 mm。
（　　）
7. 钢筋混凝土地圈梁，不能代替防潮层。（　　）
8. 毛石墙基正墙砌筑不应有干垫和双垫，每一层石块水平方向间隔 1 m 左右，要砌一层贯通墙厚压住内外皮毛石的拉结石（亦称满墙石）。
（　　）
9. 搬运石料时，必须起落平稳，两人抬运应步调一致，不准随意乱堆。（　　）
10. 在石堆上取石，不准从下掏挖，必须自上而下进行，以防倒塌。（　　）

二、单项选择题（答案写在每题括号内）

1. 砌筑砂浆的配合比是以质量比的形式来表达的，应严格按要求计量配料，水泥的称量精确度控制在（　　）以内，砂子称量精确度控制在（　　）以内。

  A．±2%   B．±3%   C．±4%   D．±5%

2．基础分段砌筑必须留踏步槎，分段砌筑的高度相差不得超过（　　）。

  A．1.0 m   B．1.2 m   C．1.4 m   D．1.6 m

3．防潮层所用砂浆一般采用（　　）水泥砂浆加入水泥质量（　　）的防水剂搅拌而成。

  A．1∶3   B．1∶2   C．3%～5%   D．1%～10%

4．毛石基础正墙身的最上一皮摆放，应选用较为直长、上表面平整的毛石作为顶砌块，顶面找平一般抹厚为（　　）标号为（　　）的细石混凝土，其表面要加防水剂抹光。

  A．C20   B．50 mm   C．60 mm   D．C30

三、简答题

1．砖基础等高式大放脚及间隔式大放脚如何砌筑？

2．什么叫做撂底？对撂底有哪些要求？

四、思考题

1．砖基础砌筑前要做哪些准备工作？

2．砂浆拌好后必须在几小时内用完？

3．什么叫"大放脚"？试述几种大放脚的组砌方式。

4．什么叫排砖？什么叫撂底？

5．怎样做好盘角和收台阶的工作？

6．怎样抹好防潮层？

7．试述砖基础的质量标准。

8．砖基础砌筑中应注意哪几个质量问题？

9．毛石基础大放脚的撂底应做哪些准备工作？

10．毛石基础大放脚怎样撂底？

第五单元　砖墙的砌筑

知识技能要求
1. 了解砌体施工的基本规定。
2. 掌握砖墙砌筑要点。

模块一　砌体施工的基本规定

一、复核放线尺寸
砌筑基础前，应校核放线尺寸，允许偏差应符合表5—1的规定。

表5—1　　　　　　　　　　放线尺寸的允许偏差

长度L、宽度B（m）	允许偏差（mm）	长度L、宽度B（m）	允许偏差（mm）
L（B）≤30	±5	60＜L（B）≤90	±15
30＜L（B）≤60	±10	L（B）＞90	±20

二、墙上临时施工洞口应符合的要求
在墙上留置临时施工洞口，其侧边离交接处墙面不应小于500 mm，洞口净宽度不应超过1 m。

抗震设防烈度为9度的地区建筑物的临时施工洞口位置，应通过设计单位确定。

临时施工洞口应做好补砌。

三、不得设置脚手眼的墙体或部位
（1）120 mm厚墙、料石清水墙和独立柱。
（2）过梁上与过梁成60°角的三角形范围及过梁净跨度1/2的高度范围内。
（3）宽度小于1 m的窗间墙。
（4）砌体门窗洞口两侧200 mm（石砌体为300 mm）和转角处450 mm（石砌体为600 mm）范围内。
（5）梁或梁垫下及其左右500 mm范围内。
（6）设计不允许设置脚手眼的部位。
（7）施工脚手眼补砌时，灰缝应填满砂浆，不得用干砖填塞。

四、墙上留洞的要求
设计要求的洞口、管道、沟槽应于砌筑时正确留出或预埋，未经设计单位同意，不得打凿墙体和在墙体上开凿水平沟槽。宽度超过300 mm的洞口上部，应设置过梁。

五、搁置预制梁、板的砌体要求

搁置预制梁、板的砌体顶面应找平，安装时应坐浆，当设计无具体要求时，应采用1:2.5 的水泥砂浆。

模块二　砖墙砌筑的操作要点

砖墙砌筑的工艺顺序：

准备工作→确定墙体组砌方式→排砖摆底→砌筑墙身→窗台砌筑→砖过梁砌筑→构造柱的砌筑→梁底和板底砖的处理→楼层墙体砌筑→坡屋顶的封山、拔檐→腰线→楼梯栏杆和踏步→清水墙勾缝。

一、准备工作

1. 施工准备

砖墙构造比基础要复杂一些，如增加了门窗洞口，预留预埋工作也增多了，所以更要很好地熟悉图样。在熟悉图样的基础上，检查已砌基础和复核轴线和开间尺寸，门窗洞口的放线位置，皮数杆的绘制情况，全部弄清以后才可以操作。

同时还要检查皮数杆的竖立情况，弄清皮数杆上的±0.000 与测定点处的±0.000 是否吻合，各皮数杆的±0.000 标高是否在同一水平上。

要弄清墙体是清水墙还是混水墙，轴线是正中还是偏中，窗口是出平还是侧砖，门窗过梁是预制钢筋混凝土梁还是钢筋混凝土现浇梁或者是钢筋砖过梁，有无后砌的隔断墙等。

也要弄清房屋有几层，楼梯与砖墙是什么关系，有无圈梁及阳台挑梁等等。

2. 材料准备

(1) 砖。检查了解砖的品种、规格、强度等级、外观尺寸，如果是砌清水墙还要观察色泽是否一致。经检查符合要求以后即可浇水润砖。砖要提前2天浇透，以水渗入砖四周内15 mm 以上为好，此时砖的含水量达到10%～15%，砖润湿后应晾半天，待表面略干后使用最好。如果碰到雨季，应检查进场砖的含水量，必要时应对砖堆作防雨遮盖。

(2) 砂子。检查它的细度和含泥量等。砂子符合要求后要过筛，筛孔直径以6～8 mm 为宜。雨期施工时，砂子应筛好并留出一定的储备量。

(3) 水泥。了解水泥的品种、标号、储备量等，同时要知道是袋装还是散装。袋装水泥应抽检每袋水泥的质量是否为50 kg，散装水泥应了解计量方法。

(4) 掺和料。了解是否使用粉煤灰等掺和料，其技术性能如何。

(5) 石灰膏。了解其稠度和性能。

(6) 其他材料。了解木砖、拉结筋、预制过梁、预制壁龛、墙内加筋等是否进场。木砖是否涂好防腐剂，预制件规格尺寸和强度等级是否符合要求。如果是先立门窗框的，要了解门窗框的进场数量、规格等。

3. 操作准备

(1) 了解搅拌设备、运输设备、脚手架和运输道路的安放架设情况，计量器具的情况等。

(2) 检查防潮层是否完好，墨线是否清晰。

(3) 检查防潮层的水平度、皮数杆的第一皮砖是否符合砖层要求，有没有需要"压灰"

或"提灰"和用细石混凝土找平的情况。

二、确定墙体组砌方式

1. 确定组砌形式

砖墙的组砌形式很多,可以是一顺一丁、梅花丁、三顺一丁等。一般选用一顺一丁组砌形式,如果砖的规格不太理想,则可以选用梅花丁式。不采用五顺一丁砌法,砖柱不得采用先砌四周后填心的包心砌法。

2. 确定接头方式

组砌形式确定以后,接头形式也随之而定,采用一顺一丁形式组砌的砖墙的接头形式,如图5—1及图5—2所示。

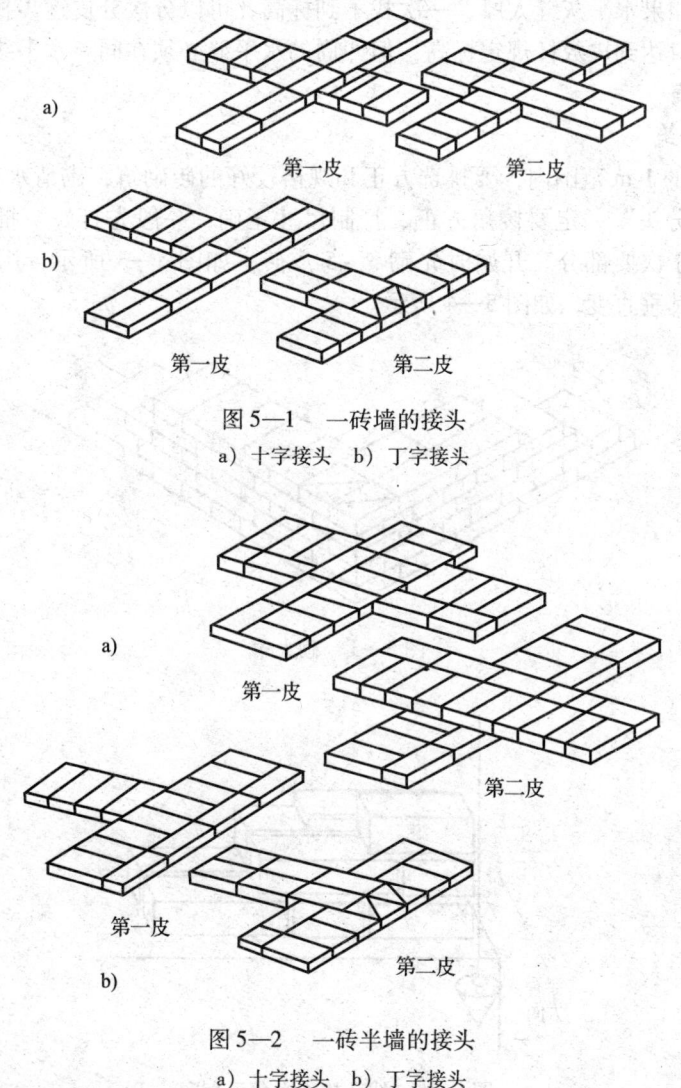

图5—1 一砖墙的接头
a) 十字接头 b) 丁字接头

图5—2 一砖半墙的接头
a) 十字接头 b) 丁字接头

三、排砖摆底（干摆砖）

（1）在基础墙面防潮层上或楼板上弹出墙身线,画出门洞口尺寸线,当砌清水墙时,还须画出窗洞口的位置,在摆砌中同时将窗间墙的竖缝分配好。

(2) 在砌墙之前，都要进行摆砖（撂底）。在整个房屋外墙的长度方向放上卧砖，排出灰缝宽度（约 1 cm），从一个大角摆到另一个大角。一般采用山墙放丁砖、檐墙放顺砖，即俗称为"山丁檐跑"的方式。

在摆砖时注意门和窗洞口、窗间墙、附墙砖垛处的错缝砌法，看看能不能排成砖的模数，不打破砖。如果在门、窗口处差 1~2 cm，允许将门窗移动 1~2 cm。根据门、窗洞口宽度，如必须打破砖时，在清水墙面上的破法最好赶在窗口上下不明显的地方，不应赶在墙垛部位，另外在摆砖时，还要考虑到在门、窗口两侧的砖要对称，不得出现阴阳膀，所以在摆砖时必须要有一个全盘计划。

(3) 防潮层的上表面应该水平。为了校验墙体与皮数杆上的皮数是否吻合，也要通过撂底找正标高。如果水平灰缝太厚，一次找不到标高，可以分次分皮逐步找到标高，争取在窗台口甚至窗上口达到皮数杆规定标高，但四周的水平缝必须在同一水平线上。

四、砌筑墙身

1. 大角的砌筑

(1) 大角处的 1 m 范围内，要挑选方正和规格较好的砖砌筑，砌清水墙时尤其要如此。大角处用的"七分头"一定要棱角方正、打制尺寸正确，一般先打好一批备用，将其中打制尺寸较差的用于次要部分。开始时先砌 3~5 皮砖，如图 5—3 所示，用方尺检查其方正度，用线坠检查其垂直度，如图 5—4 所示。

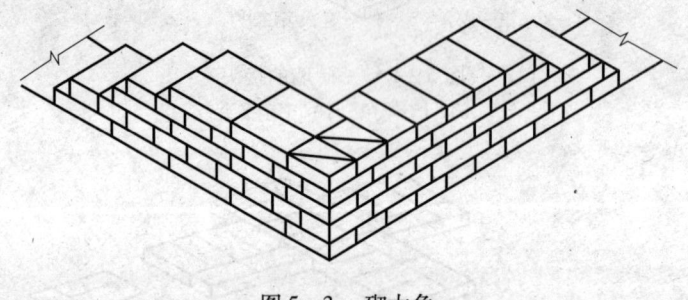

图 5—3　砌大角

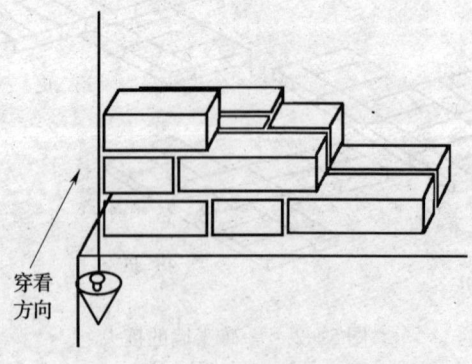

图 5—4　线坠检查大角垂直度

(2) 五皮砖盘砌后，两端拉通线检查砖墙槎口处砖是否有抬头和低头的现象。再核对砖的皮数，不能出现错层，如图 5—5 所示。

（3）当大角砌到 1 m 左右高时，应使用托线板认真检查大角的垂直度，如图 5—6 所示。纵横墙应成直角，操作中要用眼"穿"看已砌好的角，根据三点共一线的原理来掌握垂直度，另外，还要不断用托线板检查垂直度。

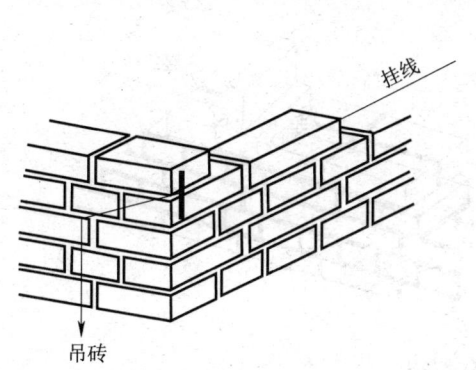

图 5—5　拉准线检查　　　　图 5—6　使用托线板认真检查大角的垂直度

（4）砌大角时必须对照皮数杆，特别要控制好砖层上口高度，不要与皮数杆相应皮数高差太多（偏差值控制在 5~10 mm 内），如图 5—7 所示。

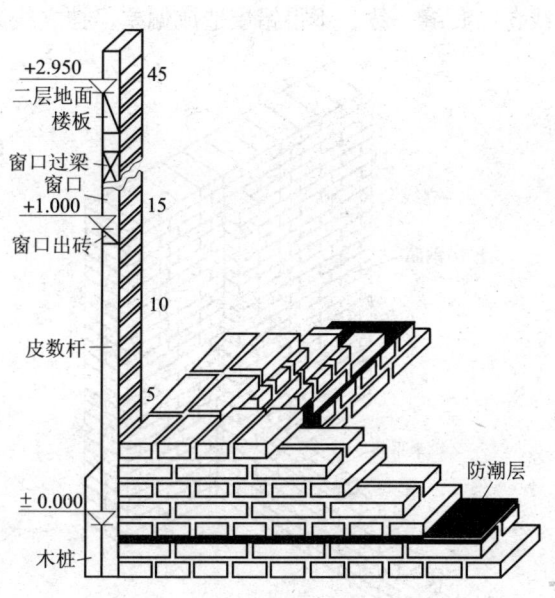

图 5—7　用皮数杆控制标高

（5）砌大角的人员应相对固定，避免因操作者手法的不同而造成大角垂直度不稳定的现象。砌墙砌到翻架子（由下一层脚手翻到上一层脚手砌筑）时，特别容易出现偏差。这时候要加强检查工作，随时纠正偏差。

2. 挂线

在砖墙的砌筑中，为了确保墙面的垂直平整，必须要挂线砌筑，如图 5—8 所示。当一道长墙两端墙角依靠线坠、靠尺板砌起一定高度时，中间部分的砌筑主要是依靠挂线，一般一砖厚墙采用单面外手挂线，一砖半厚墙必须双面挂线。

挂线时，两端必须将线拉紧。线挂好后，在墙角处用别线棍（小竹片或22号火烧丝）别住，如图5—8a所示，防止线陷入灰缝中。在砌墙过程中要经常检查有没有顶线或塌腰的地方。为了避免挂线较长中部下垂，可用砖将线垫平直，如图5—8b所示，俗称腰线砖。当线平直无误后才能砌筑。

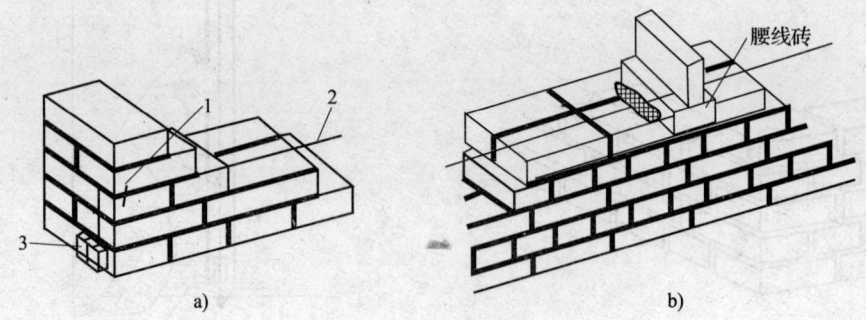

图5—8 挂线方法
1—别线棍 2—挂线 3—简易挂线坠

还有一种挂线方法，不用线坠，俗称拉立线，一般是砌内隔墙时用。在拴立线时，应先检查预留槎子是不是垂直。根据拴好的垂直线拉水平线。水平线的两端要由立线的里侧往外兜拴牢，两端拴的水平线要与砖缝一致，不得错层造成偏差。挂立线方法，如图5—9所示。

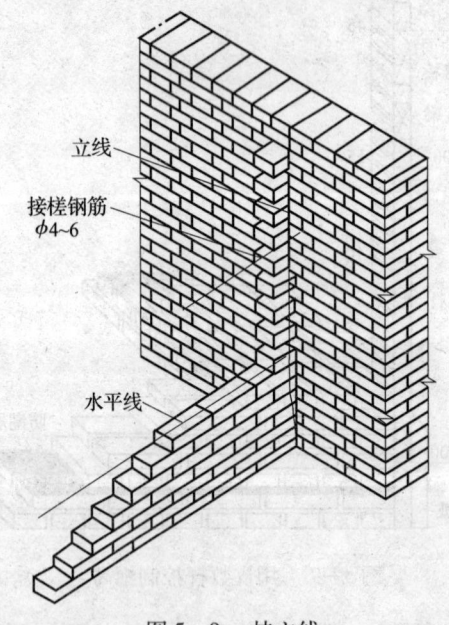

图5—9 挂立线

挂线虽然是砌墙的依据，但是准线有时也会受风或其他因素的影响偏离正确位置，所以在砌砖时要经常检查，发现有偏离时要及时纠正。同时，在砌筑中要学会"穿墙"，即穿看下面已砌好的墙面，找准新砖位置。这种操作技术需要在砌筑实践中不断熟练提高。

3. 门窗洞口的砌筑

门窗洞在开始砌砖时就会遇到，一般分先立门窗框砌筑和后立门窗框（又称后嵌橙子）砌筑两种。

（1）先立门窗框，如图5—10所示，砌砖时要离开门框边3 mm左右，不能顶死，以免门窗框受挤压而变形。同时要经常检查门窗框的位置和垂直度，随时纠正，用线锤或靠尺板校正门窗框平面内、外的垂直度；检查门窗框标高是否正确；用水平尺检查其冒头是否呈水平，如图5—11所示。

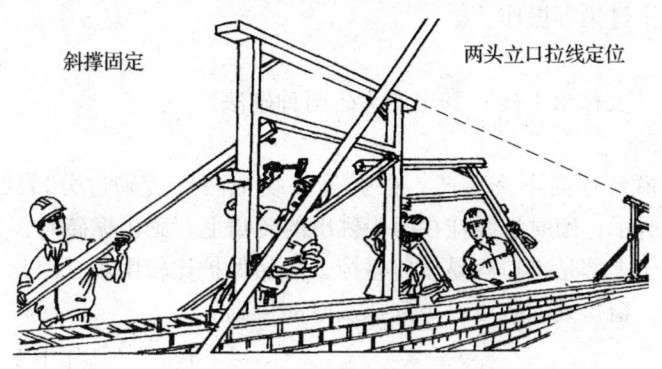

图5—10　先立门窗框

门窗框与砖墙用燕尾木砖（大小头木砖）拉结，如图5—12所示。

（2）后立门窗框，应按墨斗线砌筑（一般所弹的墨斗线比门框外包宽2 cm），并根据门窗框高度安放木砖。采用大小头木砖，预埋时应小头在外，大头在内。洞口高在1.2 m以内，每边放2块，高1.2～2 m每边放3块；高2～3 m每边放4块。预埋砖的部位一般在洞口上下边4皮砖，中间均匀分布。木砖要提前做好防腐处理。窗框侧面的墙同样处理，一般无腰头的窗每侧各放2块木砖，上下各离2～3皮砖；有腰头的窗要放3块，即除了上下各1块以外中间还要放1块。后塞木门口做法，如图5—13所示。

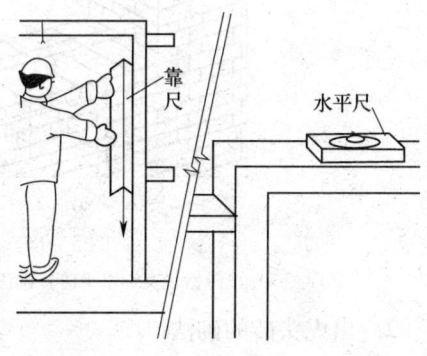

图5—11　检查门框的垂直、水平度

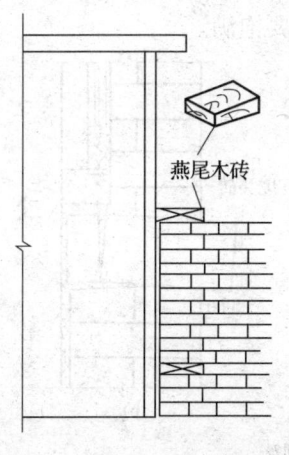

图5—12　先立木门框做法

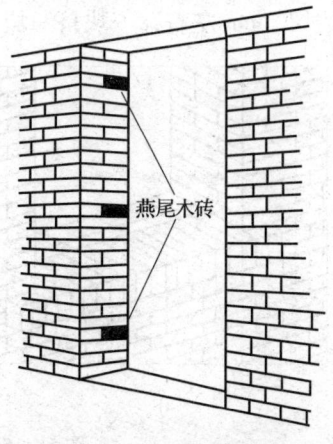

图5—13　后塞木门口做法

（3）推拉门、金属门窗不用木砖，其做法各地不同，有的按图样设计要求砌入铁件，有的预留安装孔洞，这些，均应按设计要求预留，不得事后剔凿。墙体抗震拉结筋的位置、钢筋规格、数量、间距均应按设计要求留置，不应错放、漏放。

当墙砌到窗洞标高时，须按尺寸留置窗洞，然后再砌窗洞间的窗间墙，还要进行砌筑窗台、安放钢筋混凝土过梁等操作。

五、窗台砌筑

窗台分出砖檐（又称出平砖）和出虎头砖两种砌法。

1. 出砖檐的砌法

此种砌法是在窗台标高下一层砖，根据分口线把两头砖砌过分口线 6 cm，挑出墙面 6 cm，如图 5—14 所示，砌时把线挂在两头挑出的砖角上。砌出檐砖时，立缝要打碰头灰。

出砖檐砌法由于上部是空口容易使砖碰掉，成品保护比较困难，因此，可以采取只砌窗间墙下压住的挑砖，窗口处的砖可以等到抹灰以前再砌。

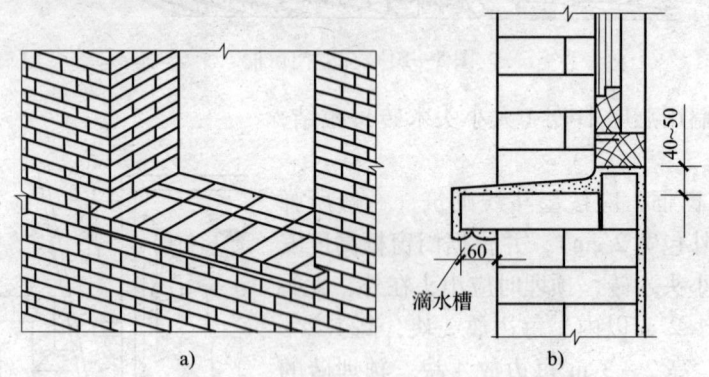

图 5—14 出砖檐（又称出平砖）砌法
a) 出砖檐（又称出平砖）砌法示意图 b) 出砖檐（又称出平砖）砌法窗台尺寸

2. 出虎头砖的砌法

此种砌法是在窗台标高下两层砖就要根据分口线将两头的陡砖（侧砖）砌过分口线 10～12 cm，并向外留 2 cm 的泛水，挑出墙面 6 cm，如图 5—15 所示。窗口两头的陡砖砌好后，在砖上挂线，中间的陡砖以一块丁砖的位置放两块陡砖的规矩砌筑。操作方法是把灰打在砖中间，四边留 1 cm 左右，一块挤一块地砌，灰浆要饱满。

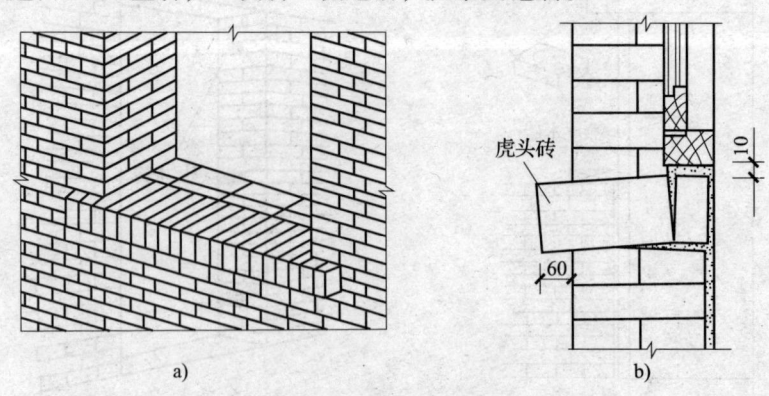

图 5—15 出虎头砖砌法
a) 出虎头砖砌法示意 b) 出虎头砖砌法窗台尺寸

3. 抹灰

上下表面及侧面用水泥砂浆抹灰，窗台面抹出坡度，窗台底抹出滴水槽，如图 5—16 所示。

4. 勾缝

窗台的砖缝以及与窗框的缝隙均用水泥砂浆勾缝，如图 5—17 所示。

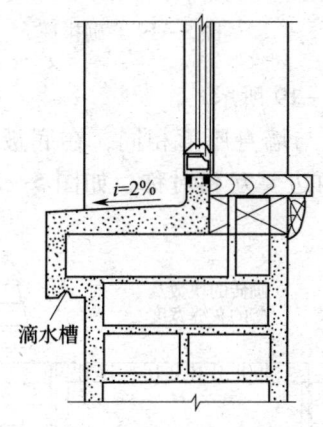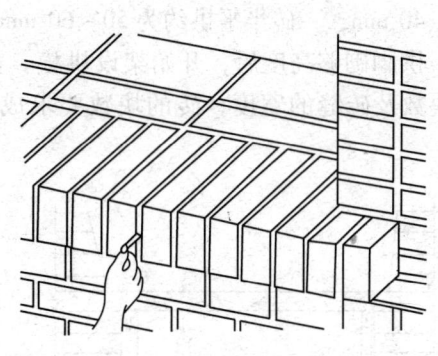

图 5—16　窗台底抹出滴水槽　　　　　图 5—17　勾缝

六、窗间墙的砌筑

窗台砌完后，拉通准线砌窗间墙。窗间墙部分一般都是一人独立操作，操作时要求跟通线进行，并要与相邻操作者经常通气。砌第一皮砖时要防止窗口砌成阴阳膀（窗口两边不一致，窗间墙两端用砖不一致），往上砌时，位于皮数杆处的操作者，要经常提醒大家皮数杆上标志的预留、预埋等要求。

七、砖过梁砌筑

1. 平拱式砖过梁

平拱式砖过梁分为立砖平拱、斜形平拱和插子平拱三种，如图 5—18 所示。

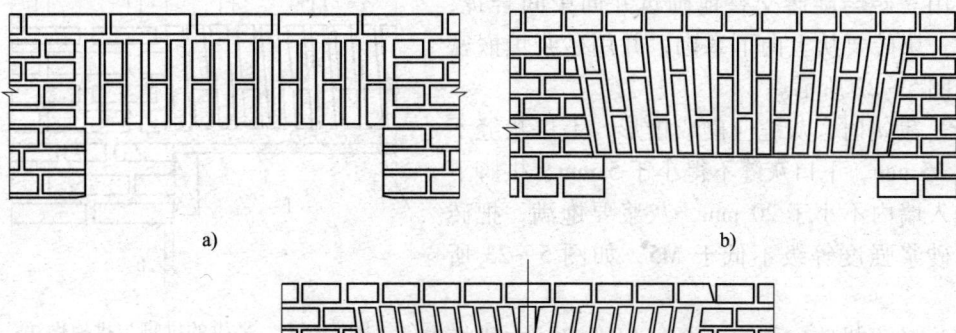

图 5—18　平拱过梁形式

a）立砖拱　b）斜形拱　c）插子拱

平拱式砖过梁跨度一般不宜超过 1.8 m，可用整砖侧砌。拱高有一砖和一砖半，厚度应等于墙厚。平拱式砖过梁应用 MU10 以上砖，不低于 M5 砂浆砌筑。砌筑方法如下：

（1）拱脚下面应伸入墙内 20~30 mm，拱脚两边的墙端应砌成斜面，斜面的斜度为 1/4 至 1/6。即每皮砖砍槎子约 10 mm 左右。一砖平拱上端约倾斜 30~40 mm，一砖半平拱约为 50~60 mm，如图 5—19 所示。

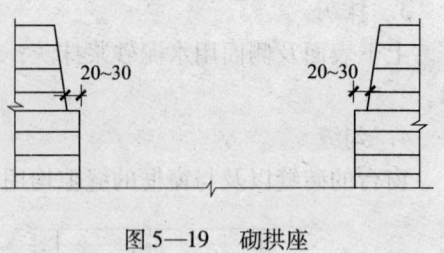

图 5—19　砌拱座

（2）拱脚砌够高度后，开始架设拱模，其宽度应与墙身厚度相同，在底板的侧面画出砖的块数及砖缝的宽度，砖的块数要求成单数，两边要互相对称，如图 5—20a、b 所示。

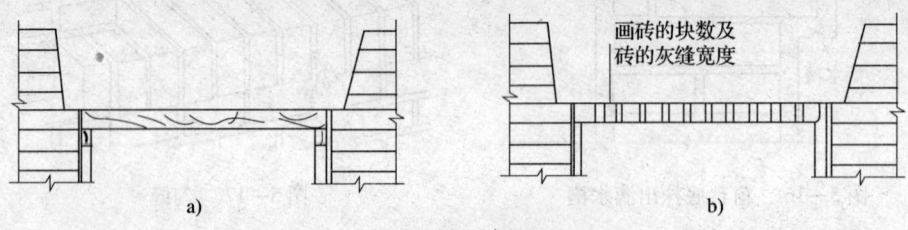

图 5—20　平拱式过梁支模画砖线
a）支模板　b）画砖的块数

（3）在拱模上铺一层湿砂，中间厚两端薄，作为平拱的起拱，拱度可为跨度的 1%。例如，1.5 m 跨度，中间可铺灰厚度 20 mm，两端厚度 5 mm，拱模做法如图 5—21 所示。

（4）依所画砖与灰缝的位置从两端拱座同时开始，用立砖与陡砖交替地砌筑并向中间合拢，当中的一块砖要从上向下塞砌，并用砂浆填嵌密实，如图 5—22 所示。

（5）砌筑时，灰缝应砌成楔形，上口灰缝不得超过 15 mm，下口灰缝不得小于 5 mm，拱脚下面应伸入墙内不小于 20 mm，灰浆要饱满，把砖挤紧。砂浆强度等级不低于 M5，如图 5—23 所示。

（6）砖平拱跨度超过 1.2 m 以上时，在拱模两端及中间应加支撑。如设计无规定时，底模

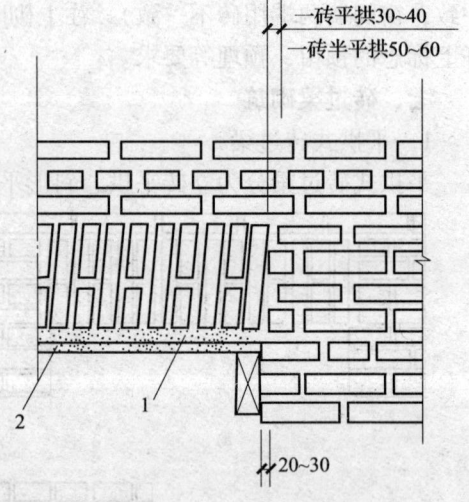

图 5—21　平拱的拱脚与拱模做法
1—湿砂　2—起拱 1%

应在砂浆的预测强度达到设计强度等级的 50% 以上时方可拆除，以防砖平拱变形或塌落。

2. 平砌钢筋砖过梁

平砌钢筋砖过梁，由砖平砌而成，在底部配置钢筋，一般用于跨度不大于 2 m 的门窗口上。砌筑方法如下：

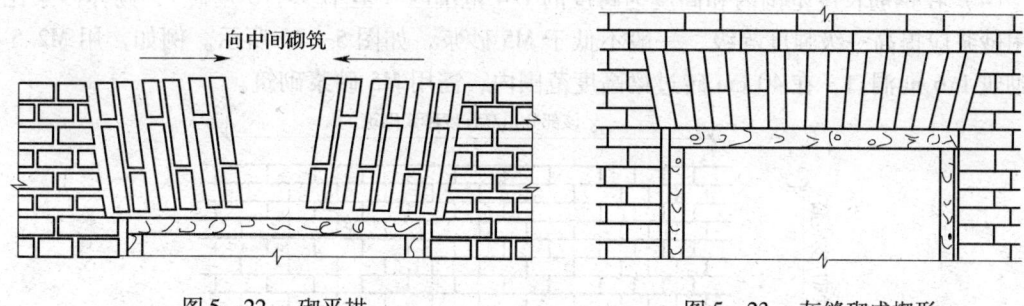

图 5—22 砌平拱　　　　　　　　　图 5—23 灰缝砌成楔形

(1) 砖墙砌至高出窗口 10~20 mm 时，架设过梁模板。中间起拱应为跨度的 1%，如窗口为 1 m，则起拱为 10 mm。浇水湿润模板，上铺 30 mm 厚的 1∶3 水泥砂浆层，如图 5—24 所示。

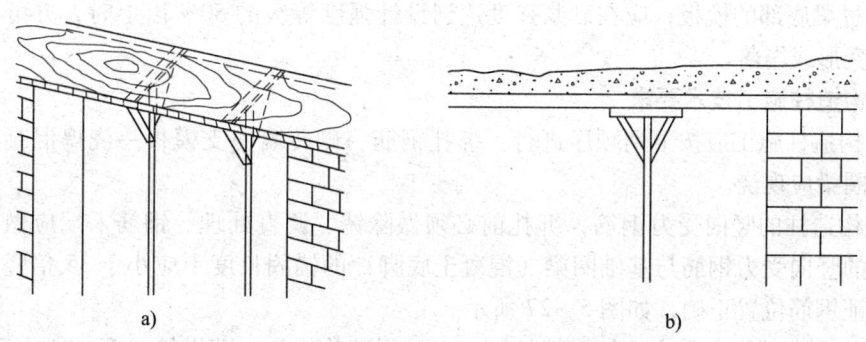

图 5—24　架设模板及上铺水泥砂浆层
a) 架设过梁模板　b) 上铺 30 mm 厚的 1∶3 水泥砂浆层

(2) 按图样要求把钢筋两端弯成方钩，弯钩向上。分中埋入砂浆层中。两端各伸入支座砌体内不应少于 360 mm，如图 5—25 所示。

(3) 第一皮应砌成丁砖，每砌完一皮砖应用稀砂浆灌缝，使砂浆密实饱满。最下一皮砖用丁砖砌筑，钢筋的 90° 弯钩埋入墙的竖缝内。也可以在模板上先砌一皮丁砖，再放钢筋，逐层平砌砖。在过梁范围内，应采用一顺一丁砌法或梅花丁，水平间距应不大于 120 mm，一般不宜少于 2φ6 钢筋，并与砖墙同时砌筑。

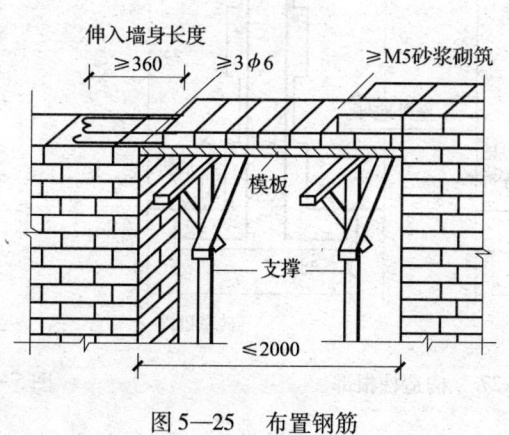

图 5—25　布置钢筋

（4）在钢筋长度范围内和高度为跨度的 1/4 范围内（但不少于 5 皮砖），砌体砂浆比砌墙用砂浆应提高一级强度等级，一般不低于 M5 砂浆，如图 5—26 所示。例如，用 M2.5 砂浆砌筑 1.6 m 洞口，在 40 cm 砖过梁高度范围内，需用 M5 砂浆砌筑。

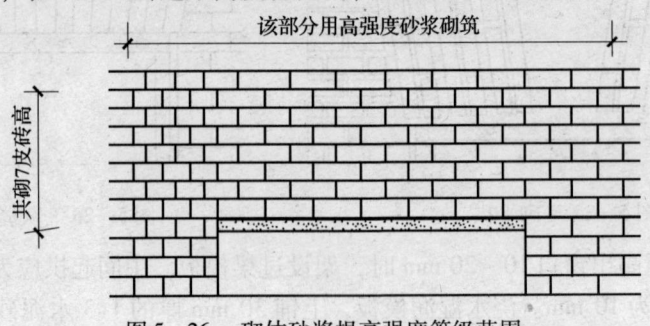

图 5—26 砌体砂浆提高强度等级范围

（5）过梁底部的模板，应在砂浆强度达到设计强度等级的 50% 以上时，方可拆除，以防止过梁变形或塌落。

八、构造柱施工技术要求

（1）构造柱施工应按下列顺序进行：绑扎钢筋→砌砖墙→支模板→浇捣混凝土柱，钢筋混凝土圈梁应现浇。

（2）构造柱的竖向受力钢筋，绑扎前必须做除锈、调直处理。钢筋末端应做弯钩。底层构造柱的竖向受力钢筋与基础圈梁（混凝土底脚）的锚固长度不应小于 35 倍竖向钢筋直径，并保证钢筋位置正确，如图 5—27 所示。

（3）构造柱的竖向受力钢筋需接长时，可采用绑扎接头，其搭接长度一般为 35 倍钢筋的直径，在绑扎接头区段内的箍筋间距不应大于 200 mm，箍筋在楼板和地面上下 $H/6$ 处应加密，间距不应大于 100 mm，如图 5—28 所示。

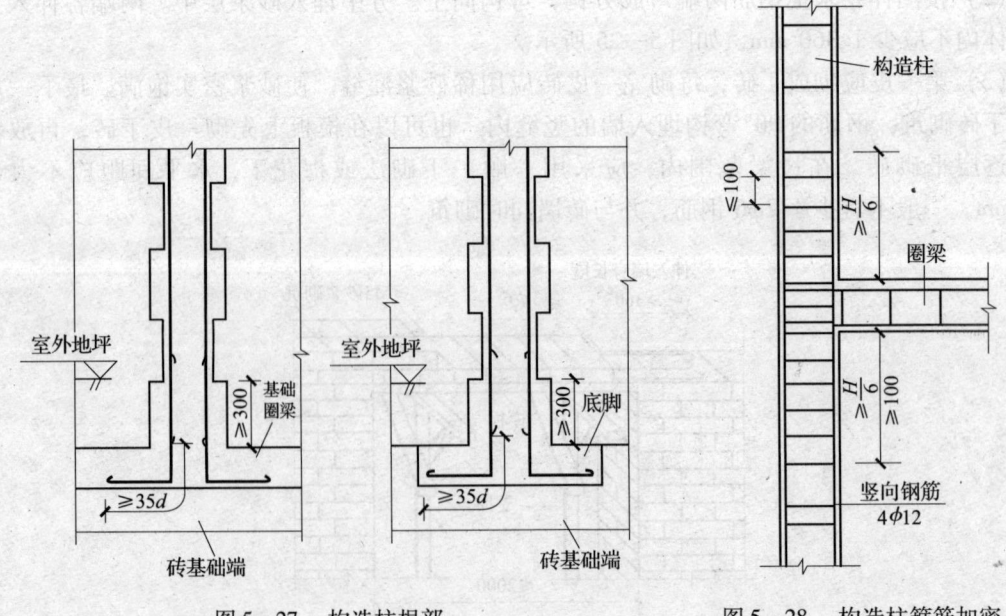

图 5—27 构造柱根部　　图 5—28 构造柱箍筋加密
（H—层高）

（4）构造柱模板宜用组合钢模板。在各层砖墙砌好后，分层支设。构造柱和圈梁的模板，都必须与所在砖墙面严密贴紧，支撑牢靠，堵塞缝隙，以防漏浆。在逐层安装模板之前，必须根据构造柱轴线校正竖向钢筋位置和垂直度。箍筋间距应准确，并分别与构造柱的竖向钢筋和圈梁的纵筋相垂直，绑扎牢靠。构造柱钢筋的混凝土保护层厚度宜为 20 mm，且不小于 15 mm。

（5）砌砖墙时，从每层构造柱脚开始，砌马牙槎应先退后进，以保证构造柱脚为大断面。当马牙槎齿深为 120 mm 时，其上口可采用一皮进 60 mm，再一皮进 120 mm 的方法，以保证浇筑混凝土后，上角密实。马牙槎内的灰缝砂浆必须密实饱满，其水平灰缝砂浆饱满度不得低于 80%。

（6）在浇筑构造柱混凝土前，必须将砖墙和模板浇水湿润（钢模板面不浇水，刷隔离剂），并将模板内的砂浆残块、砖渣等杂物清理干净。为了便于清理，可事先在砌墙时，在各层构造柱底部（圈梁面上）留出二皮砖高的洞口，杂物清除后立即用砖砌封闭洞口。

（7）构造柱的混凝土浇筑可以分段进行，每段高度不宜大于 2 m，或每个楼层分两次浇筑。在施工条件较好，并能确保浇捣密实时，亦可每一楼层一次浇筑，浇筑用的混凝土，其坍落度一般以 50～70 mm 为宜，以保证浇筑密实，亦可根据施工条件，气温高低，在保证浇捣密实情况下加以调整。

（8）浇捣构造柱混凝土时，宜用插入式振动器，分层捣实。振捣棒随振随拔，每次振捣层的厚度不得超过振捣棒有效长度的 1.25 倍，一般为 200 mm 左右。振捣时，振捣棒应避免直接触碰钢筋和砖墙，严禁通过砖墙传振，以免砖墙鼓肚和灰缝开裂。

（9）在新老混凝土接槎处，须先用水冲洗、湿润，再铺 10～20 mm 厚的水泥砂浆（用原混凝土配合比去掉石子后的比例），方可继续浇筑混凝土。在砌完一层墙后和浇筑该层构造柱混凝土前，应及时对已砌好的独立墙体加稳定支撑，必须在该层构造柱混凝土浇捣完毕后，才能进行上一层的施工。

九、梁底和板底砖的处理

砖墙砌到楼板底时应砌成丁砖层。如果楼板是现浇的，并直接支撑在砖墙上，则应砌低一皮砖，使楼板的支撑处混凝土加厚，支撑点得到加强。

填充墙砌到框架梁底时，墙与梁底的缝隙要用铁楔子或木楔子打紧，然后用 1:2 水泥砂浆嵌填密实。如果是混水墙，可以用与平面交角 45°～60° 的斜砌砖顶紧（俗称走马撑或鹅毛皮）。假如填充墙是外墙，应等砌体沉降结束，砂浆达到强度后再用楔子楔紧，然后用 1:2 水泥砂浆嵌填密实，因为这一部分是薄弱点，最容易造成外墙渗漏，施工时要特别注意。梁板底的处理，如图 5—29 所示。

十、楼层墙体砌筑

砌砖前要检查皮数杆是否是由下层标高引测的，还要检查内墙皮数杆的杆底标高，有时因为楼板本身的误差和安装误差，可能出现第一皮砖砌不下或者灰缝太大，这时要用细石混凝土垫平。厕所、卫生间等容易积水的房间，要注意图样上该类房间地面比其他房间低的情况，砌墙时应考虑标高上的高差。

楼层外墙上的门、窗、挑出件等应与底层或下层门、窗、挑出件等在同一垂直线上。分口线应用线坠从上面吊挂下来。

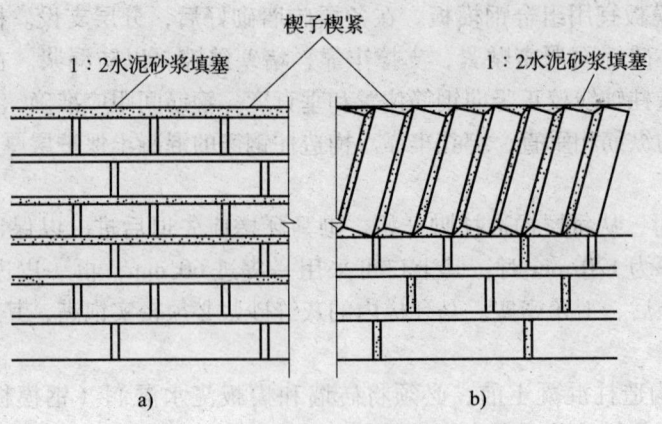

图 5—29 填充墙与框架梁底的砌法
a) 清水墙 b) 混水墙

对楼层砌砖时，特别要注意砖的堆放不能太多，不准超过允许的荷载。如果房屋楼板超荷，有时会引起重大事故。

十一、坡屋顶的封山、拔檐

1. 封山

坡屋顶的山墙，在砌到沿口标高处就要往上收山尖。砌山尖时，把山尖皮数杆钉在山墙中心线上，在皮数杆上的屋脊标高处钉上一个钉子，然后向前后檐挂斜线，按皮数杆的皮数和斜线的标志，以退踏步楼的形式向上砌筑，这时，皮数杆在中间，两坡只有斜线，其灰缝厚度完全靠操作者技术水平自己掌握，可以用砌 3~5 皮砖量一下高度的办法来控制。山尖砌好以后就可以安放檩条。

檩条安放固定好后，即可封山。封山有两种形式，一种是平封山（俗称插檩档子）；另一种是把山墙砌得高出屋面，叫做高封山。

平封山的砌法是按已放好的檩条上皮拉线砌筑，或按屋面钉好的望板找平砌筑，封山顶坡的砖要砍成楔形砌成斜坡，然后抹灰找平等待盖瓦。

高封山的砌法是在脊檩端头钉一小挂线杆，自高封山顶部标高往前后檐拉线，线的坡度应与屋面坡度一致，作为砌高封山的标准。在封山内侧 20 cm 高处挑出 6 cm 的平砖作为滴水檐。高封山砌完后，在墙顶上砌 1~2 层压顶出檐砖。高封山在外观上屋脊处和檐口处高出屋面应该一致，要做到这一点必须要把斜线挂好。收山尖和高封山的形式分别如图 5—30 及图 5—31 所示。

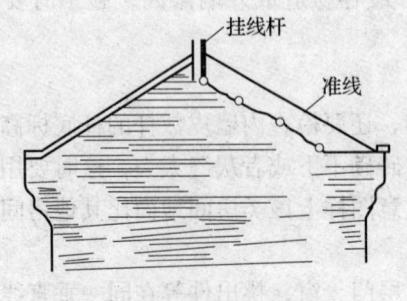

图 5—30 收山尖的形式

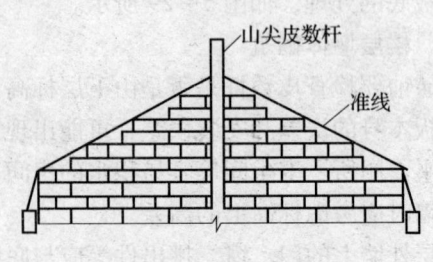

图 5—31 高封山的形式

2. 封檐和拔檐

在坡屋顶的檐口部分，前后沿墙砌到檐口底时，先挑出 2～3 皮砖，此道工序被称为封檐。封檐前应检查墙身高度是否符合要求，前后两坡及左右两边是否连接，两端高度是否在同一水平线上。砌筑前先在封檐两端挑出 1～2 块砖，再顺着砖的下口拉线穿平，清水墙封檐的灰缝应与砖墙灰缝错开。砌挑檐砖时，头缝应披灰，同时外口应略高于里口。

在沿墙做封檐的同时，两山墙也要做好挑檐，挑檐的砖要选用边角整齐的。山墙挑檐也叫拔檐，一般挑出的层数较多，要求把砖润透水，砌筑时灰缝严密，特别是挑层中竖向灰缝必须饱满，砌筑时宜由外往里水平靠向已砌好的砖，将竖缝挤紧，砖放平后不宜再动，然后再砌一块砖把它压住。当出檐或拔檐较大时，不宜一次完成，以免重量过大，造成水平缝变形而倒塌。拔檐（挑檐）的做法，如图 5—32 所示。

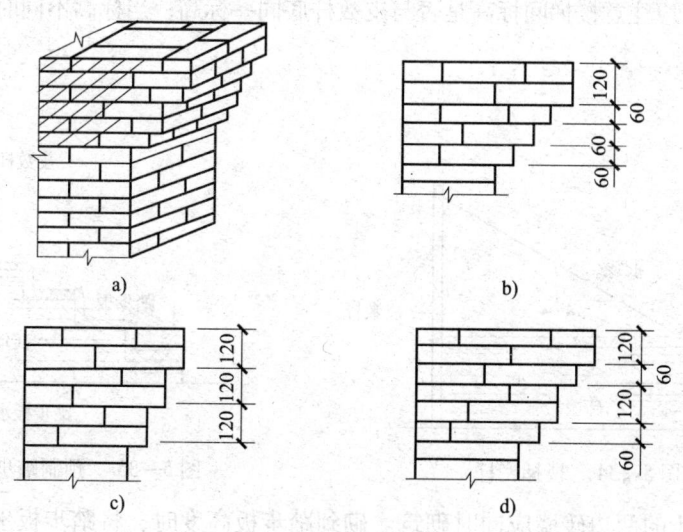

图 5—32　砖挑檐形式
a）挑檐构造　b）一皮一挑　c）两皮一挑　d）一皮和两皮一挑

十二、腰线

因建筑物构造上的需要或为了增加其外形美观，沿房屋外墙面的水平方向用砖挑出各种装饰线条，这种水平线条叫做腰线。砌法基本与拔檐相同，只是一般多用丁砖逐皮挑出，每皮挑出一般为 1/4 砖长，最多不得超过 1/3 砖长。也有用砖角斜砌挑出，组成连续的三角状砖牙；还有的用立砖与丁砖组合挑砌花饰等，如图 5—33 所示。

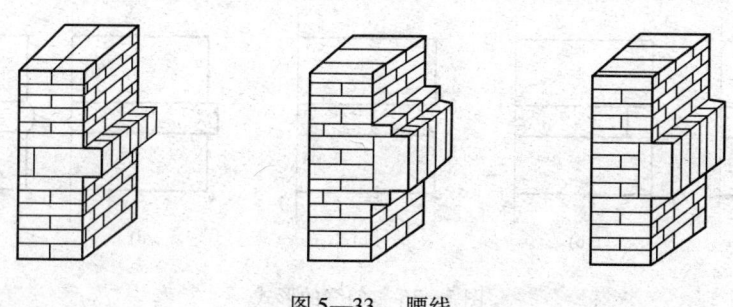

图 5—33　腰线

十三、楼梯栏杆和踏步

1. 栏杆

砖砌栏杆基本上与砌山尖和封山相同。它是在楼梯栏杆两端各立一根皮数杆，标明栏杆的砖层及标高，按标高在两皮数杆间拉斜向准线，准线即是栏杆的位置及高度，如图 5—34 所示。砌到准线时，砖要砌成斜形，使砌筑坡度与准线吻合，全部砌完后，栏杆顶用水泥砂浆进行抹灰，作为楼梯扶手。

2. 踏步

有些民用建筑采用楼梯间砖墙直接支撑预制踏步板，可将预制成"L"或"一"形的钢筋混凝土踏步板的两端砌在楼梯墙上，这样踏步板的安砌应和砌墙配合进行。施工前先做一个活动的皮数杆，将每步标高画在上面，每个踏步板的水平位置，用投影法标在楼梯间砖墙底部，如图 5—35 所示。应注意楼梯间标高是否与皮数杆底同一标高，当标高不同时应调整其高差。

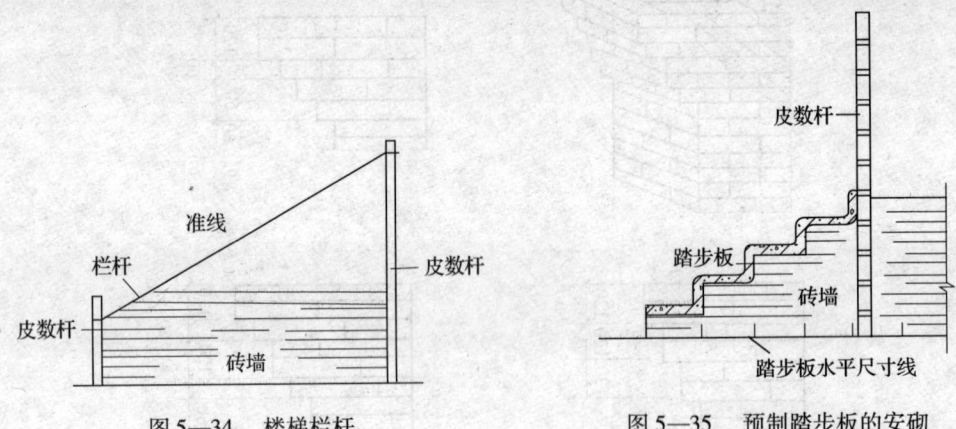

图 5—34 楼梯栏杆　　　　图 5—35 预制踏步板的安砌

施工时，踏步的两边砖墙应同时砌筑。砌到踏步板高度时，将踏步板坐浆放平，两端伸进墙内的距离应相等，且不小于 12 cm，并用活动皮数杆检查踏步板两端高低，进行调整，再用水平尺检查踏步板自身水平。同时用线锤将墙底事先标出踏步板水平投影位置，向上吊线检查踏步板水平方向进出情况，当两个方向尺寸都正确无误后，才能进行下一步砌筑。

十四、清水墙勾缝

清水墙砌筑完毕要及时抠缝，可以用小钢皮或竹棍抠划，也可以用钢线刷剔刷，抠缝深度应根据勾缝形式来确定，一般深度为 1 cm 左右。

勾缝的形式一般有 5 种，如图 5—36 所示。

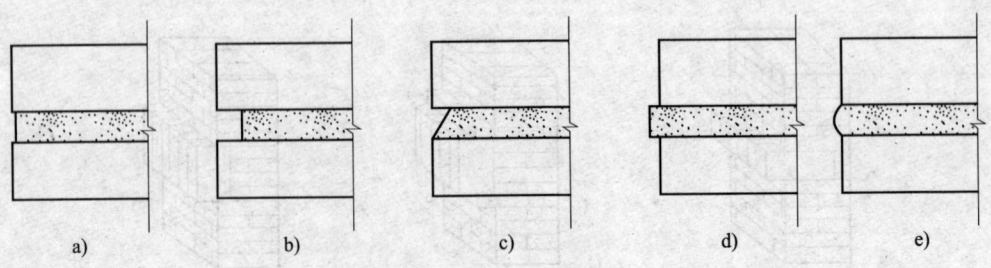

图 5—36 勾缝的形式
a) 平缝　b) 凹缝　c) 斜缝　d) 矩形凸缝　e) 半圆形凸缝

(1) 平缝。操作简便，勾成的墙面平整，不易剥落和积垢，防雨水的渗透作用较好，但墙面较为单调。平缝一般采用深浅两种做法，深的凹进墙面 3～5 mm。

(2) 凹缝。凹缝是将灰缝凹进墙面 5～8 mm 的一种形式。凹面可做成半圆形。勾凹缝的墙面有立体感。

(3) 斜缝。斜缝是把灰缝的上口压进墙面 3～4 mm，下口与墙面平，使其成为斜面向上的缝。斜缝泄水方便。

(4) 凸缝。凸缝是在灰缝面做成一个半圆形的凸线，凸出墙面约 5 mm 左右。凸缝墙面线条明显、清晰，外观美丽，但操作比较费事。

勾缝一般使用稠度为 4～5 cm 的 1∶1 水泥砂浆，水泥采用 32.5 级水泥，砂子要经过 3 mm 筛孔的筛子过筛。因砂浆用量不多，一般采用人工拌制。

勾缝以前应先将脚手眼清理干净并洒水湿润，再用与原墙相同的砖补砌严密，同时要把门窗框周围的缝隙用 1∶3 水泥砂浆堵严、嵌实，深浅要一致，并要把碰掉的外墙窗台等补砌好。要对灰缝进行整理，对偏斜的灰缝用钢凿剔凿，缺损处用 1∶2 水泥砂浆加氧化铁红调成与墙面相似的颜色修补（俗称做假砖），对于抠挖不深的灰缝要用钢凿剔深，最后将墙面黏结的泥浆、砂浆、杂物清除干净。

勾缝前 1 天应将墙面浇水润透，勾缝的顺序是从上而下，先勾横缝，后勾竖缝。勾横缝的操作方法是，左手拿托灰板紧靠墙面，右手拿长溜子，将托灰板顶在要勾的缝口下边，右手用溜子将灰浆喂入缝内，同时自右向左随勾随移动托灰板。勾完一段后，再用溜子自左向右在砖缝内溜压密实，使其平整，深浅一致。勾竖缝的操作方法是，用短溜子在托灰板上把灰浆刮起（俗称刁灰），然后勾入缝中，使其塞压紧密、平整，如图 5—37 所示。

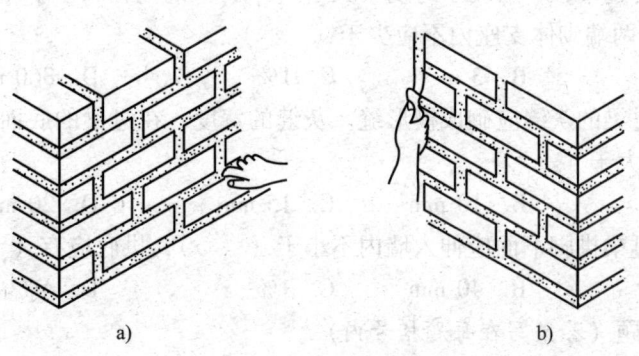

图 5—37 勾缝的操作手法
a) 勾平缝 b) 勾竖缝

勾好的平缝与竖缝要深浅一致，交圈对口，一段墙勾完以后要用笤帚把墙面扫干净，勾完的灰缝不应有搭搓、毛疵、舌头灰等毛病。墙面的阳角处水平缝转角要方正，阴角的竖缝要勾成弓形缝，左右分明。不要从上到下勾成一条直线，影响美观。砖璇的缝要勾立面和底面，虎头砖要勾三面，转角处要勾方正，灰缝面要颜色一致、黏结牢固、压实抹光、无开裂，砖墙面要洁净。

练习思考题

一、是非题（对的画"√"，错的画"×"，答案写在每题括号内）

1. 搁置预制梁、板的砌体顶面应找平，安装时应采用1:2.5的水泥砂浆坐浆。（　　）
2. 砖要提前洇水，渗入砖四周内30 mm以上为好，待表面略干后使用最好。（　　）
3. 门窗洞口砌砖一般分先立门窗框砌筑和后立门窗框（又称后嵌樘子）砌筑两种。
（　　）
4. 窗台砌筑方法分出砖檐（又称出平砖）和出虎头砖两种砌法。（　　）
5. 在拱模上铺一层湿砂，中间厚两端薄，作为平拱的起拱，拱度可为跨度的1%。
（　　）
6. 竖向灰缝不得出现透明缝、暗缝和假缝。（　　）
7. 砖砌体组砌方法应正确，上、下错缝，内外搭接，砖柱可以采用包心砌法。（　　）

二、单项选择题（答案写在每题括号内）

1. 在墙上留置临时施工洞口，其侧边离交接处墙面不应小于（　　），洞口净宽度不应超过（　　）。
   A. 500 mm　　　B. 1 m　　　C. 700 mm　　　D. 2 m
2. 平拱式砖过梁跨度一般不宜超过（　　），可用整砖侧砌。拱高有（　　），厚度应等于墙厚。平拱式砖过梁应用MU10以上砖，不低于M5砂浆砌筑。
   A. 2.0 m　　　B. 1.8 m　　　C. 一砖和一砖半　　　D. 两砖和一砖半
3. 平砌钢筋砖过梁，一般用于跨度不大于（　　）的门窗口上。中间起拱应为跨度的（　　），钢筋伸入两端砌体支座内不应少于（　　）。
   A. 2 m　　　B. 3 m　　　C. 1%　　　D. 360 mm
4. 砖砌平拱过梁的灰缝应砌成楔形缝。灰缝的宽度，在过梁的底面不应小于（　　）；在过梁的顶面不应大于（　　）。
   A. 5 mm　　　B. 10 mm　　　C. 15 mm　　　D. 20 mm
5. 砖砌平拱过梁拱脚下面应伸入墙内不小于（　　），拱底应有（　　）的起拱。
   A. 20 mm　　　B. 40 mm　　　C. 1%　　　D. 4%

三、多项选择题（答案写在每题括号内）

1. 平拱式砖过梁分为（　　）3种。
   A. 立砖平拱　　　B. 斜形平拱　　　C. 插子平拱　　　D. 楔形平拱
2. 清水墙勾缝的形式一般有（　　）几种。
   A. 平缝　　　B. 凹缝　　　C. 斜缝　　　D. 矩形凸缝和半圆形凸缝

四、简答题

1. 砌体施工哪些墙体或部位不得设置脚手眼？
2. 砖墙砌筑有哪些工艺顺序？

五、思考题

1. 砌筑砖墙前要做哪些准备工作？

2. 砖墙砌筑应遵循哪几项原则?
3. 怎样盘角和挂线?
4. 门窗口砌筑应注意哪些问题?
5. 怎样才能砌好外墙大角?
6. 怎样砌筑窗台?
7. 怎样砌筑平砌式钢筋砖过梁?
8. 框架梁底的填充墙怎么处理?
9. 砌楼层墙时应注意什么?
10. 怎样做封山和拔檐?

六、考核练习

考核一

1. 题目:如图 5—38 所示,用石灰砂浆砌筑两边带垛单面清水砖墙。

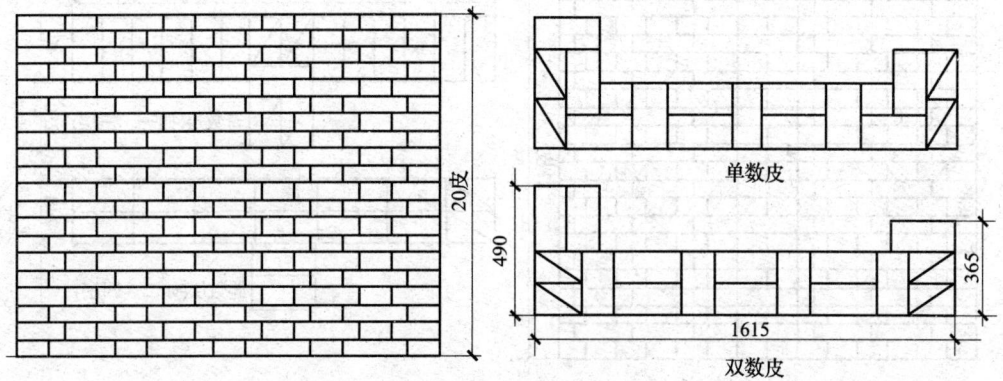

图 5—38 两边带垛单面清水砖墙

2. 时间:4 h。
3. 要求:
(1) 操练者自带助手一名,负责供料工作。
(2) 标准砖、灰缝 10 mm。
4. 评分内容(见表 5—2):

表 5—2 评分内容

项目	配分	评分标准	得分
水平缝砂浆饱满度	12	一组三块平均达 80% 以上得满分,达不到 80% 不得分	
外形尺寸	8	第一皮砖外形尺寸与图比较,测 4 点,允许偏差 ±5 mm	
墙面、阳角垂直度	20	测 8 个点,允许偏差 5 mm	
墙面平整度	10	测 4 个点,允许偏差 5 mm(清水墙)	
墙面游丁走缝	10	测 4 个点,允许偏差 20 mm	
水平灰缝厚度(10 皮砖累计数)	10	测 4 个点,允许偏差 ±8 mm	

续表

项目	配分	评分标准	得分
表面清洁度	10	墙面清洁、干净	
工效	10	按时完成不扣分；按时完成4/5以上扣4分；未达4/5不得分	
工完场清	5	场地清洁	
安全	5	无安全事故	
总计	100		

考核二

1. 题目：按图5—39所示，用石灰砂浆砌筑中间带垛单面清水砖墙。

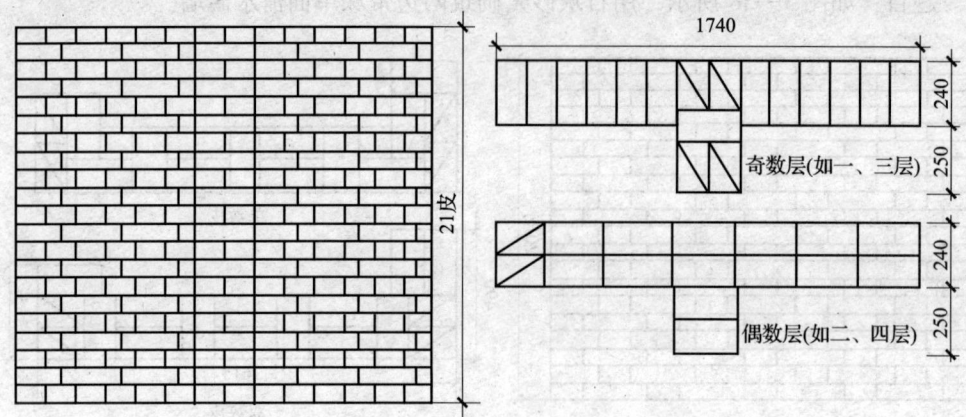

图5—39 中间带垛单面清水砖墙

2. 时间：4 h。
3. 要求：
(1) 操练者自带助手一名，负责供料工作。
(2) 标准砖、灰缝10 mm。
4. 评分内容（见表5—3）：

表5—3　　　　　　　　　　评分内容

项目	配分	评分标准	得分
水平缝砂浆饱满度	12	一组三块平均达80%以上得满分，达不到80%不得分	
外形尺寸	8	第一皮砖外形尺寸与图比较，测4个点，允许偏差±5 mm	
墙面、阳角垂直度	20	测8个点，允许偏差5 mm	
墙面平整度	10	测4个点，允许偏差5 mm（清水墙）	
墙面游丁走缝	10	测4个点，允许偏差20 mm	
水平灰缝厚度（10皮砖累计数）	10	测4个点，允许偏差±8 mm	

续表

项目	配分	评分标准	得分
表面清洁度	10	墙面清洁、干净	
工效	10	按时完成不扣分；按时完成 4/5 以上扣 4 分；未达 4/5 不得分	
工完场清	5	场地清洁	
安全	5	无安全事故	
总计	100		

考核三

1. 题目：按图 5—40 所示，用石灰砂浆砌筑清水砖柱。

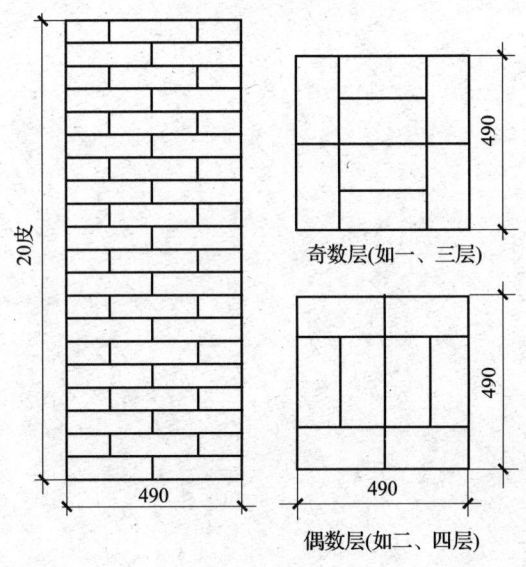

图 5—40 清水砖柱

2. 时间：4 h。
3. 要求：
(1) 操练者自带助手一名，负责供料工作。
(2) 标准砖、灰缝 10 mm。
4. 评分内容（见表 5—4）：

表 5—4　　　　　　　　　　评分内容

项目	配分	评分标准	得分
水平缝砂浆饱满度	12	一组三块平均达 80% 以上得满分，达不到 80% 不得分	
外形尺寸	8	第一皮砖外形尺寸与图比较，测四个边，允许偏差 ±5 mm	
柱方正	10	200 mm 方尺测 5 个点，允许偏差 5 mm	
柱垂直度	20	测 8 个点，允许偏差 5 mm	
柱面平整度	10	测 4 个点，允许偏差 5 mm	

续表

项目	配分	评分标准	得分
水平灰缝厚度（10皮砖累计数）	10	测4个点，允许偏差±8 mm	
表面清洁度	10	柱面清洁、干净	
工效	10	按时完成不扣分；按时完成4/5以上扣4分；未达4/5不得分	
工完场清	5	场地清洁	
安全	5	无安全事故	
总计	100		

第六单元 混凝土空心砌块砌筑

知识技能要求
1. 了解混凝土空心砌块规格及组砌形式。
2. 掌握混凝土空心砌块砌筑要求及规定。
3. 掌握混凝土空心砌块砌筑操作方法。

一、砌体形式
1. 混凝土空心砌块规格

混凝土空心砌块的主规格为390 mm×190 mm×190 mm 的双孔砌块，其组砌墙厚等于砌块宽度190 mm，其立面的组砌形式只有全顺砌法一种，即上下皮砌块竖缝相互错开1/2砌块长，上下皮的砌块孔洞沿全高对齐。辅助规格有290 mm×190 mm×190 mm 的一孔半砌块或590 mm×190 mm×190 mm 的三孔砌块，用于砌块墙 T 字形接头处或十字形接头处，如图6—1a、b 所示。

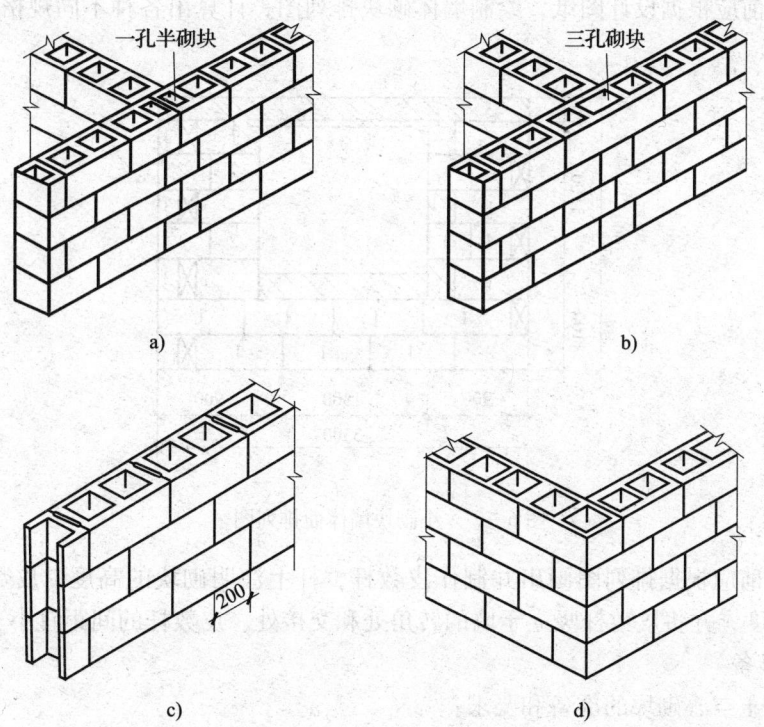

图6—1 混凝土空心砌块墙砌法
a）T 字形交接处砌法（无芯柱） b）T 字形交接处砌法（有芯柱）
c）墙体砌筑形式 d）墙体转角砌法

2. 具体组砌形式

T字形交接处砌法（无芯柱）如图6—1a所示，T字形交接处砌法（有芯柱）如图6—1b所示，混凝土空心砌块墙的砌筑形式如图6—1c所示，转角砌法如图6—1d所示。有的砌体砌筑时，在砌块内部空腔中插入竖向钢筋并浇灌混凝土，形成的混凝土柱称为芯柱。

二、施工准备

1. 堆放

装卸混凝土空心砌块时，严禁倾卸丢掷，并应整齐堆放。到现场的混凝土空心砌块，应按不同规格和强度等级分别堆放整齐，堆垛上应设标志，堆放场地必须平整，并做好排水。其堆放高度不宜超过1.6 m，堆垛之间应保留一定宽度的运输通道。堆垛上要有防雨措施，防止砌块受潮，砌筑后易引起墙体收缩开裂。

2. 施工放线准备

（1）基础施工前，应用钢尺校核房屋的放线尺寸，其允许偏差不应超过表6—1的规定，并按照设计图纸的要求弹好墙体轴线、中心线或墙体边线。

表6—1　　　　　　　　　　　　放线尺寸的允许偏差

长度 L（宽度 B）(m)	允许偏差（mm）	长度 L（宽度 B）(m)	允许偏差（mm）
$L(B) \leqslant 30$	±5	$60 < L(B) \leqslant 90$	±15
$30 < L(B) \leqslant 60$	±10	$90 \leqslant L(B)$	±20

（2）砌筑前应根据设计图纸，绘制墙体砌块排列图，计算出各种不同规格砌块的数量，如图6—2所示。

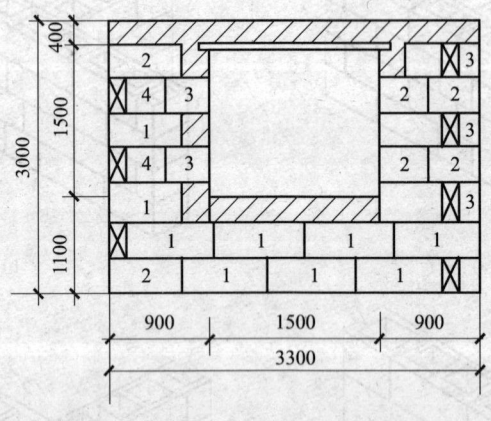

图6—2　小砌块墙体面排列图

（3）砌筑前应根据排列图画出并制作皮数杆，杆上注明砌块的高度、皮数、灰缝厚度及门窗洞口高度，并将皮数杆竖立于墙的转角处和交接处。皮数杆的间距宜小于15 m。

3. 材料准备

（1）混凝土空心砌块的准备和要求：

1）砌块应按排列图的规格、数量、要求，运至每道墙的脚手架上。

2）严禁使用断裂砌块和壁肋中有凹形裂纹的砌块，且不得与黏土砖或其他材质的块体混合砌筑。

3)龄期不足28天及潮湿的混凝土空心砌块,不得进行砌筑。

4)严禁对混凝土空心砌块进行浇水、浸水湿润,当天气干热时,可稍微喷水湿润,并有防水、排水措施。

5)应尽量使用标准规格的混凝土空心砌块,混凝土空心砌块的强度等级应符合设计要求。

6)应清除混凝土空心砌块表面污物和芯柱用混凝土空心砌块孔洞底部的毛边。

芯柱必须保证120 mm×120 mm的孔洞尺寸,多用半封底砌块,砌筑时应将芯柱的飞边打掉,并清除砌块表面的污物和毛边,以保证孔洞贯通。

(2)砌筑砂浆的准备和要求:

1)混凝土空心砌块的砌筑砂浆宜用水泥混合砂浆。

2)配置砂浆的水泥应优先采用32.5级或42.5级的水泥;砂宜选用中砂,应过筛,并应控制含泥量不超过5%,外加剂、掺和料及水均应符合有关规定。

3)砂浆应用机械搅拌。加料应按细集料、掺和料、水泥的顺序,先干拌1 min,再加水湿拌,总的搅拌时间不得少于4 min。

4)砂浆必须搅拌均匀,随拌随用,盛在灰槽内的砂浆如有泌水现象,砌筑前应重新搅拌。砂浆的存放时间不得超过4 h;天气炎热(30℃以上)时,必须在2~3 h内用完,隔夜砂浆未经处理不得使用。

4. 技术交底

在混凝土空心砌块砌体工程施工前,应将混凝土空心砌块建筑的特点、墙体排块图、砌筑砂浆、芯柱混凝土、墙体构造技术要求、施工方法、质量标准、检验方法等进行全面的技术交底,并对施工的工人进行技术培训,使之掌握施工规程和操作方法。

5. 混凝土空心砌块的运输

混凝土空心砌块的重量比较大,故应将混凝土空心砌块从堆放场地直接运输到工人操作地点,一般将混凝土空心砌块堆放在托盘上,用塔吊直接运送到操作地点。

三、砌筑要求及规定

1. 基础砌筑

(1)底层室内地面以下或防潮层以下的混凝土空心砌块砌体的孔洞应用C15的细石混凝土灌实;芯柱或孔洞中的插筋应安放就位,不得遗漏。

(2)基础墙上部的钢筋混凝土地梁施工。基础墙施工到地梁标高处,应找平、验线、支模、绑钢筋、浇筑混凝土。在浇筑混凝土前,应安置好地梁上的预埋插筋,并与上部混凝土空心砌块芯孔中插筋相连接,地梁上表面应做好防潮层。

(3)进行基础及基础墙的隐蔽工程验收。

(4)砌完基础后,应由两侧同时填土,并分层夯实,当其两侧的填土高度不等或只能在一侧填土时(如地下室外墙等),其填土时间、施工方法、施工顺序应保证砌体不致变形或破坏。

2. 墙体砌筑

(1)砌筑墙体时,应遵守下列基本规定:

1)龄期不足28天及潮湿的混凝土空心砌块不得进行砌筑。

2)应在房屋四角或楼梯间转角处设立皮数杆,皮数杆间距不宜超过15 m。

3)应尽量采用标准规格混凝土空心砌块,混凝土空心砌块的强度等级应符合设计要求,并应清除混凝土空心砌块表面污物和芯柱用混凝土空心砌块孔洞底部的毛边。

4)从转角或定位处开始,内外墙同时砌筑,纵横墙交错搭接;外墙转角处严禁留直槎,宜从两个方向同时砌筑;墙体临时间断处应砌成斜槎,斜槎长度不应小于高度的2/3(一般按一步脚手架高度控制);如留斜槎有困难,除外墙转角处及抗震设防地区、墙体临时间断处不应留直槎外,可从墙面伸出200mm砌成阴阳槎,并沿墙高每三皮砌块,设拉结筋或钢筋网片。接槎部位宜延至门窗洞口,如图6—3所示。

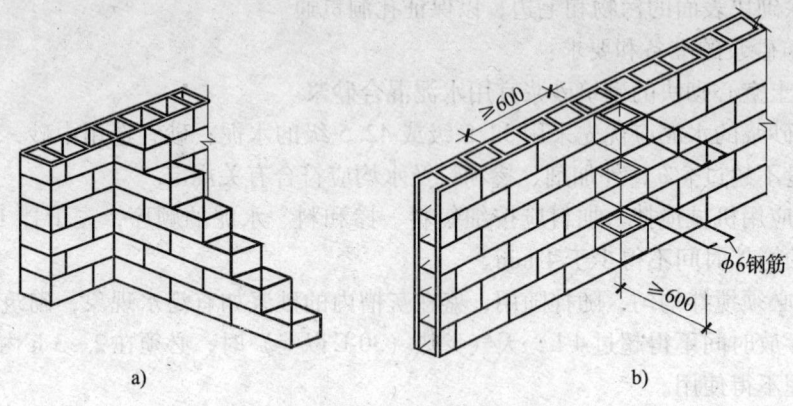

图6—3 混凝土空心砌块墙体接槎
a)斜槎 b)直槎

5)应对孔错缝搭砌。个别情况当无法对孔砌筑时,混凝土空心砌块的搭接长度不应小于90mm,当不能保证此规定时,应在灰缝中设置拉结钢筋或网片,如图6—4所示。

6)承重墙体不得采用混凝土空心砌块与黏土砖等其他块体材料混合砌筑。

7)严禁使用断裂混凝土空心砌块或壁肋中有竖向凹形裂缝的混凝土空心砌块砌筑承重墙体。

(2)砌体的灰缝应符合下列规定:

1)砌体灰缝应横平竖直,全部灰缝均应铺填砂浆;水平灰缝的砂浆饱满度不得低于90%;竖缝的砂浆饱满度不得低于80%;砌筑中不得出现瞎缝、透明缝;砌筑砂浆强度未达到设计要求的70%时,不得拆除过梁底部的模板。

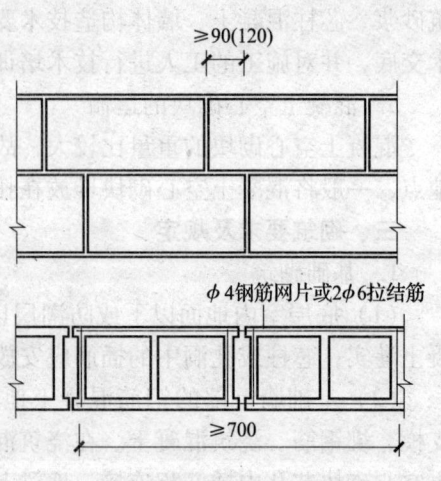

图6—4 混凝土空心砌块墙体灰缝中拉结钢筋或网片设置

2)砌体的水平灰缝厚度和竖直灰缝宽度应控制在8~12mm,砌筑时的铺灰长度不得超过800mm;严禁用水冲浆灌缝。

3)当缺少辅助规格混凝土空心砌块时,墙体通缝不应超过两皮砌块。

4)清水墙面,应随砌随勾缝,并要求光滑、密实、平整。

5)拉结钢筋或网片必须放置于灰缝和芯柱内,不得漏放,其外露部分不得随意弯折。

(3)需要移动已砌好的混凝土空心砌块或被撞动的混凝土空心砌块时,应重新铺浆砌筑。

(4)混凝土空心砌块用于框架填充墙时,应与框架中预埋的拉结筋连接,当填充墙砌至顶面最后一皮，与上部结构的接触宜用实心砌块斜砌楔紧。

（5）对设计规定的洞口、管道、沟槽和预埋件等，应在砌筑时预留或预埋，严禁在砌好的墙体上打凿。在混凝土空心砌块墙体中不得预留水平沟槽。

（6）基础防潮层的顶面，应在污物泥土除净后，方能砌筑上面的砌体。

（7）砌体内不宜设脚手眼，如必须设置时，可用 190 mm × 190 mm × 190 mm 砌块侧砌，利用其孔洞做脚手眼，砌体完工后用 C15 混凝土填实。但在墙体下列部位不得设置脚手眼：

1）过梁上部，与过梁成 60°角的三角形及过梁跨度 1/2 范围内；

2）宽度不大于 800 mm 的窗间墙；

3）梁和梁垫下及其左右各 500 mm 的范围内；

4）门窗洞口两侧 200 mm 内和墙体交接处 400 mm 的范围内；

5）设计规定不允许设脚手眼的部位。

（8）对墙体表面的平整度、灰缝的厚度和饱满度应随时检查，校正偏差。在砌完每一楼层后，应校核墙体的轴线尺寸标高，允许范围内的轴线及标高的偏差，可在楼板面上予以校正。

（9）砌体相邻工作段的高度差不得大于一个楼层或 4 m。

（10）伸缩缝、沉降缝、防震缝中夹杂的落灰与杂物应清除。

（11）雨季施工应有防雨措施；雨后继续施工，应复核墙体的垂直度。

（12）安装预制梁板时，必须坐浆垫平。

（13）施工中需要在砌体中设置的临时施工洞口，其侧边离交接处的墙面不应小于 600 mm，并在顶部设过梁；填砌施工洞口的砌筑砂浆强度等级应提高一级。

（14）砌筑高度应根据气温、风压、墙体部位及混凝土空心砌块材质等不同情况分别控制。常温条件下的日砌筑高度，混凝土空心砌块控制在 1.8 m 内。

四、砌筑操作方法

混凝土空心砌块墙体的砌筑施工操作方法简述如下：

1. 立皮数杆

在房屋四角、楼梯间四角设立皮数杆。

2. 弹线

对基础墙顶面及楼地面的标高、墙身边线、门窗洞口尺寸线，进行测量及弹线，并按砌块排列图放出分块线。

3. 排砌块（撂底）

根据轴线尺寸、砌块尺寸干排砌块。

4. 砌筑墙角或定位砌块

墙角每一皮砌块都要用 1.2 m 专用水平尺检查平整度，采用皮数杆确定每皮砌块顶部位置。

5. 挂线

以墙角砌块为标准，拉小线作为同皮砌块的水平依据。

6. 铺灰

砌筑时铺灰长度不得超过 800 mm，严禁用水冲浆灌缝。当缺少辅助规格的混凝土空心砌块时，墙体通缝不得超过两皮砌块。铺灰方法可有以下三种：

（1）满铺法。将整个砌块水平面的壁肋及端部顶面全部铺浆，如图6—5a所示；提刀灰铺竖缝砂浆，如图6—5b所示；平铺顶面砂浆，即将砌块端面朝上排列平铺砂浆，如图6—5c所示，然后将砌块端面与已砌砌块端面挤紧，该法较提刀灰铺砂浆易于操作。

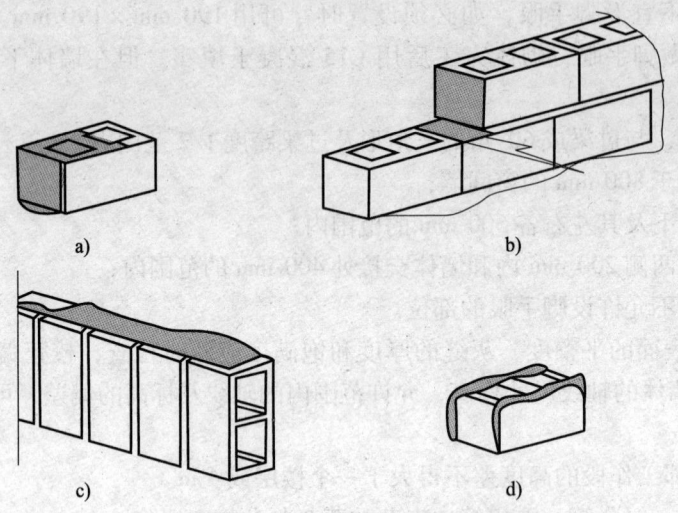

图6—5 小砌块墙铺灰法
a）满铺砂浆 b）提刀灰铺竖缝砂浆 c）平铺顶面砂浆 d）提刀灰铺顶面砂浆

（2）壁铺法。在砌块壁上铺水平浆和沿端面两侧壁上抹砂浆，该法不易达到水平灰缝饱满度要求，如图6—5d所示。

（3）满铺—壁铺法。水平灰缝采用满铺法，竖缝用壁铺法，铺灰效果较好。当砌块端面有凹槽时，凹槽处再灌入灰浆，将灰浆捣实，可使竖缝灰浆饱满度达到要求。

7. 混凝土空心砌块的砌筑方法

（1）混凝土空心砌块砌筑时，应对孔错缝搭砌。

（2）混凝土空心砌块要反砌，即使壁肋厚度大的面朝上，小面朝下，便于铺灰，且能增大上、下两皮砌块的接触面积。

（3）墙体临时间断处，应留置斜槎。

（4）随砌随检查墙体的砌筑质量，保证灰缝横平竖直，墙面平齐竖直，对墙体表面的平整度和垂直度，灰缝的厚度和饱满度应随时检查，校正偏差。每砌完一楼层后，应校核墙体的轴线尺寸和标高，允许范围内的偏差可在楼板面上予以校正。

练习思考题

一、是非题（对的画"√"，错的画"×"，答案写在每题括号内）

1. 混凝土空心砌块的主规格为390 mm×190 mm×190 mm的双孔砌块，其立面的组砌形式只有全顺砌法一种，上下皮砌块竖缝相互错开1/2砌块长，上下皮的砌块孔洞沿全高对齐。　　　　　　　　　　　　　　　　　　　　　　　　　　　　　　（　　）

2. 混凝土空心砌块辅助规格有290 mm×190 mm×190 mm的一孔半砌块或590 mm×

190 mm×190 mm 的三孔砌块，用于砌块墙 T 字形接头处或十字形接头处。（　　）

3. 严禁使用断裂砌块和壁肋中有凹形裂纹的混凝土空心砌块，且不得与黏土砖或其他材质的块体混合砌筑。（　　）

4. 砌完基础后，应由两侧同时填土，并分层夯实，保证砌体不致破坏或变形。（　　）

5. 混凝土空心砌块墙体临时间断处应砌成斜槎，斜槎长度不应小于高度的 1/3。（　　）

6. 混凝土空心砌块用于框架填充墙时，应与框架中预埋的拉结筋连接，当填充墙砌至顶面最后一皮，与上部结构的接触宜用实心砌块斜砌楔紧。（　　）

7. 在混凝土空心砌块墙体中可以预留水平沟槽。（　　）

8. 伸缩缝、沉降缝、防震缝中夹杂的落灰与杂物应清除。（　　）

9. 混凝土空心砌块施工中需要在砌体中设置临时施工洞口时，其侧边离交接处的墙面不应小于 600 mm，并在顶部设过梁。（　　）

10. 混凝土空心砌块在常温条件下的日砌筑高度应控制在 2.4 m 内。（　　）

二、简答题

1. 用混凝土空心砌块砌筑的墙体，在哪些部位不能设置脚手眼？
2. 混凝土空心砌块的砌筑方法有哪些规定？

三、思考题

1. 混凝土空心砌块墙体有哪些构造要求？
2. 简述砌筑混凝土空心砌块墙体的操作方法。

四、实训练习

1. 题目：按图 6—3b 所示，用石灰砂浆砌筑空心砌块墙体。
2. 时间：2 h。
3. 要求：
（1）一人独立完成
（2）标准砖、灰缝 10 mm。
4. 考核标准：见表 6—2。

表 6—2　　　　　　小型空心砌块砌筑练习考核评分表

项目	配分	评分标准	得分
水平缝砂浆饱满度	12	一组三块平均达 80% 以上得满分，达不到 80% 不得分	
外形尺寸	8	第一皮砖外形尺寸与图比较，测 4 个点，允许偏差 ±5 mm	
墙面、阳角垂直度	20	测 8 个点，允许偏差 5 mm	
墙面平整度	10	测 4 个点，允许偏差 5 mm（清水墙）	
墙面游丁走缝	10	测 4 个点，允许偏差 20 mm	
水平灰缝厚度（10 皮砖累计数）	10	测 4 个点，允许偏差 ±8 mm	
表面清洁度	10	墙面清洁、干净	
工效	10	按时完成不扣分；按时完成 4/5 以上扣 4 分；未达 4/5 不得分	
工完场清	5	场地清洁	
安全	5	无安全事故	
总计	100		

第七单元 窨井、渗井及化粪池砌筑

知识技能要求
1. 掌握窨井的构造及砌筑要求。
2. 了解渗井砌筑要求。
3. 掌握化粪池的构造及砌筑要求。

模块一 窨井砌筑

一、窨井的用途与构造

按用途分,有上水管道与下水管道的两种窨井。上水管道的窨井多为阀门井和水表井,为便于观察与开关,一般埋置不深,约在1 m左右,下水管道的窨井有生产废水与生活污水之分,一般埋置深度为1.5~2.0 m,有的达到3~4 m。

窨井的形状有方形与圆形两种。一般多用圆窨井,在管径大、支管多时则用方窨井。圆形窨井的构造,如图7—1所示。

二、窨井砌筑要点

1. 材料准备
(1) 烧结普通砖的强度等级应大于等于MU7.5。
(2) 水泥可采用32.5级或42.5级普通或矿渣硅酸盐水泥。
(3) 砂子可采用中砂,含泥量不超过5%,用5 mm孔筛过筛。
(4) 石子可采用5~40 mm粒径的碎石或卵石,含泥量不大于2%。
(5) 其他材料,如井内的爬梯铁脚,铸铁井座、井盖等,均应准备好。

2. 技术准备
(1) 井坑的中心线已定好,直径尺寸和井底标高已复测合格。
(2) 井的底板已浇灌好混凝土,管道已接到井位处。
(3) 除一般常用的砌筑工具外,还要准备2 m钢卷尺和铁水平尺等。

3. 井壁砌筑
(1) 砂浆应采用水泥砂浆,强度等级按图样确定,稠度控制在8~10 cm,冬期施工时砂浆使用时间不超过2 h。每个台班或每座井应留一组砂浆试块。
(2) 井壁一般为一砖厚(或由设计确定),方井砌筑采用一顺一丁组砌法;圆井采用全丁组砌法。井壁应同时砌筑,一般不准留槎。灰缝必须饱满,不得有空头缝。
(3) 井壁一般都要收分。砌筑时应先计算上口与底板直径之差,求出收分尺寸,确定在何层收分;然后逐皮砌筑收分到顶,并留出井座及井盖的高度。收分时一定要水平,要用水平尺经常校对,同时用卷尺检查各方向的尺寸,以免砌成椭圆井和斜井。

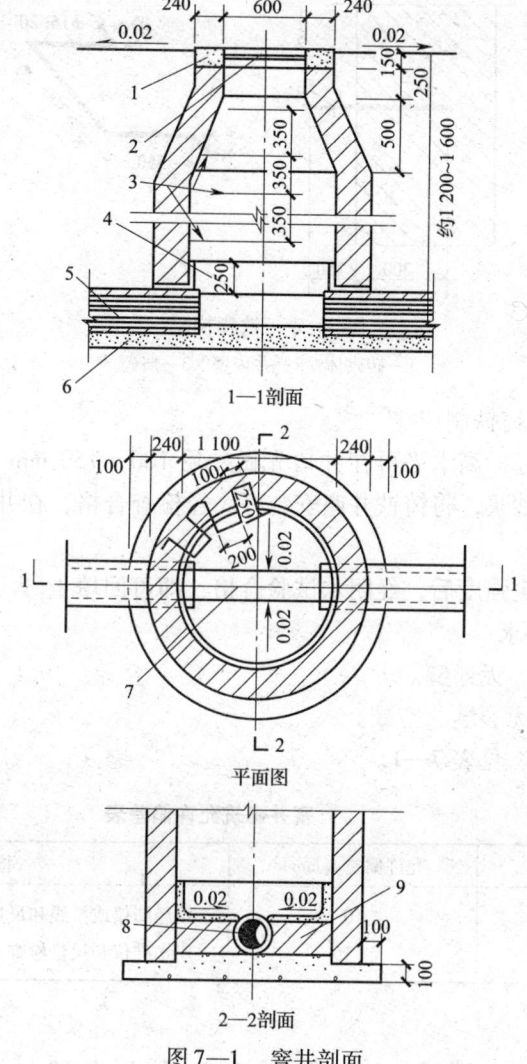

图 7—1 窨井剖面
1—C10 素混凝土井圈 2—铸铁井盖 3—铁爬梯 4—防水砂浆 5—下水管纵剖图
6—C10 混凝土井垫层 7—半圆形凹槽贯灌两管 8—下水管横断面 9—砖砌体

（4）管子应先排放到井的内壁里面，不得先留洞后塞管子。要特别注意管子的下半部，一定要砌筑密实，防止渗漏。

（5）从井壁底往上每5皮砖应放置一个铁爬梯脚蹬，梯蹬一定要安装牢固，并事先涂好防锈漆，如图7—2所示。

4. 井壁抹灰

在砌筑质量检查合格后，即可进行井壁内外抹灰，以达到防渗要求。

（1）砂浆采用1:2水泥砂浆（或按设计要求的配合比配制），必要时可掺入水泥质量3%~5%的防水粉。

（2）壁内抹灰采用底、中、面三层抹灰法。底层灰厚度为5~10 mm，中层灰为5 mm，面层灰为5 mm，总厚度为15~20 mm。每层灰都应用木抹子搓实，面层灰应用铁抹子压光，外壁抹灰一般采用防水砂浆五层操作法。

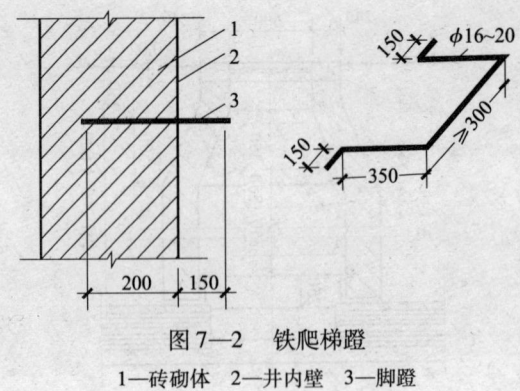

图 7—2　铁爬梯蹬
1—砖砌体　2—井内壁　3—脚蹬

5. 井座与井盖采用铸铁制成

在井座安装前,测好标高水平再在井口先做一层 100~150 mm 厚的混凝土封口,封口凝固后再在其上铺水泥砂浆,将铸铁井座安装好。经检查合格,在井座四周抹上 1∶2 水泥砂浆泛水,盖好井盖。

在水泥砂浆达到一定强度后,经闭水试验合格,即可回填土。

6. 砌体砌筑质量要求

(1) 砌体上下错缝,无通缝。
(2) 窨井表面抹灰无裂缝、空鼓。
(3) 砌筑允许偏差,见表 7—1。

表 7—1　　　　　　　　　　窨井砌筑允许偏差表

项次	项目	允许偏差（mm）	检验方法
1	轴线位置偏移	10	用经纬仪或拉线和尺量检查
2	顶面标高	±15	用水准仪和尺量检查

模块二　渗井及化粪池砌筑

一、渗井砌筑

渗井是在污水处理不能接通下水道时,自行采取排除废水的设施。渗井应选择离房屋较远,地势低洼及土壤易于渗水的地方。

渗井的大小,根据排水量的多少决定渗井的直径与深度。一般井坑挖 1 m 多深,就在坑底根据中心线安放木制或混凝土制的井盘,然后在盘上砌井,用随砌随沉的办法砌筑。其砌筑过程如下:

(1) 先在井坑上立好十字中心杆,用线坠将中心引到坑底,检查井盘位置无误（盘中心与坑中心重合）后,即可砌筑。

(2) 按定好的井盘,用顶砌法排砖干砌。上下皮砖缝要错开搭接,井外周宽的砖缝要用碎砖填塞严密。砌完几皮用轮圆杆、十字杆及铁水平尺绕中心检查井的直径及水平。干砌遇到砖摆不平时可用干砂适当垫平,使井身保持平整垂直。

（3）每砌高 1 m 左右落盘一次。落盘时将井底及井盘底下的土挖出外运，井身靠自重自然下沉。在井盘下挖土要注意四周均匀，使井身能保持对称下沉。落一次盘，要对中心和水平进行一次检查，如此数次落到设计标高为止。落盘完毕，在井底铺上卵石。

（4）根据收分坡度定出每皮砖或几皮砖收分多少，随砌随收分。砖干砌到离下水管入口下 5 皮砖时，开始要用砂浆砌筑，一直砌到井上口地坪为止。砌完后四周回填土夯实。砌筑渗井，如图 7—3 和图 7—4 所示。

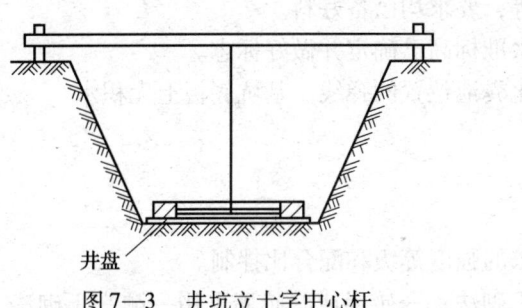

图 7—3　井坑立十字中心杆

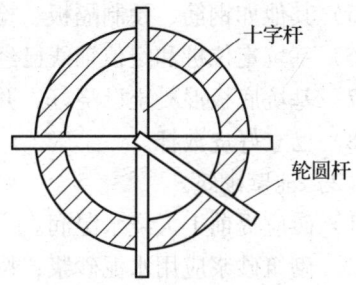

图 7—4　轮圆杆与十字杆

二、化粪池砌筑

1. 化粪池的构造

化粪池由钢筋混凝土底板、隔板、顶板和砖砌墙壁组成。化粪池的埋置深度一般均大于 3 m，且要在冻土层以下。它由设计部门编制成标准图集，根据其容量大小编号，建造时在设计图上按需要的大小对号选用，图 7—5 为化粪池的构造图。

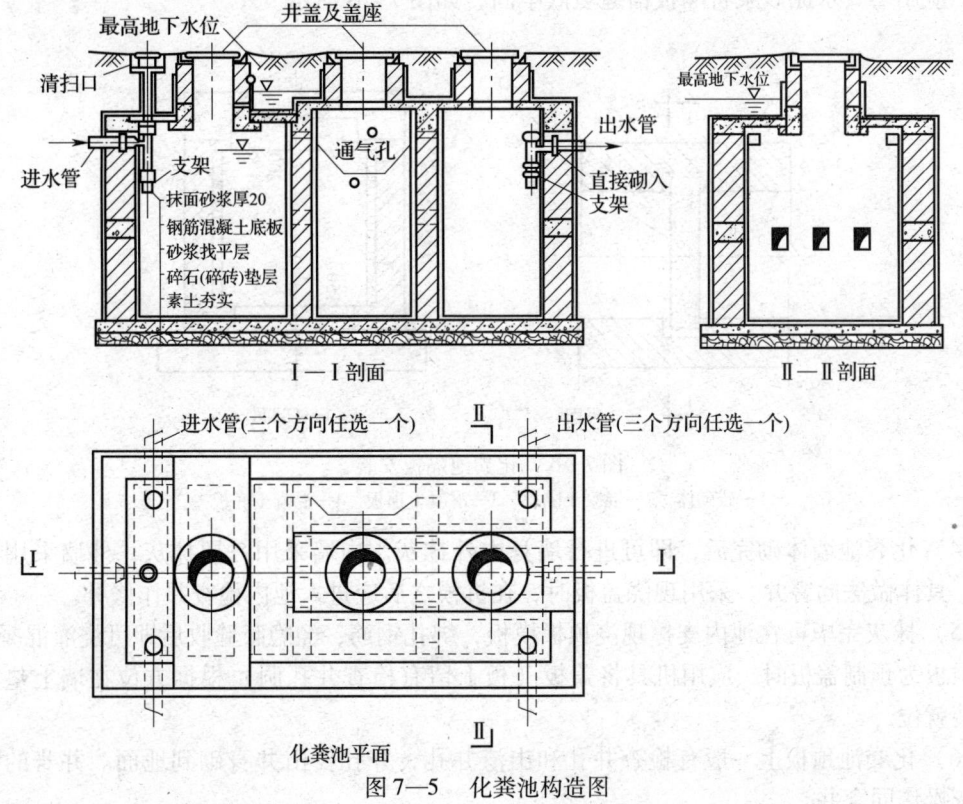

图 7—5　化粪池构造图

2. 化粪池砌筑要点

（1）准备工作。

1）烧结普通砖的强度等级必须符合设计要求，规格一致。

2）水泥采用32.5级或42.5级普通或矿渣硅酸盐水泥。

3）采用中砂，要求用5mm筛子过筛除去杂质，含泥量不大于3%。

4）采用粒径5~40mm的碎石或卵石，含泥量不超过1%。

5）其他如钢筋、预制隔板、检查井盖等，要求均已备好料。

6）基坑定位桩和定位轴线已经测定，水准标高已确定并做好标志。

7）基坑底板混凝土已浇好，并进行了化粪池位置的弹线。基坑底板上无积水。

8）已立好皮数杆。

（2）池壁砌筑。

1）砖应提前1天浇水湿润。

2）砌筑砂浆应用水泥砂浆，按设计要求的强度等级和配合比拌制。

3）一砖厚的墙可以用梅花丁或一顺一丁砌法；一砖半或二砖墙采用一顺一丁砌法。内外墙应同时砌筑，不得留槎。

4）砌筑时应先在四角盘角，随砌随检查垂直度，中间墙体拉准线控制平整度。砖砌隔墙应跟外墙同时砌筑。

5）砌筑时要注意皮数杆上预留洞的位置，确保孔洞位置的正确和化粪池使用功能。

（3）凡设计中要安装预制隔板的，砌筑时应在墙上留出安放隔板的槽口，隔板插入槽内后，应用1:3水泥砂浆将隔板槽缝填嵌牢固，如图7—6所示。

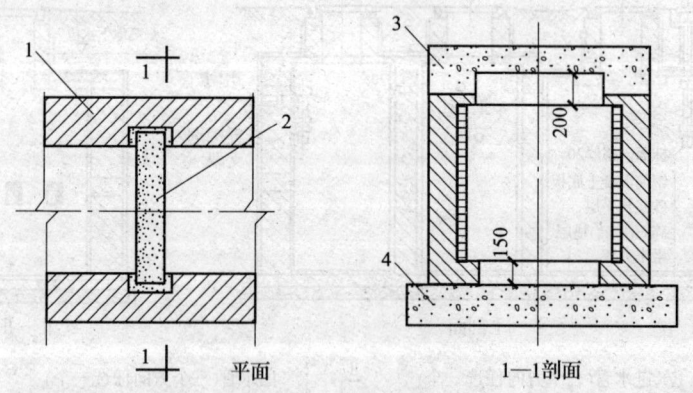

图7—6 化粪池隔板安装

1—砖砌体 2—混凝土隔板 3—混凝土顶板 4—混凝土底板

（4）化粪池墙体砌完后，即可进行墙身内外抹灰。内墙采用三层抹灰，外墙采用五层抹灰，具体做法同窨井。采用现浇盖板时，在拆模之后应进入池内检查并作修补。

（5）抹灰完毕可在池内支撑现浇顶板模板，绑扎钢筋，经隐蔽验收后即可浇灌混凝土。

顶板为预制盖板时，应用机具将盖板（板上留有检查井孔洞）根据方位在墙上垫上砂浆吊装就位。

（6）化粪池顶板上一般有检查井孔和出渣井孔，井孔要由井身砌到地面。井身的砌筑和抹灰操作同窨井。

（7）化粪池本身除了污水进出的管口外，其他部位均为封闭墙体，为此在回填土之前，应进行抗渗试验。试验方法是将化粪池进出口管临时堵住，在池内注满水，并观察有无渗漏水。经检验合格符合标准后，即可回填土。回填土时顶板及砂浆强度均应达到设计强度，以防墙体被推、移动及顶板压裂，填土时要求每层夯实，每层可虚铺 30~40 cm。

（8）化粪池砌筑质量要求如下：

1）砖砌体上下错缝，无垂直通缝。

2）预留孔洞的位置符合设计要求。

3）化粪池砌筑的允许偏差，见表 7—2。

表 7—2　　　　　　　　　　　化粪池砌筑允许偏差

项次	项目	允许偏差（mm）	检验方法
1	轴线位置偏移	10	用经纬仪或拉线和尺量检查
2	砌体顶面标高	±15	用水准仪和尺量检查
3	垂直度	5	用 2 m 托线板检查
4	平整度	8	用 2 m 靠尺和楔形塞尺检查
5	水平灰缝厚度（10 皮砖累计数）	±8	与皮数杆比较尺量检查

练习思考题

一、是非题（对的画"√"，错的画"×"，答案写在每题括号内）

1. 井壁一般为一砖厚，方井砌筑采用一顺一丁组砌法；圆井采用全丁组砌法。井壁应同时砌筑，一般不准留槎。灰缝必须饱满，不得有空头缝。　　　　　　　　　　（　　）

2. 窨井砌筑时其管子应先排放到井的内壁里面，不得先留洞后塞管子。要特别注意管子的下半部，一定要砌筑密实，防止渗漏。　　　　　　　　　　　　　　　　　（　　）

3. 化粪池砌筑一砖厚的墙可以用梅花丁或一顺一丁砌法；一砖半或两砖墙采用一顺一丁砌法。内外墙应同时砌筑，不得留槎。　　　　　　　　　　　　　　　　　（　　）

4. 化粪池墙身抹灰，内墙采用五层抹灰，外墙采用三层抹灰。　　　　　（　　）

5. 化粪池砌筑完毕后，在回填土之前，不需要进行抗渗试验。　　　　　（　　）

二、单项选择题（答案写在每题括号内）

1. 采用烧结普通砖砌筑窨井其强度等级应大于等于（　　）。水泥可采用（　　）普通硅酸盐水泥或（　　）级矿渣硅酸盐水泥。

　　A. 32.5 级　　　　B. MU7.5　　　　C. 42.5 级　　　　D. 52.5 级

2. 井壁抹灰采用（　　）水泥砂浆，必要时可掺入水泥质量（　　）的防水粉。

　　A. 1:3　　　　　B. 1:2　　　　　C. 3%~5%　　　　D. 1%~5%

3. 壁内抹灰采用底、中、面三层抹灰法。底层灰厚度为（　　），中层灰为（　　），面层灰为（　　），总厚度为 15~20 mm。每层灰都应用木抹子搓实，面层灰应用铁抹子压光。

　　A. 5 mm　　　　B. 5~10 mm　　　C. 10 mm　　　　D. 15 mm

三、思考题

1. 叙述窨井的砌筑工艺及操作要点。
2. 简述化粪池的构造及砌筑要点。

四、实训练习

1. 训练项目：化粪池砌筑练习。
2. 训练目的：掌握化粪池的砌筑方法。
3. 训练要求：进行摆砖撂底、铺灰、砌砖、刮灰练习。
4. 训练时间：8 h。
5. 训练内容：按设计图纸要求，用石灰砂浆砌筑 30 m^3 的化粪池，240 mm 厚混水墙，每 6 人为一组，其中 4 人砌筑，2 人供料。
6. 操作评分，见表 7—3。

表 7—3　　　　　　　　　　化粪池砌筑评分表

项目	配分	评分标准	得分
水平灰缝砂浆饱满度	12	一组三块平均达 80% 以上得满分，达不到 80% 不得分	
外形尺寸、位置	8	第一皮砖外形尺寸与图比较，测 4 点，允许偏差 ±5 mm	
墙面垂直度	20	测 8 个点，允许偏差 5 mm	
墙面平整度	10	测 4 个点，允许偏差 5 mm	
墙面游丁走缝	10	测 4 个点，允许偏差 20 mm	
水平灰缝厚度 （10 皮砖累计数）	10	测 4 个点，允许偏差 ±8 mm	
墙面清洁度	10	墙面清洁、干净	
工效	10	按时完成不扣分，按时完成 4/5 以上扣 4 分，未达到 4/5 不得分	
完全	5	无安全事故	
综合印象	5	观感较好，砌筑手法正确	
总计	100		

第八单元　毛石墙砌筑

知识技能要求
1. 了解毛石墙的组砌形式及方法。
2. 掌握毛石墙砌筑操作及安全要求。

模块一　毛石墙的组砌形式及方法

一、毛石墙的组砌形式

1. 石料在毛石砌体中的名称

（1）石面。面向操作者的面称正面，背向操作者的面称背面，朝上的面称顶面，朝下的面称底面，其余称左右侧面，如图8—1所示。

（2）灰缝。上下向的灰缝称竖缝，水平向的灰缝称横缝，如图8—2所示。

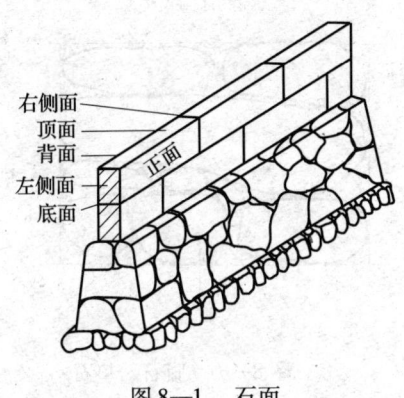
图8—1　石面

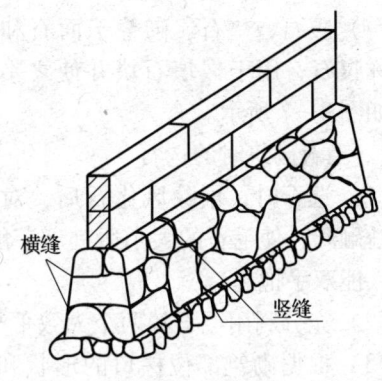
图8—2　灰缝

（3）石层。砖砌体有"皮"的区别，石材砌体称为层。料石砌体层次分明，毛石砌体就很难分层，但要求隔一定高度砌成一个接近水平的层，如图8—3所示。

（4）顺石、丁石和面石。石料长边平行且外露于墙面的称顺石，长边与墙面垂直且横砌露出侧面或端面的称丁石，露出石面的外层砌石称面石，如图8—4所示。

（5）角石（又称护角石）。至少有两个近于垂直平正面，砌于砌体的角隅处，如图8—5所示。

（6）拉结石。其长度贯穿整个墙厚的2/3以上且具有一定厚度的横砌丁石，如图8—6所示。

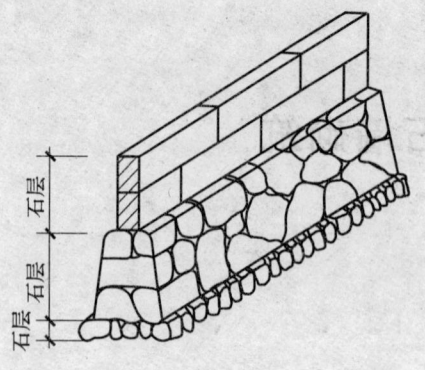

图8—3 石层

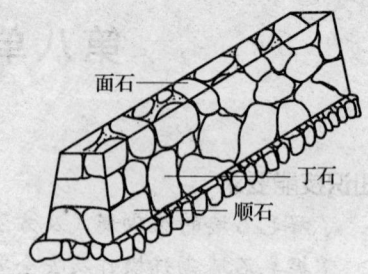

图8—4 顺石、丁石、面石

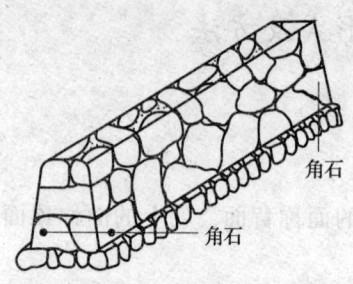

图8—5 角石

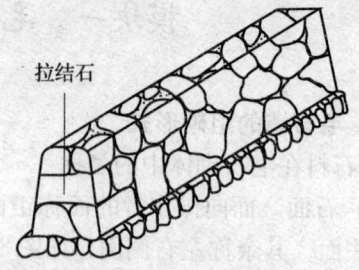

图8—6 拉结石

（7）腹石、垫石。砌叠于面石和角石范围内的石块称腹石，用于嵌填石块并使之平整的片石称垫石，如图8—7所示。

2. 毛石砌筑时的选石

（1）选石时，剔除风化石后，对过大的石块要用大锤砸开，使毛石的大小适宜（一般每块为30 kg，一个人能双手抱起）。

（2）充分利用毛石的两个大致平整的面。

（3）根据砌筑部位槎口的形状和大小、墙面的缝式等要求，以目测的方法来选定合适的石块。

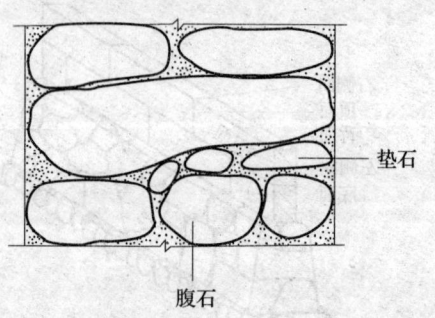

图8—7 腹石、垫石

3. 毛石墙的组砌形式

（1）丁顺分层组砌法。丁顺分层组砌法（采用条石和块石砌筑）指一层丁石与一层顺石互成90°重叠组砌而成。要求上一层石块应压过下一层石块长度或宽度的一半。同一层的接砌缝和上下层竖缝应相互错开，不能对缝，如图8—8a所示。这种组砌方法主要适用于荷载较大的条形基础、独立基础和大型的条石、块石砌体。

（2）丁顺混合组砌法。丁顺混合组砌法（采用条石、块石、乱毛石混合砌筑）指每一层都以丁石或顺石连续组砌，其他空余部分以块石或乱毛石组砌而成。要求上一层的丁石应砌在下一层顺石长度的1/2或1/3处且上下层砌缝错开，如图8—8b所示。这种组砌方法主要适用于条形基础及厚度较大的墙体。

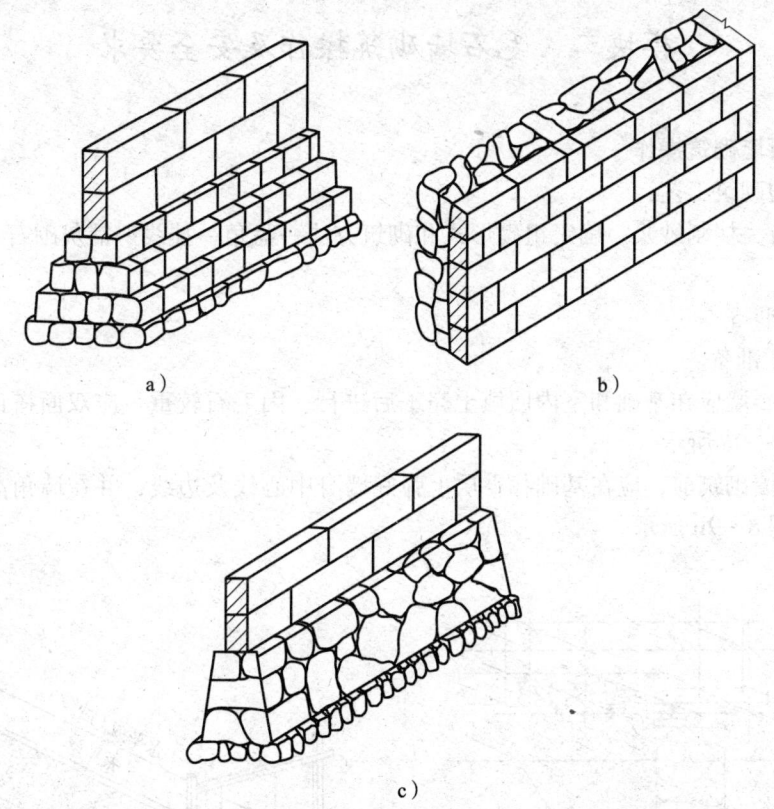

图8—8 毛石墙的组砌形式
a) 丁顺分层组砌法 b) 丁顺混合组砌法 c) 交错混合组砌法

（3）交错混合组砌法。交错混合组砌法（采用乱毛石、河卵石或部分块石、条石混合砌筑）指用不规则石块混合交错、叠靠搭接组砌。要求每一块石块都要与上下、左右有叠靠，与前后有搭接，砌缝错开并每隔一定距离要砌一块拉结石，如图8—8c所示。这种组砌方法主要适用于厚度较大的基础墙体和挡土墙护坡等。

二、毛石墙的砌筑方法

1. 浆砌法

（1）卧砌法。卧砌法指先铺筑砂浆，再将毛石分皮卧砌，并上下错缝，内外搭砌。灰缝厚度宜为20～30 mm。第一层应用丁砌层，以后每砌两层后，应再砌一层丁砌层。此法适用于一般毛石墙砌筑。

（2）挤浆法。挤浆法指先铺30～50 mm厚的砂浆，然后放置石块，使部分砂浆挤出，砌平后再铺浆并把砂浆灌入石缝中，再砌上面一层石块，此法适用于砌筑质量要求高且荷载大的墙体。

2. 干砌法

干砌法指将较大的石块进行排放，边排放边用薄小石块或石片嵌垫，逐层向上砌筑。砌好以后可用水泥砂浆勾嵌石缝。此法适用于受力较小的墙体。

模块二 毛石墙砌筑操作及安全要求

一、毛石墙砌筑操作

毛石墙的砌筑工艺：

砌筑准备→拌制砂浆→确定组砌形式和砌筑方法→盘角→挂线→铺灰砌石→勾缝→收尾工作。

1. 砌筑准备

（1）施工准备。

1）砌毛石墙应在基础和室内回填土完工后进行。因毛石较重，应双面搭设脚手架进行砌筑，如图 8—9a 所示。

2）毛石墙砌筑前，应在基础找平层上弹好墙身中心线及边线，并在墙角高杆上挂好水平准线，如图 8—9b 所示。

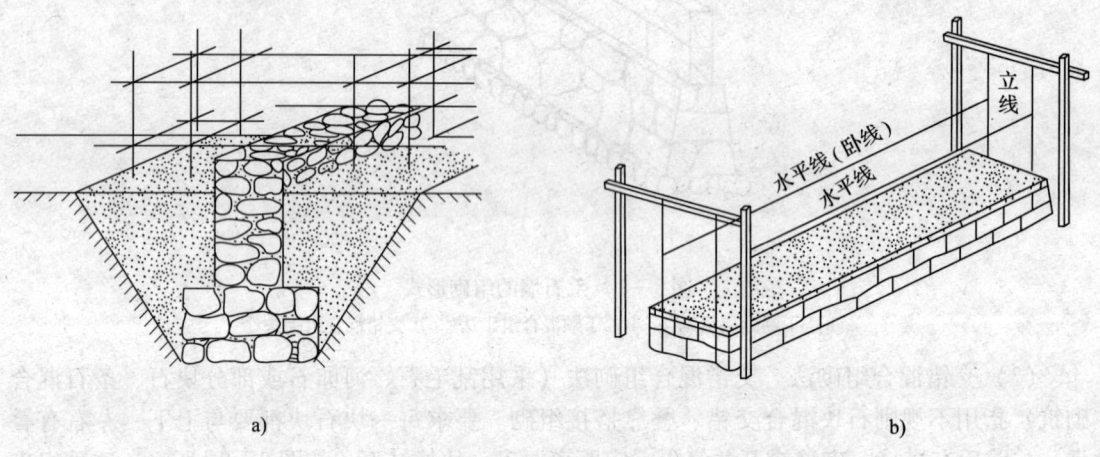

图 8—9 施工准备
a）搭设双面脚手架 b）墙身弹线及拉准线

（2）材料准备。

1）毛石：采用坚实未风化的毛石。毛石应有两个大致平行的面，其厚度和宽度不应小于 200 mm，长度不宜大于厚度的 4 倍。强度等级应在 MU10 以上。

2）砂浆：一般采用水泥砂浆，稠度为 5～7 cm，拌制砂浆的砂可不过筛，强度等级应不低于 M2.5。

（3）操作准备。

1）认真阅读图样，明确门窗洞口、预留预埋件的位置和埋设方法，了解施工流水段，了解材料运输顺序和道路，避免二次搬运。

2）绘制好线杆（相当于砖墙的皮数杆，只是不绘出皮数），并在其上表示出窗台、门窗洞口、楼板、过梁、圈梁、檐口等标高位置。

（4）工具准备。除准备砌筑工常用工具外，还应配备手锤、大锤、撬棍、抿子等。

2. 盘角

根据弹线挑选较方正、平整的石块铺砌墙角。砌筑时，石块大面朝下，光面朝外，两侧面平整，缝隙用砂浆铺灌密实。毛石墙的纵横墙要同时砌筑，对临时间断处应留斜槎，斜槎高度应不超过1.2 m，斜槎长度为1.0~1.5 m。盘角时要"常吊、勤靠"，并对照线杆进行盘砌。盘角不宜过高，一般是盘砌两层砌一层。

3. 挂线

以盘好的角为依据，在墙的外侧和内侧同时挂线砌筑。砌筑时以外墙线为主，内墙线为辅。挂线应用尼龙线拴砖或石坠重、拉紧。墙身过长时应在墙身中间扛一根"腰线棍"使其无下垂。在墙角带线处用"别线棍"挡住尼龙线，不让它陷入砂浆中去，别线棍应别在距墙角20~30 mm处。

4. 毛石墙身砌筑

(1) 搭。双面挂线、内外搭设脚手架同时操作。上面砌一块长石，下面就要砌一块短石，使石墙里外、上下都能错缝搭接，如图8—10所示。

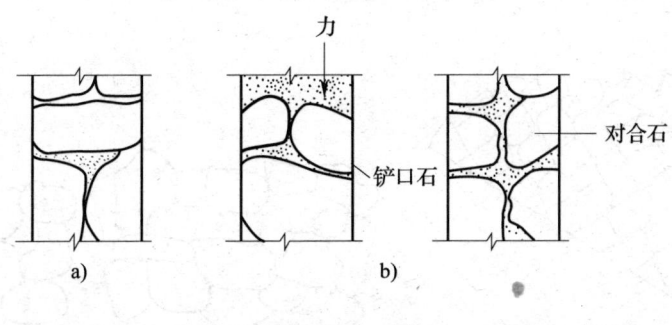

图8—10 搭
a) 正确 b) 不正确

(2) 压。砌好的石块要稳，要承受得住上面的压力；上面的石块要摆稳，并且要以自身的质量来增加下层石块的稳定性。砌好的石块要求"下口清、上口平"。下口清是指石块要有整齐的棱边，砌入墙身前先要进行适当加工，打去多余的棱角，砌完后做到外口灰缝匀，里口灰缝严；上口平是指留槎口里外要平，为上层砌石创造很好的层面。

(3) 拉。毛石墙必须设置拉结石，拉结石应均匀分布，相互错开。一般每0.7 m² 墙面至少应设一块，且同层内的中心距离不应大于2 m（一般为1 m左右），如图8—11a所示。墙厚小于或等于400 mm时，拉结石的长度应等于墙厚；墙厚大于400 mm时，可用两块拉结石内外搭接（称为丁砌石），拉结石搭接长度不应小于150 mm，其中一块长度不应小于墙厚的2/3，如图8—11b所示。

(4) 槎。每砌一层毛石，都要给上一层毛石留出槎口，槎的对接要平，使上下层石块咬槎严密，防止出现硬蹬槎或槎口过小的现象，如图8—12所示。当砌到窗口、窗上口、圈梁、过梁和楼板底等处时，应跟线找平。找平槎口留出高度应结合毛石尺寸决定，但不得小于100 mm，然后用小块石找平。

(5) 垫。毛石砌体要做到砂浆饱满，灰缝均匀。在灰缝过厚处要用石片垫塞，石片要垫在里口不要垫在外口，且上下都要填抹砂浆，如图8—13所示。

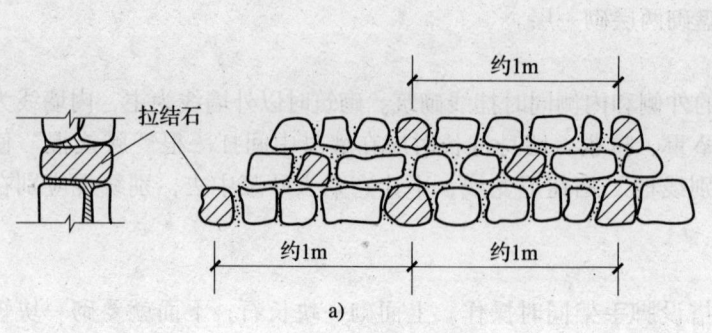
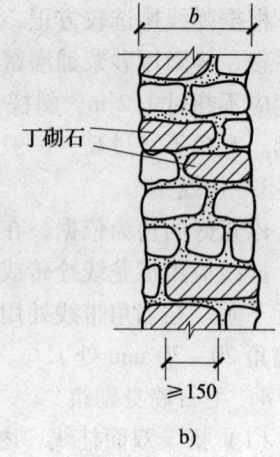

图8—11 拉
a) 拉结石放置位置 b) 丁砌石

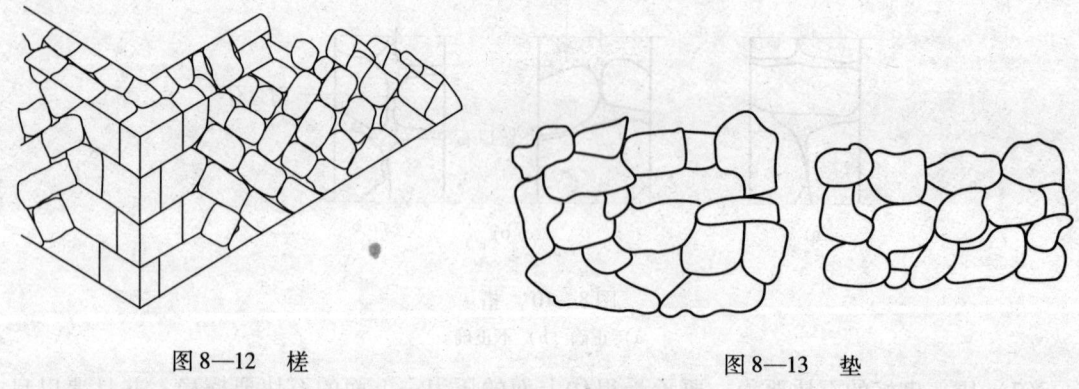

图8—12 槎　　　　　　　　图8—13 垫

5. 毛石墙勾缝

（1）毛石墙勾缝形式。勾缝形式一般由设计决定，主要有平缝、凹缝、凸缝三种形式，如图8—14所示，多采用平缝或凸缝。

（2）毛石墙勾缝砂浆。勾缝一般使用1:1水泥细砂砂浆，稠度4～5 cm，砂子粒径为0.3～1.0 mm，可采用1.18 mm孔径的筛子过筛。因砂浆用量不多，一般采用人工拌制砂浆。

（3）勾缝操作要点。

1）清理墙面、抠缝。毛石墙砌筑结束时，要把当天砌筑的毛石墙都勾好砂浆缝。勾缝前用竹扫帚将墙面清扫干净，洒水润湿。砂浆不足处要补嵌砂缝，多余的砂浆要抠掉。如果砌墙时没有抠好缝，就要在勾缝前抠好缝，抠缝深度要求：平缝抠深5～10 mm；平凹缝、半圆形凹缝抠深20 mm；三角形凸缝和半圆形凸缝抠深5～10 mm；平凸缝稍凹进墙面一点。

2）勾缝应自上而下进行，先勾水平缝后勾竖缝。要求嵌填密实、黏结牢固，不得有搭槎、毛疵、舌头灰等。

①勾平缝。用勾缝工具（溜子或捆子）把砂浆嵌入灰缝中，要嵌塞密实，缝面与石面相平，并把缝面压光。

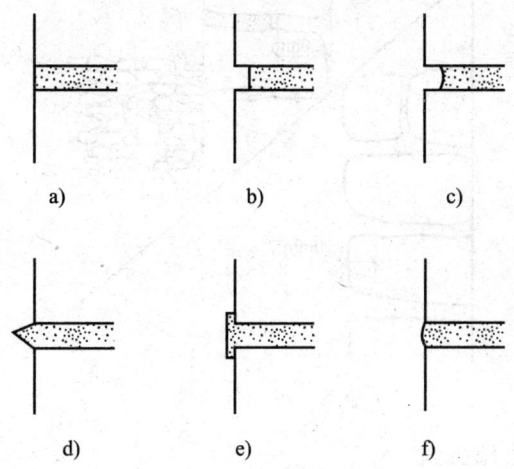

图8—14 毛石墙勾缝形式
a) 平缝 b) 平凹缝 c) 半圆形凹缝
d) 三角形凸缝 e) 平凸缝 f) 半圆形凸缝

②勾凸缝。先用小抿子把勾缝砂浆填入灰缝中,将灰缝补平;待初凝后抹上第二层砂浆,第二层砂浆可顺着灰缝抹5～10 mm厚,并盖住石棱5～8 mm;待收水后,将多余部分切掉,但缝宽仍盖住下棱3～4 mm,并要将表面压光压平,切口溜光,如图8—15所示。

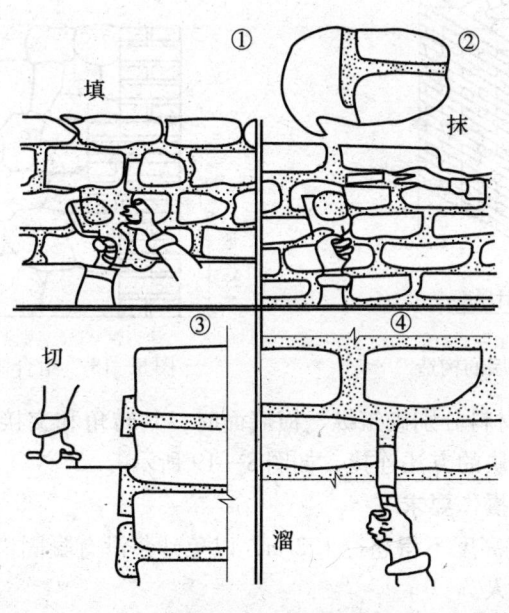

图8—15 勾凸缝

③勾凹缝。灰缝应抠进20 mm深,用特制的溜子把砂浆嵌入灰缝中,要求比石面深10 mm左右,将灰缝面压平溜光,如图8—16所示。

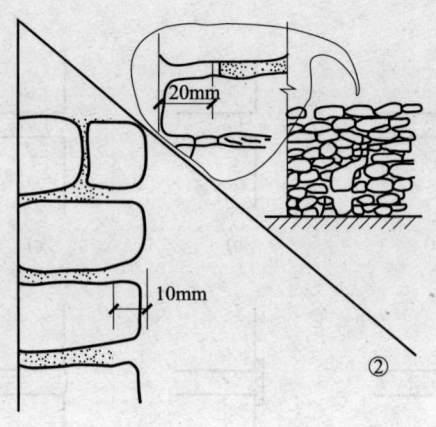

图8—16 勾凹缝

6. 毛石和实心砖组合墙砌筑

(1) 组合墙构造。由砖和毛石两种材料砌成的组合墙的形式有外侧面用毛石砌、内侧面用砖砌和外侧面用砖砌、内侧面用毛石砌两种,如图8—17所示。

(2) 组合墙砌法。毛石部分用毛石墙砌筑,砖砌体部分用砖墙砌筑,唯一要注意的是砖与毛石交接处的砌法。

1) 在组合墙中,毛石砌体和砖砌体应同时砌筑,并每隔4～6皮砖伸出4～6皮砖与毛石砌体连接,两种砌体之间用砂浆填塞,如图8—18所示。

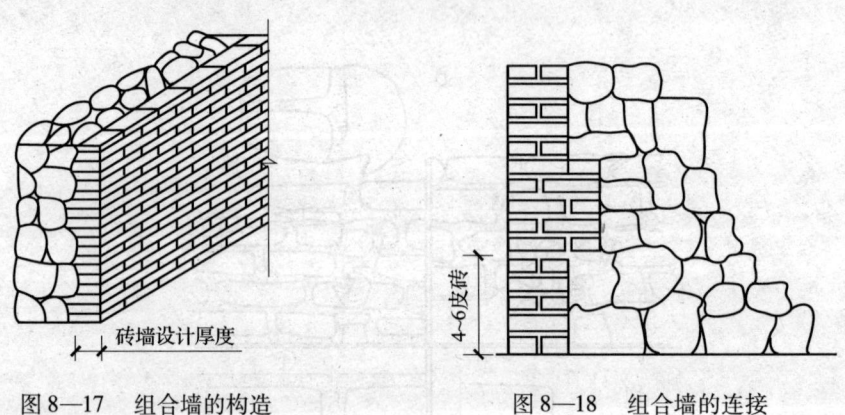

图8—17 组合墙的构造　　图8—18 组合墙的连接

2) 当砖与毛石两种材料分别砌筑纵、横墙面时,其转角和交接处应同时砌筑,砖墙与毛石墙之间也采用伸出砖块的方法连接,如图8—19所示。

二、毛石墙砌筑安全操作要求

(1) 毛石墙每天砌筑高度不得超过1.2m,以免砂浆没有凝固,造成毛石墙因自重下沉而发生墙身鼓肚或倒塌伤人。

(2) 砌筑毛石墙时要搭设双面脚手架,便于毛石的抬放与砌筑。脚手架小横杆要尽量从门窗洞口穿过或采用双排脚手架。

(3) 加工石块时应佩戴风镜或平光眼镜,不得在墙上加工石块,以防石屑崩出伤人。

(4) 砌筑毛石墙时,周围不应有打桩、爆破等强烈震动,以免震塌毛石墙。

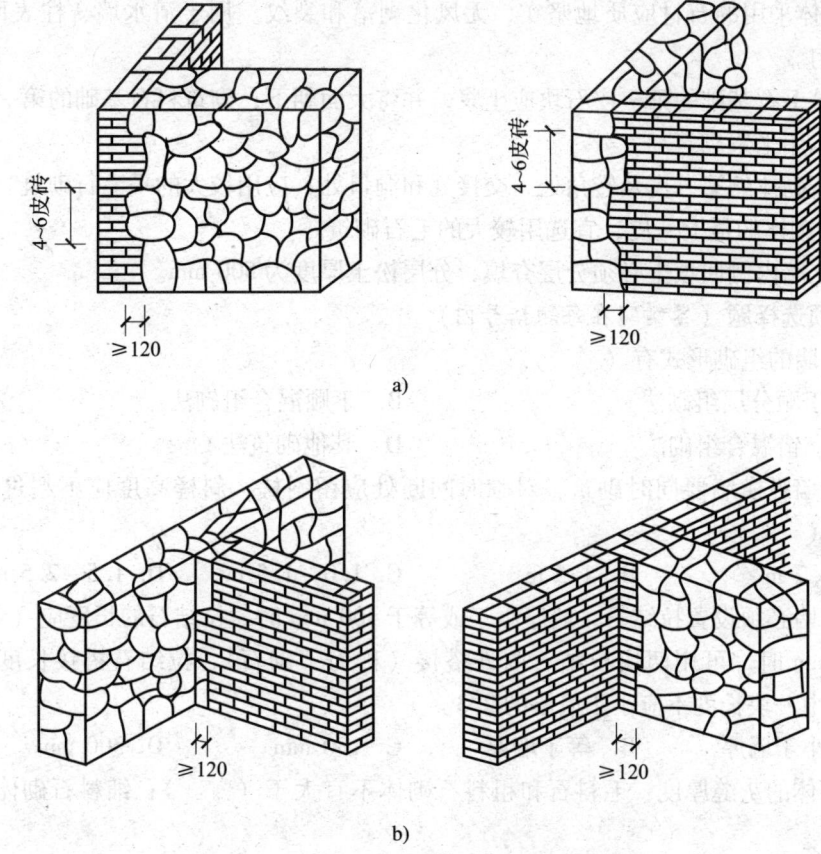

图 8—19 组合墙的砌法
a) 转角处砌法 b) 丁字交接处砌法

练习思考题

一、是非题（对的画"√"，错的画"×"，答案写在每题括号内）

1. 拉结石是其长度贯穿整个墙厚的 2/3 以上且具有一定厚度的横砌丁石。（   ）
2. 采用挤浆法砌筑毛石墙，能提高砌体质量，并且砌体能够承受较大的荷载。（   ）
3. 毛石应坚实未风化，应有两个大致平行的面，其厚度和宽度不应小于 200 mm，长度不宜大于厚度的 4 倍。（   ）
4. 毛石墙在墙的外侧和内侧同时砌筑，以外墙线为辅，内墙线为主。（   ）
5. 毛石墙身砌筑时，上面砌一块长石，下面就要砌一块短石，使石墙里外、上下都能错缝搭接。（   ）
6. 毛石墙勾缝形式主要有平缝、凹缝、凸缝三种形式。（   ）
7. 毛石墙每天砌筑高度不得超过 1.8 m，以免砂浆没有凝固，造成毛石墙因自重下沉而发生墙身鼓肚或倒塌伤人。（   ）

8. 砌筑毛石墙时，周围不应有打桩、爆破等强烈震动，以免震塌毛石墙。（   ）

9. 石砌体采用的石材应质地坚实，无风化剥落和裂纹。用于清水墙、柱表面的石材，尚应色泽均匀。（   ）

10. 砌筑毛石基础的第一皮石块应坐浆，并将大面朝下；砌筑料石基础的第一皮石块应用丁砌层可不用坐浆砌筑。（   ）

11. 毛石砌体的第一皮及转角处、交接处和洞口处，应用较大的平毛石砌筑。每个楼层（包括基础）砌体的最上一皮，宜选用较大的毛石砌筑。（   ）

12. 挡土墙内侧回填土必须分层夯填，分层松土厚度为 500 mm。（   ）

二、单项选择题（答案写在每题括号内）

1. 毛石墙的组砌形式有（   ）。
   A. 丁顺分层组砌法　　　　　　B. 丁顺混合组砌法
   C. 交错混合组砌法　　　　　　D. 其他砌筑法

2. 毛石墙纵横墙要同时砌筑，对临时间断处应留斜槎，斜槎高度应不超过（   ），斜槎长度为（   ）。
   A. 1.2 m　　　B. 1.5 m　　　C. 1.0~1.5 m　　　D. 1.5~2.5 m

3. 毛石墙必须设置拉结石，墙厚小于或等于 400 mm 时，拉结石的长度应（   ）；墙厚大于 400 mm 时，可用两块拉结石内外搭接（称为丁砌石），拉结石搭接长度不应小于（   ），其中一块长度不应小于墙厚的 2/3。
   A. 小于墙厚　　　B. 等于墙厚　　　C. 150 mm　　　D. 300 mm

4. 石砌体的灰缝厚度：毛料石和粗料石砌体不宜大于（   ）；细料石砌体不宜大于（   ）。
   A. 5 mm　　　B. 10 mm　　　C. 20 mm　　　D. 40 mm

三、简答题

1. 毛石墙用哪些砌筑工艺？
2. 挡土墙的泄水孔一般情况下如何设置？

四、思考题

1. 毛石墙砌筑前应做好哪些准备工作？
2. 砌筑毛石墙的操作程序和要点有哪些？
3. 毛石墙怎样盘角和挂线？
4. 石砌体质量检验评定标准内容有哪些？如何进行质量自检？

五、实训练习

1. 训练项目：毛石墙砌筑练习。
2. 训练目的：掌握毛石墙的砌筑方法。
3. 训练要求：进行毛石墙的砌筑练习。
4. 训练时间：4 h。
5. 训练内容：用石灰砂浆代替水泥砂浆砌筑 400 mm 厚混水毛石墙，砌筑长度 4 m，高度 1.2 m，每 4 人为一组，其中 2 人砌筑，2 人供料（1 人供浆，1 人供石）。
6. 操作评分（见表 8—1）：

表 8—1　　　　　　　　　　　毛石墙砌筑评分表

序号	评分项目	配分	得分
1	正确使用龙门架	10	
2	毛石墙砌体内外搭砌、上下错缝	10	
3	丁砌石和拉结石分布均匀	10	
4	砂浆饱满	10	
5	无错误砌筑现象	10	
6	毛石放置正确并分层卧砌	10	
7	灰缝一致，砂浆厚度在 20~30 mm 以内	10	
8	墙体表面平整	10	
9	墙面垂直度允许偏差在 20 mm 以内	10	
10	安全操作	5	
11	综合印象	5	
	总计	100	

第九单元　坡屋面防水挂瓦

知识技能要求
1. 了解坡屋面的几种形式及屋面坡度要求。
2. 掌握平瓦屋面施工方法。
3. 掌握小青瓦屋面施工方法。

模块一　屋面形式及瓦

一、屋面形式

屋面是房屋建筑的重要组成部分，是房屋最上层起覆盖作用的外围护构件，借以抵抗雨雪，避免日晒等自然因素的影响，对保护房屋、延长使用寿命、改善居住条件和环境卫生具有重要意义。因此，做好防、排水工作，是发挥屋面作用的重要步骤。

屋面的形式一般有坡屋面、平屋面、拱形屋面等，如图 9—1 所示。

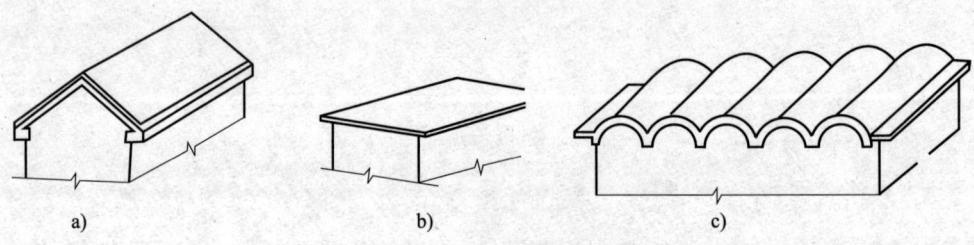

图 9—1　屋面的形式
a) 坡屋面　b) 平屋面　c) 拱形屋面

1. 坡屋面的形式

坡屋面又称斜屋面，是排水坡度较大的屋面，由各种屋面的防水材料覆盖。坡屋面的形式主要有单坡屋面、双坡屋面、四坡屋面等，如图 9—2 所示。

双坡屋面由于山墙檐口处理不同可分为：

（1）悬山屋面即山墙挑檐的双坡屋面。挑檐可以保护墙身，有利于排水，并有一定遮阻作用，常用于南方多雨地区，如图 9—3a 所示。

（2）硬山屋面即山墙不出檐的双坡屋面。北方少雨地区采用较广，如图 9—3b 所示。

（3）出山屋面是山墙高出屋面，砌成具有防火或装饰作用的女儿墙，如图 9—3c 所示。

2. 屋面坡度

为满足防水和排水的要求，屋顶要有一定的坡度。屋顶坡度的表示方法有以下几种，如图 9—4 所示。

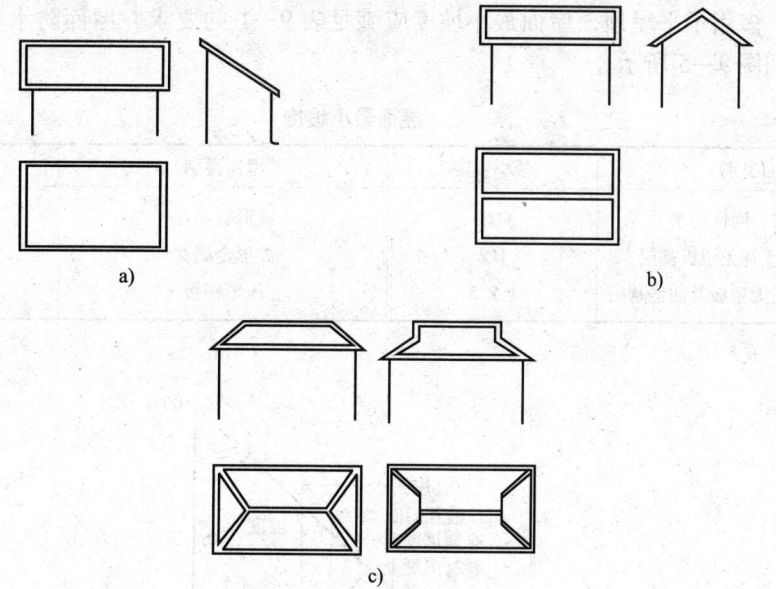

图9—2 斜屋面的形式
a) 单坡屋面 b) 双坡屋面 c) 四坡屋面

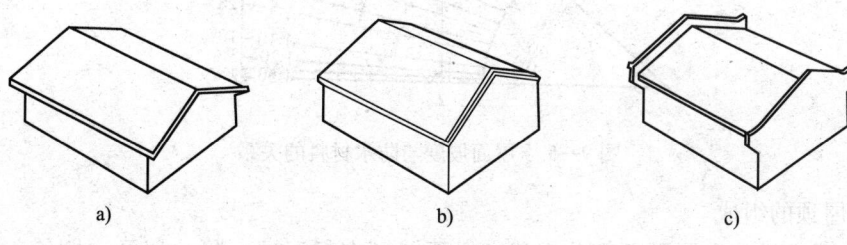

图9—3 双坡屋面形式
a) 悬山屋面 b) 硬山屋面 c) 出山屋面

（1）角度法。用屋面与水平面的夹角表示。如 $\alpha = 25°$、$30°$、$35°$等。

（2）高跨比法。用屋顶高度与跨度之比表示。如 $H/L = 1/2$、$1/3$、$1/4$等。

（3）坡度值法。用屋顶高度与跨度的一半之比表示。如 $H:l = 1:2$、$1:3$等。

（4）百分比法。用起坡高度（H）与坡面水平投影长度（l）的百分比表示。如 $i = 1/100$、$2/100$、$3/100$等。

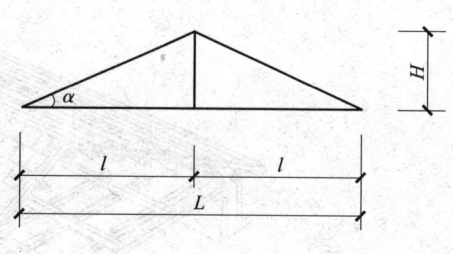

图9—4 屋面坡度

（5）分水法。将屋架跨度的一半（l）分成十等份作为单位。屋架高度（H）升起几等份，就称为几分水。如屋架高度升起五等份，就称为五分水，升起六等份就称为六分水等。

一般情况下，平屋顶的坡度用百分比表示，坡屋顶的坡度用角度和坡度值表示。

屋面坡度主要是由屋面防水材料决定的。例如，屋面材料如果是瓦材，防水性能比较差，要求有较大的坡度，多用于坡屋顶。卷材和现浇混凝土做屋面，防水性能比较好，屋面坡度可较小，多用于平屋顶，屋面最小坡度应满足表9—1的要求，屋面防水材料和排水坡度的关系，如图9—5所示。

表9—1　　　　　　　　　　　　　　屋面最小坡度

屋面类别	最小坡度	屋面类别	最小坡度
卷材防水、刚性防水	1:50	波形石棉瓦	1:3
水泥瓦、黏土瓦无望板基层	1:2	波形金属瓦	1:4
水泥瓦、黏土瓦无望板及油毡基层	1:2.5	压形钢板	1:7

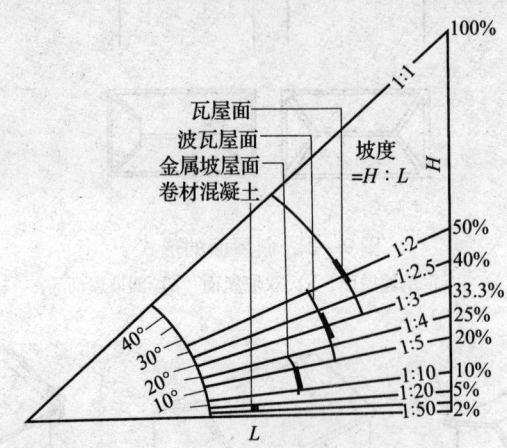

图9—5　屋面坡度与防水材料的关系

3. 坡屋顶的组成

一般由承重结构和屋面两部分组成，必要时还有保温层、隔热层及顶棚等，如图9—6所示。

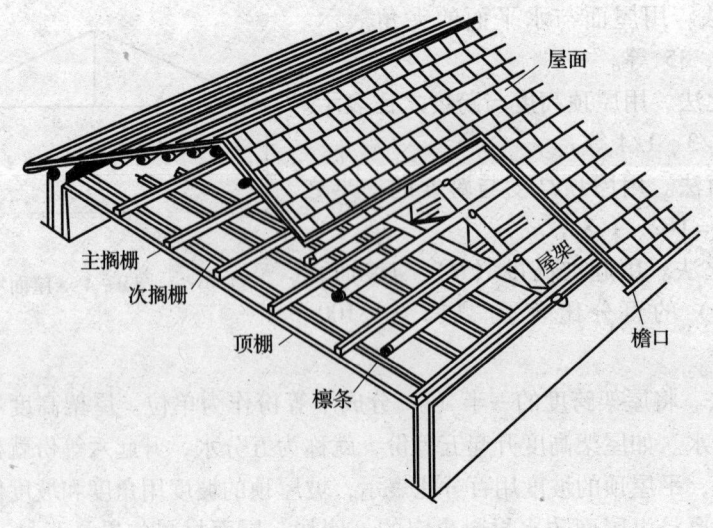

图9—6　坡屋顶的组成

(1) 屋顶的承重结构。主要是承受屋面荷载并把它传递到墙或柱上,一般有椽子、檩条、屋架或大梁等。

(2) 屋面。是屋顶的上覆盖层,直接承受风雨、冰冻和太阳辐射等大自然气候的作用,它包括屋面盖料(如瓦)、基层(如挂瓦条和屋面板)等,如图9—7所示。坡屋面由于坡面交接的不同而形成屋脊、正脊、斜脊、斜沟、檐口、内天沟和泛水等不同部位,如图9—8所示。

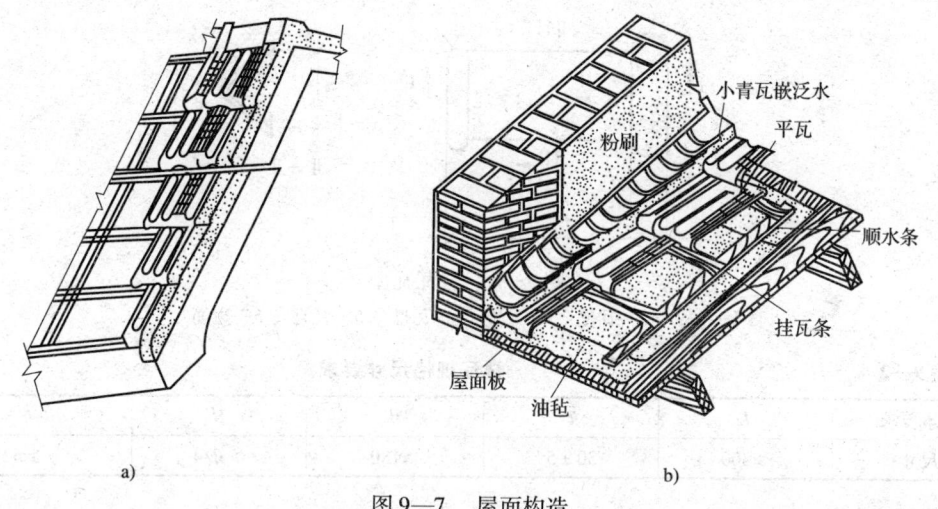

图9—7 屋面构造
a) 悬山屋面 b) 硬山屋面

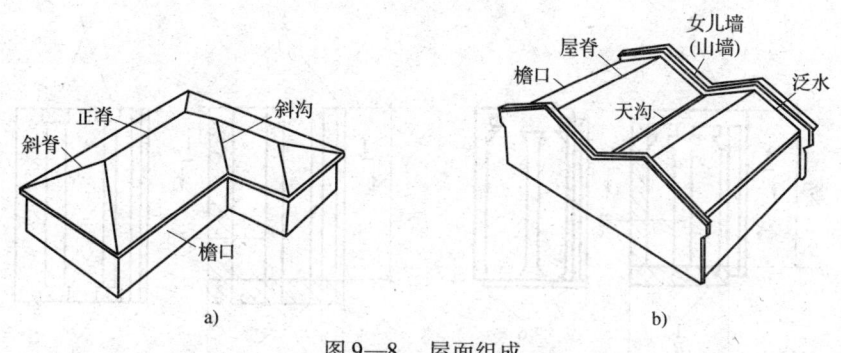

图9—8 屋面组成
a) 四坡屋顶 b) 并立双坡屋顶

二、瓦

瓦是目前铺盖于坡屋面上作防水用的传统材料。它是用黏土烧制而成的陶土制品,能较好地起到防水作用,因为屋面是以单块瓦拼合组成,所以能有效地消除温度变化而引起的变形。

1. 黏土瓦

黏土瓦是以黏土、页岩为主要原料,经成型、干燥、焙烧而成的瓦。

黏土瓦按生产工艺分为:

(1) 压制瓦。经过模压成型后焙烧而成的平瓦、脊瓦。

(2) 挤出瓦。经过挤出成型后焙烧而成的平瓦、脊瓦。

(3) 手工脊瓦。用手工方法成型后焙烧而成的脊瓦。

黏土瓦按尺寸偏差、外观质量和物理力学性能分为优等品、一等品和合格品。脊瓦瓦型,如图9—9所示。脊瓦规格尺寸要求见表9—2。

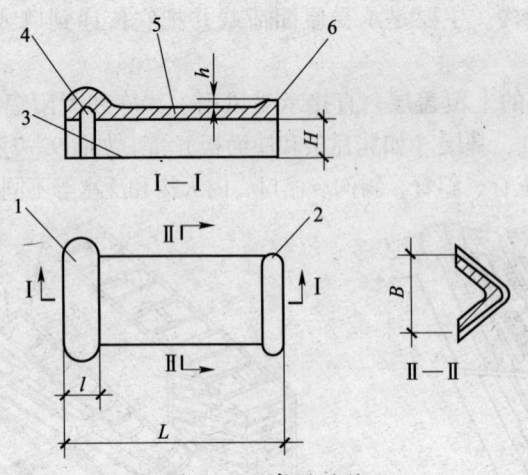

图 9—9 脊瓦瓦型
1—瓦头 2—瓦尾 3—瓦边 4—瓦槽 5—瓦脊 6—边筋

表 9—2　　　　　　　　　　　脊瓦规格尺寸要求

基本要求	L	l	B	H	h
尺寸	≥300	30±5	≥180	>B/4	≥5

平瓦瓦型，如图 9—10 所示。平瓦规格尺寸要求，见表 9—3。

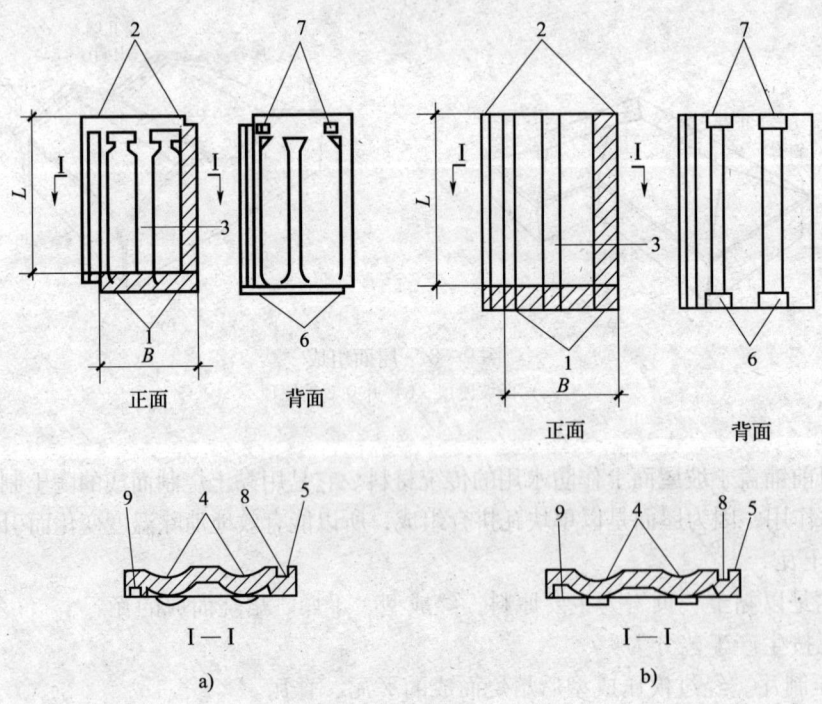

图 9—10 平瓦瓦型
a) 压制平瓦瓦型　b) 挤出平瓦瓦型
1—瓦头 2—瓦尾 3—瓦脊 4—瓦槽 5—边筋 6—前爪 7—后爪 8—外槽 9—内槽
L—有效长度　B—有效宽度

注：正面图中阴影部分为搭接处，非阴影部分为实用面。

表9—3　　　　　　　　　　　　平瓦规格尺寸要求（mm）

型号	公称尺寸（长×宽×厚）	有效尺寸（长×宽）	搭接处长度	
			头尾	内外槽
Ⅰ	400×240×（10~17）	330×215	70±2	25±2
Ⅱ	380×225×（10~17）	330×200	60±2	
Ⅲ	360×220×（10~17）	310×195	50±2	

型号	瓦槽深度	边筋高度	瓦爪			每平方米屋面覆盖的片数
			压制瓦	挤出瓦	后爪有效高度	
Ⅰ	≥10	≥3	具有4个瓦爪	保证2个后爪	≥5	14.0
Ⅱ						15.5
Ⅲ						16.5

黏土瓦的其他部位尺寸不做详细规定，但须保证使用时搭接合适。

2. 混凝土平瓦

混凝土平瓦是以水泥、砂或无机的硬质细骨料为主要原料，经配料混合，加水搅拌、机械滚压或人工挤压成型，养护而成的平瓦。

混凝土平瓦标准尺寸为400 mm×240 mm、385 mm×235 mm，瓦主体厚度为14 mm。头尾搭接处长度为60~80 mm。内外槽搭接处宽度为30~40 mm。混凝土平瓦瓦型，如图9—11所示。

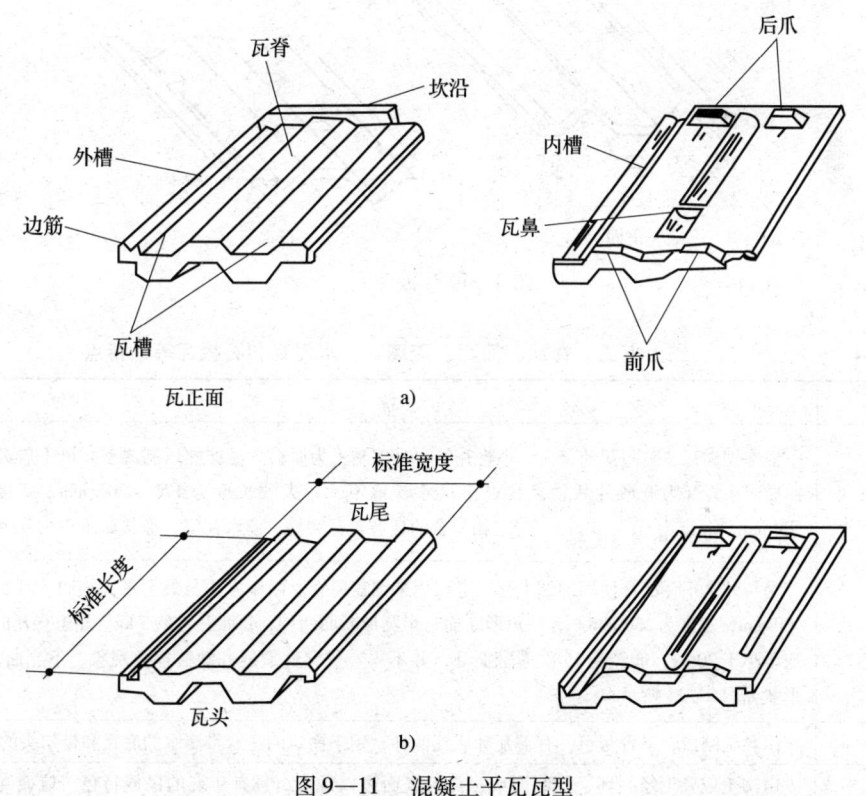

图9—11　混凝土平瓦瓦型
a）有坎沿的　b）无坎沿的

3. 其他瓦的种类

除上面常用的两类瓦外，还有小瓦、脊瓦、筒瓦等（如图9—12、图9—13、图9—14所示），具体分类特点见表9—4。

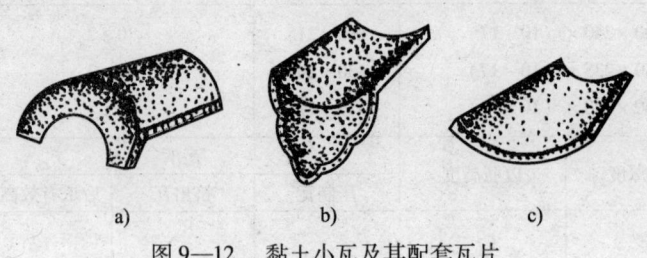

图9—12　黏土小瓦及其配套瓦片
a）檐口盖瓦　b）滴水瓦　c）小青瓦

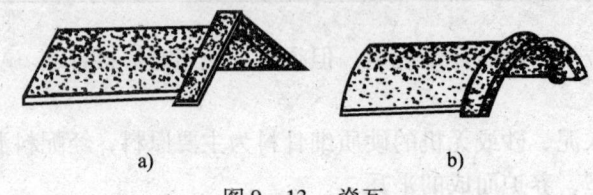

图9—13　脊瓦
a）三角形脊瓦　b）半圆形脊瓦

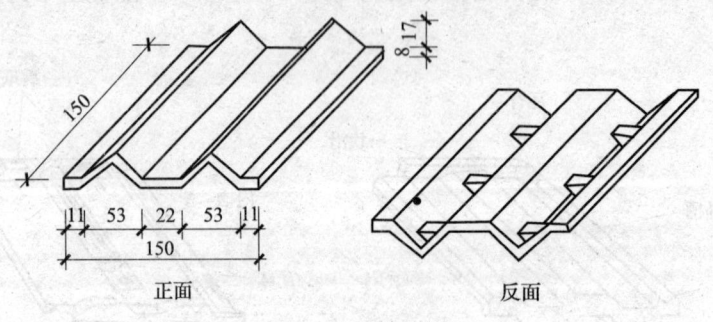

图9—14　波形瓦

表9—4　　　　　黏土小瓦、脊瓦、筒瓦、琉璃瓦、水泥瓦和石板瓦等的特点

种类	特　性
黏土小瓦	俗称蝴蝶瓦、阴阳瓦和合瓦、小青瓦等，是以黏土为原料，经搅拌压制成型，风干后经过焙烧而制成。小青瓦为弧形片状物，其规格尺寸各地不一，大致长度为170~200 mm，宽度为130~180 mm，厚度为10~15 mm。与之相配合的还有盖瓦和檐口滴水瓦等，形状如图9—12所示
脊瓦	是与黏土平瓦配合使用的黏土瓦，专门用来铺盖屋脊。制作方法与黏土平瓦相同。其长度一般为400 mm，宽度为250 mm。有三角形断面与半圆形断面两种，每张瓦重约3 kg。黏土脊瓦的抗折能力应不小于70 kg，能经受15次冻融循环，并不得有贯穿性裂缝和缺棱掉角现象，不翘曲，不变形，形状如图9—13所示
筒瓦	由黏土制成，呈青灰色，有盖瓦和底瓦两种，用于檐口的还有带滴水的底瓦和带勾头的盖瓦
琉璃瓦	由陶土或瓷土经制坯、烧制而成。瓦的表面施以釉彩，具有传统的民族特色。琉璃瓦是我国宫殿、庙宇等常用的屋面材料

续表

种类	特性
水泥瓦	分平瓦与脊瓦两种，是用水泥加砂配制，经机械加工成型，养护硬化而成。其外形基本与黏土瓦相似
石板瓦	用天然岩石经加工劈成薄片瓦状的一种屋面覆盖材料，具有良好的不透水性、抗冻性和耐火性，抗折强度也很好，外形有长方形、正方形、菱形等，自重较大
波形屋面瓦	综合了传统小青瓦和黏土平瓦的特点，具有小青瓦的小型，平瓦的不弯曲两个特点。它是由陶土烧制加工而成，面上有波纹，用于装饰性斜屋面上，形状如图9—14所示
长方槽形琉璃瓦	主要是作为装饰材料用。其色泽光洁，用陶土烧制加釉制成，有立体感，具有防水、抗冻等良好的耐久性，它一般用在较高级的公共建筑或宾馆等装饰性斜屋面或斜挑檐的屋面

模块二　平瓦屋面及小青瓦屋面施工

一、平瓦屋面施工

1．平瓦屋面施工工艺流程

工艺流程为施工准备→基层检查→上瓦堆放→铺檐口瓦与屋面瓦→铺脊瓦→做天沟和泛水→整理、清扫→屋面挂瓦验收。

2．施工准备

（1）技术条件准备。运瓦上屋面堆放前，应对屋面木基层进行严格检查。细查檩条、椽条及挂瓦条是否钉牢，木质屋面板和油毡防水层是否铺钉平整牢靠，瓦条间距是否均匀一致且符合规定要求等。当发现油毡有破损、瓦条间距不均匀、栓钉不稳固或上口不平直、檐口瓦条不符合铺瓦要求等现象时，一定要全部修理好后才能运瓦上屋面。另外还要检查脚手架的牢固程度，高度是否超出檐口1 m以上。

（2）材料与工具准备。

1）凡缺边、掉角、裂缝、砂眼、翘曲不平和缺少瓦爪的瓦不得使用，并准备好山墙、天沟处的半片瓦。

2）运瓦可利用垂直运输机械运到屋面标高，运瓦时要轻拿轻放，瓦运到屋面上后，要利用脚手架分散到檐口各处堆放。向屋顶运输主要靠人力传递的方法，每次传递两块平瓦，分散堆放在坡屋面上，防止碰破油毡。

3）瓦在屋面上的堆放，以一垛九块均匀摆开，横向瓦堆的间距约为两块瓦长，坡向间距为两根瓦条，呈梅花状放置，称"一步九块瓦"，如图9—15a所示。亦可每四根瓦条间堆放一行（俗称一铺四），开始先平摆5～6张瓦（俗称搭登子）做靠山，然后侧摆堆放，如图9—15b所示。

4）在堆瓦时应两坡同时进行，以免屋架受力不均匀而造成变形。

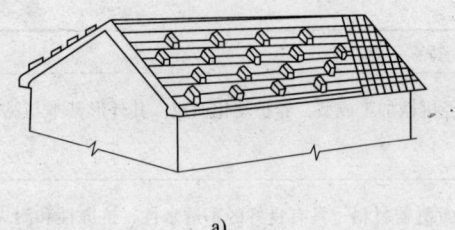 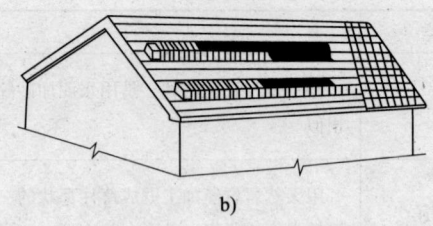

图9—15 摆瓦
a) 堆摆　b) 条摆

5) 瓦的固定要用水泥麻刀灰，常用的工具有瓦刀或大铲、准线和泥桶等。

(3) 拉好通线。凡铺盖屋脊、檐口和屋面的每一垄瓦，都应按规定要求先拉好通长线，严格控制铺瓦的平直，以保证屋脊平直美观，使檐口能出檐一致，瓦口保持在同一直线上，屋面的每一垄瓦都平整顺直。

(4) 定好操作顺序。铺瓦操作应严格按规定顺序进行。一般铺瓦时应自左往右、自下往上进行，先从檐口开始，从每坡屋面的左侧山墙向右侧山墙进行。在盖好檐口瓦和屋面瓦之后，再做屋脊、天沟和泛水。

3. 铺瓦

(1) 铺檐口瓦与屋面瓦。

1) 铺檐口瓦时，要拉通线进行控制。瓦片伸出檐口或封檐板的长度应控制在 50～70 mm 内，要坐浆盖瓦，放置稳固。在风大和地震地区或坡度超过 30°的瓦屋面挂瓦，檐口瓦宜用镀锌铁丝和檐口挂瓦条拴牢。瓦与瓦之间应落槽挤紧不空搁，且瓦爪必须勾住挂瓦条。

2) 铺屋面瓦操作时，操作者应两腿分开，左脚在上，右脚在下，分别踩在两根相邻椽子的挂瓦条上，面对山墙，弯腰半蹲，左手拿瓦抓住瓦的上口，把瓦勾（爪）挂在挂瓦条上，右手紧密配合将新盖瓦片与已盖好的瓦合槽，使瓦与瓦盖缝挤紧吻合。挂瓦时应该右瓦压左瓦，上瓦压下瓦，盖缝吻合严密，上下两块瓦要搭接好，搭接长度应视挂瓦条间距而定，一般为 60～80 mm 为宜，并应错开半块瓦，使上行瓦的沟槽在下行瓦当中，以防漏水。铺完一段，应检查一下瓦口是否整齐平直，瓦槽是否紧密吻合，发现问题要及时纠正。

(2) 做天沟和泛水。

1) 屋面平瓦铺好后，再铺盖斜沟或天沟瓦。盖斜沟或天沟瓦的方法是在屋面斜沟处先试挂瓦，然后根据斜沟和天沟的宽度和斜度在瓦上弹上墨线编好号，用锯按墨线锯齐或用瓦刀砍齐备用。

铺盖时，用混合砂浆，根据瓦片的编号顺序逐片进行砌盖，并注意两边的斜瓦要上下各铺成一条直线。天沟底部要用厚度为 0.45～0.75 mm，并已涂刷好防锈漆的镀锌薄钢板铺盖好，薄钢板伸入瓦下面的长度不得少于 150 mm。天沟瓦铺好后，要用麻刀混合砂浆抹缝压光。如果是斜脊，则还要按做脊的方法盖上脊瓦，如图9—16 所示。

2) 山墙处的泛水，如果山墙高度与屋面平，则只要在山墙边压一行条砖，然后用 1:2.5 水泥砂浆抹严实做出披水线即可。如果是高出屋面的山墙（高封山）通常做白铁踏步泛水，如图9—17 所示。

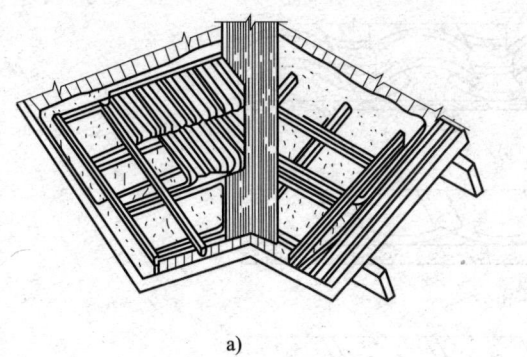 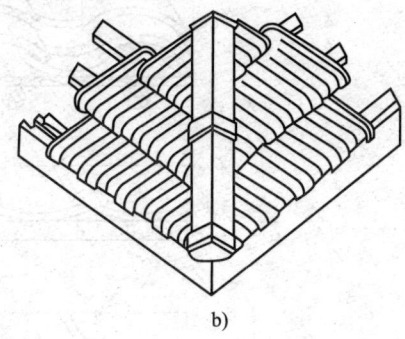

图9—16 斜脊挂瓦
a)斜沟 b)戗角

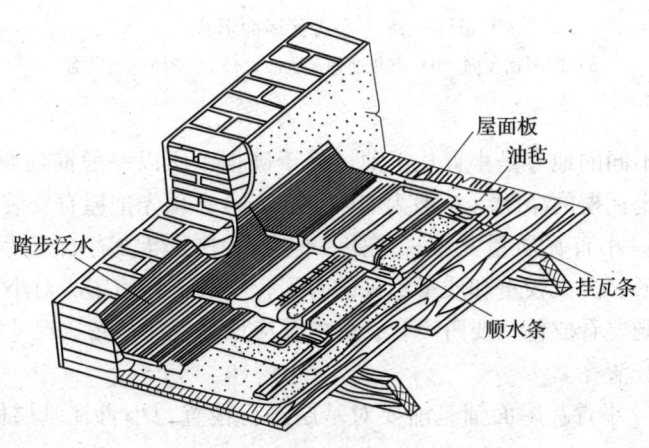

图9—17 镀锌铁皮踏步泛水

(3) 盖脊瓦。铺瓦完成后,应在屋脊处铺盖脊瓦。铺盖时,先将脊瓦分布在屋脊第二楞瓦片上,在屋脊两端用混合砂浆各窝一块脊瓦,然后以两脊瓦头为标准,拉好通长准线,然后在两坡屋面脊第一楞瓦口上铺水泥混合砂浆,宽为50~80mm,把脊瓦放上,对准准线用手按压窝平。操作时最好有2~3人共同配合,一人铺浆,另一人紧跟准线铺盖脊瓦,第三人用掺有麻刀的混合砂浆将脊瓦接头及其周围缝隙嵌严压光,并进行检查和清理。为了屋脊美观,可在嵌填脊瓦缝隙用的砂浆中掺入颜色相近的颜料。铺盖脊瓦要求砂浆饱满,屋脊和斜脊应平直无起伏现象。

二、小青瓦屋面施工

小青瓦是阴阳瓦的一种,在我国农村屋面工程中应用已久,但现在已逐渐被平瓦所替代,小青瓦又称蝴蝶瓦、合瓦,它的铺法分为阴阳瓦屋面和仰瓦屋面两种。阴阳瓦屋面是将仰瓦与俯瓦间隔成行,俯瓦盖于仰瓦垄上,如图9—18a所示;仰瓦屋面是全部用仰瓦铺成行列,垄上抹灰埂,如图9—18b所示,或不抹灰埂,如图9—18c所示。

1. 铺小青瓦的工艺流程

工艺流程为施工准备→基层检查→上瓦堆放→铺脊瓦→铺檐口瓦与屋面瓦→粉山墙披水线→整理、清扫→屋面挂瓦验收。

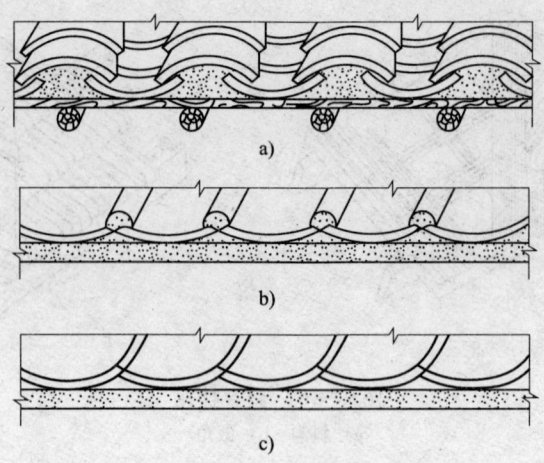

图9—18 小青瓦屋面形式
a) 阴阳瓦屋面 b) 有灰埂仰瓦屋面 c) 无灰埂仰瓦屋面

2. 施工准备

小青瓦与平瓦不同的地方是小青瓦很薄，易于破损，所以一般铺前要先做脊。做脊前，先按瓦的大小，确定瓦楞的净距（一般为50~100 mm），预先把屋脊安装好。

（1）瓦片检查。小青瓦质量无统一规定，但瓦片中不得含有石灰等杂质；砂眼较多、裂纹较大、翘曲异形、欠火较重和质量不好的青瓦，一般不宜使用。对小青瓦的质量应认真检查验收，检查时既要看成色又要听声音，好的瓦应该是色泽一致、尺寸相同、弯曲弧度相等，轻轻敲击时声音清亮。

（2）基层检查。小青瓦屋面铺筑前要对基层进行检查，小青瓦基层做法有多种，目前常用的有下列三种：

1) 木基层屋面。木椽条一般断面为40 mm×70 mm，平直钉于檩条上，长度不宜小于两个檩条间距，接头采用斜口，在一根檩条上接头左右相邻不得连续超过三根，椽条与每个檩条交接处都要用钉钉牢，要牢靠、平稳（不平处应用小木条垫平再钉），椽条的间距视青瓦的尺寸大小而定（一般为青瓦小头宽度的4/5），椽子间距要相等。

2) 望砖或荆笆、秸秆基层。在椽子上铺望砖或荆笆、秸秆，然后在上面铺小青瓦，望砖或荆笆、秸秆下的木基层要求同前。铺瓦面层要求平整，不平处应用调整椽条的方法使其平整。

3) 钢筋混凝土板基层，在混凝土板面上铺小青瓦。要求板面基本平整，过高或过低处应抹水泥砂浆找平修正。

（3）运瓦与摆放。

1) 运瓦。小青瓦容易破损，应尽量减少倒运以减少损耗。堆放场地应靠近施工的建筑物，瓦片立放成条形或圆形堆存，高度以5~6层为宜。不同规格的青瓦应分别堆放。瓦应尽量利用垂直提升机具送到屋面标高，然后利用脚手架分散传到屋面各处堆放，屋面上传瓦主要靠人传递，传瓦时应特别注意安全。上瓦应前后两坡同时同方向进行。

2) 小青瓦摆放。小青瓦应均匀而有次序地摆在椽条上，阴瓦和阳瓦分别堆放，屋脊处应多摆一些，以备做屋脊之用。

(4) 工具准备。瓦的固定要用水泥麻刀灰,常用的工具有瓦刀或大铲、准线和泥桶等。

(5) 定好操作顺序。铺挂小青瓦的操作顺序与铺平瓦基本相同,即从左往右、自下往上。

3. 铺脊瓦

做小青瓦屋脊一般有三种方法:

(1) 人字脊。采用平瓦屋脊,像做平瓦屋脊一样,将瓦一皮一皮地从一个山墙边铺筑到另一个山墙边。

(2) 直脊。瓦片平铺于屋脊上或竖直排列于屋脊上,两端各叠一垛,作为瓦片排列时的靠山。

(3) 斜脊。将瓦片斜立于屋脊上,左右以屋脊中心线成对称。

具体做脊时,一般先在靠近屋脊两边的坡屋面上先铺筑5~6张仰瓦或俯瓦作为分垄的标准,并用草泥或灰浆将瓦缝堵塞密实,使瓦平稳牢固。再以此拉好通线,找直垫平屋脊底部,紧接着铺盖脊瓦,铺完一段,用靠尺拍直,用混合砂浆或纸筋灰将脊背及瓦垄的缝隙堵塞密实、压紧抹光。一般做脊瓦方法,如图9—19所示。

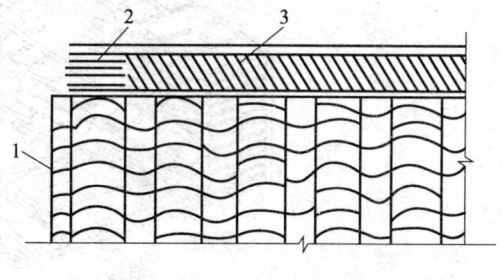

图9—19 普通小青瓦屋脊
1—蓑衣瓦 2—平放瓦做端脊 3—斜瓦脊

4. 铺檐口瓦和屋面瓦

屋脊做好后,就可以铺挂小青瓦,其操作要点如下:

(1) 檐口瓦要挑选外形整齐、质量好的瓦进行铺挂。檐口第一皮瓦挑出檐口的长度不得少于50 mm,檐口瓦垄必须与屋脊瓦垄上下对直,以利排水。檐口处第一张盖瓦应抬高20~30 mm,其空隙用碎瓦、砂浆嵌塞严密,使整条瓦楞通顺平直,并用纸筋灰镶满抹平粉光(俗称扎口),小青瓦屋面扎口如图9—20所示。

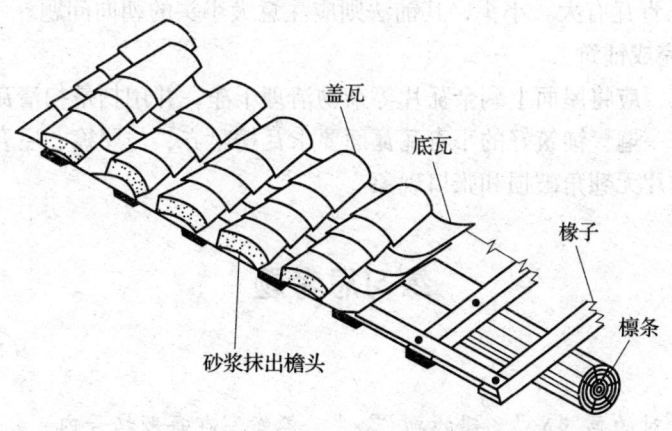

图9—20 小青瓦屋面扎口

(2) 檐口瓦楞分档标准做好后,应先顺斜坡拉线,再从檐口开始,自下往上、自左到右一垄一垄地进行铺挂。铺瓦要求"一搭三或压二露三",即无论是盖瓦还是底瓦,都要求瓦面上下搭接2/3。俯仰瓦屋面的相邻两垄俯瓦和仰瓦的边之间要搭接40 mm,铺俯仰瓦时，应先铺两垄仰瓦，并在其两垄仰瓦之间空隙处用灰浆塞垫稳后再铺俯瓦。

若铺仰瓦屋面，则要在每两垄瓦之间空隙处用灰泥堵塞饱满后，用麻刀灰做出灰埂，并在灰埂上涂刷一层与瓦颜色相近的灰浆，再抹压圆直。若是不做灰埂的仰瓦屋面应挑选外形整齐一致的小青瓦铺挂，且要求瓦垄边缘必须咬接紧密，坐浆饱满，铺挂密实稳牢。

悬山屋面，山墙处的瓦应挑出半块瓦宽，再粉披水线，硬山屋面侧可用仰瓦随屋面坡度侧贴于墙上做泛水，如图9—21所示。

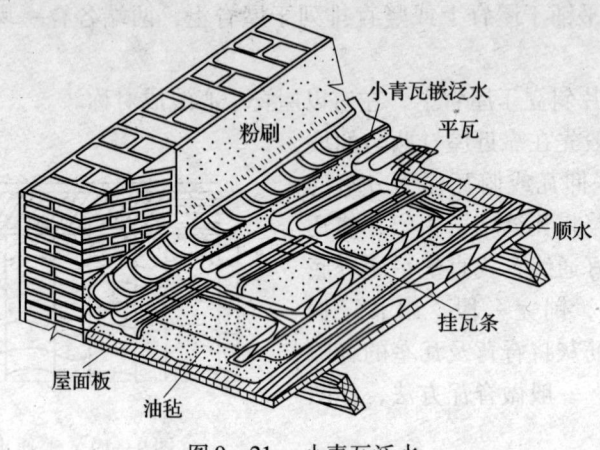

图9—21 小青瓦泛水

（3）屋脊要求脊瓦底部坐浆饱满，缝隙堵塞密实，铺筑牢固。脊瓦与屋面瓦的接缝处要严密无渗漏缝隙，且屋脊要求平直无沉陷现象。

（4）铺筑小青瓦为保持屋架受力均匀，两坡屋面应同时对称铺瓦。

（5）铺挂小青瓦应搭盖均匀，瓦的疏密应保持一致，且每垄瓦都要窝坐牢固无下滑现象。特别在斜沟烟囱等与屋面瓦连接的部位，更应严格做好防漏处理。在山墙处应按要求做好泛水处理。

（6）有些地区青瓦有大、小头，其铺法则应注意大小头的朝向问题。

5. 清扫屋面完成铺筑

屋面铺盖结束，应将屋面上剩余瓦片等杂物清理干净，并用扫帚扫清瓦楞，待屋面全部清理完毕，再检查一遍。铺筑好的小青瓦瓦面要求瓦楞整齐，与屋檐、屋脊瓦相垂直，瓦片搭盖疏密一致，瓦片无翘角破损和张口现象。

练习思考题

一、是非题（对的画"√"，错的画"×"，答案写在每题括号内）

1. 屋顶坡度的表示方法有角度法、高跨比法、坡度值法、百分比法及分水法几种。

（   ）

2. 一般情况下，平屋顶的坡度用百分比表示，坡屋顶的坡度用角度和坡度值表示。

（   ）

3. 坡屋顶一般由保温层、隔热层及顶棚两部分组成，必要时还有承重结构和屋面等。
（　）
4. 坡屋面由于坡面交接的不同而形成屋脊、（正脊）、斜脊、斜沟、檐口、内天沟和泛水等不同部位。（　）
5. 混凝土平瓦屋面头尾搭接处长度 100~120 mm。内外槽搭接处宽度为 30~40 mm。
（　）
6. 在铺瓦时应两坡同时进行，以免屋架受力不均匀而造成变形。（　）
7. 凡铺盖屋脊、檐口和屋面的每一垄瓦，都应按规定要求先拉好长通线，严格控制铺瓦的平直，以保证屋脊平直美观。（　）

二、简答题
1. 平瓦屋面施工有哪些工艺流程？
2. 平瓦屋面铺瓦如何按操作顺序进行？

三、思考题
1. 坡屋面有哪几种形式？坡屋顶由几个部分组成？
2. 混凝土平瓦标准尺寸是多少？

第十单元 普通砖地面铺筑

知识技能要求
1. 掌握砖地面构造层次和砖地面适用范围。
2. 掌握砖铺地面操作要点。

地面砖铺砌
1. 地面砖材料要求

(1) 普通黏土砖。普通黏土砖即一般砌筑用砖，要求外形尺寸一致、不挠曲、不裂缝、不缺角，强度等级不低于 MU7.5。

(2) 缸砖。缸砖采用陶土掺以色料制成型后烤烧而成，一般色暗，亦有黄色和白色，常用规格有 100 mm×100 mm×10 mm 和 150 mm×150 mm×10 mm，要求外观尺寸准确，密实坚硬、表面平整、颜色一致、无黑斑、不裂、无缺损。

(3) 水泥砖。水泥砖是用干硬性砂浆或细石混凝土压制而成，呈灰色，耐压强度高。水泥平面砖常用规格为 200 mm×200 mm×25 mm，格面砖有 9 分格和 16 分格两种，常用的规格有 250 mm×250 mm×30 mm、250 mm×250 mm×50 mm 等，要求强度符合设计要求、边角整齐、表面平整光滑。

水泥花砖是以白水泥、普通水泥掺以各种颜料和机械拌和压制成型的，花式很多，分单色、双色和多种色三类。常用规格有 200 mm×200 mm×18 mm、200 mm×200 mm×25 mm 等，要求色彩明显、强度符合设计要求、表面平整光滑、边角方正，无扭曲和缺棱掉角。

(4) 预制混凝土块板。预制混凝土块板用干硬性混凝土压制而成，表面原浆抹光，耐压强度高，使用规格按设计要求而定。一般形状有正方形、长方形和多边六角形，常用规格有 495 mm×495 mm，路面块厚度不应小于 100 mm，人行道及庭院块厚度应大于 50 mm。要求外观尺寸准确，边角方正，无扭曲、缺棱、掉角，表面平整，强度不应小于 20 MPa 或符合设计要求。

(5) 地面砖用结合层材料。砖块地面与基层的结合层有砂子、石灰砂浆、水泥砂浆和沥青玛琋脂等。砂结合层厚度为 20～30 mm；砂浆结合层厚度为 10～15 mm；沥青玛琋脂结合层厚度为 2～5 mm，如图 10—1 所示。

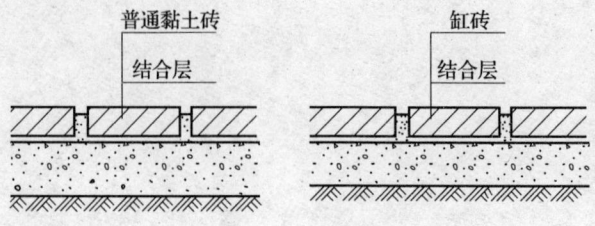

图 10—1 砖面层

1)结合层用的水泥应符合设计要求。
2)结合层用砂应采用洁净无有机质的砂,使用前应过筛,不得采用冻结的砂块。
3)结合层用沥青玛琋脂的标号应按设计要求经试验确定。
2.地面构造层次和砖地面适用范围
(1)地面的构造层次及作用。
1)面层。直接承受各种物理和化学作用的地面或楼面的表层,地面与楼面的名称即按其面层名称而定。
2)结合层(黏结层)。面层与下一层相连接的中间层,有时亦作为面层的弹性底层。
3)找平层。在垫层上或轻质、松散材料(隔声、保温)层上起找平、找坡或加强作用的构造层。
4)防水(潮)层。防止面层上各种液体渗下去或地下水渗入地面的隔离层。
5)保温层。减少地面与楼面导热性的构造层。
6)垫层。传播地面荷载至基土或传播楼面荷载至结构上的构造层。
7)基土。地面垫层下的土层(包括地基加强层)。
砖地面和楼面的构造层次,如图10—2所示。

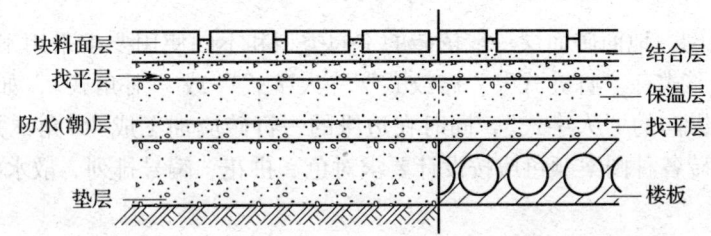

图10—2 砖地面、砖楼面

(2)砖地面适用范围。
1)普通黏土砖地面。室内适用于临时房屋和仓库及农用一般房屋的地面;室外用于庭院、小道、走廊、散水坡等。
2)水泥砖。水泥平砖适用于铺砌庭院、便道、上人屋面、平台等的地面面层;水泥格面砖适用于铺砌在人行道、便道和庭院等处。水泥花砖适用于公共建筑物部分的楼(地)面,如盥洗室、浴室、厕所等。
3)缸砖。缸砖面层适用于要求坚实耐磨、不起尘或耐酸碱、耐腐蚀的地面面层,如实验室、厨房、外廊等。
4)预制混凝土块板。混凝土块板具有耐久、耐磨、施工工艺简单方便快速等优点,并便于翻修,常用于工厂区和住宅区的道路、路边人行道和工厂的一些车间地面、公共建筑的通道、通廊等。
3.砖地面铺砌工艺
工艺流程为准备工作→拌制砂浆→排砖组砌→铺地砖→养护、清扫。
4.砖铺地面操作要点
(1)准备工作。
1)材料准备。砖面层和板块面层材料进场应做好材质的检查验收,按设计要求检查规格和品种，按样板检查图案和颜色、花纹，并应按设计要求进行试拼。验收时，对于有裂缝、掉角和表面有缺陷的板块，应予剔除或放在次要部位使用。品种不同的地面砖不得混杂使用。

地面砖材料应尽量堆放在可以避雨的室内仓库中，如无仓库可以用临时的棚子防雨。

2) 施工准备。地面砖在铺设前，要先将基层表面清理冲洗干净，使基层达到湿润。砖面层铺设在砂结合层上之前，砂垫层和结合层应洒水压实，并用刮尺刮平。砖面层铺设在砂浆结合层上的或沥青玛琋脂结合层上的，应先找好规矩，并按地面标高留出地面砖的厚度贴灰饼，拉基准线每隔1 m左右做标筋一道，然后刮素水泥浆一道，用1:3水泥砂浆打底找平，砂浆稠度控制在3 cm左右。找平层铺好后，待收水即用刮尺板刮平整，再用木抹子打平整。对厕所、浴室的地面，应由四周向地漏方向做放射形标筋，并找好坡度。铺时有的要在找平层上弹出十字中心线，四周墙上弹出上平水平标高线。

(2) 拌制砂浆。地面砖铺筑砂浆一般有以下几种：

1) 1:2或1:2.5水泥砂浆（体积比），稠度为2.5~3.5 cm。适用于普通黏土砖、缸砖地面。

2) 1:3干硬性水泥砂浆（体积比），以手握成团，落地开花为准，适用于断面较大的水泥砖。

(3) 排砖组砌。地面砖面层一般依砖的不同类型和不同使用要求采用不同的排砌方法。普通黏土砖铺砌形式有"直缝式""席纹式""人字式"或"对角式"，如图10—3所示。在通道内宜铺成纵向的"人字式"，同时在边缘的一行砖应加工成45°角，并与地坪边缘紧密连接。水泥花砖各种图案颜色应按设计要求对色、拼花、编号排列，散水排砖形式，如图10—4所示。

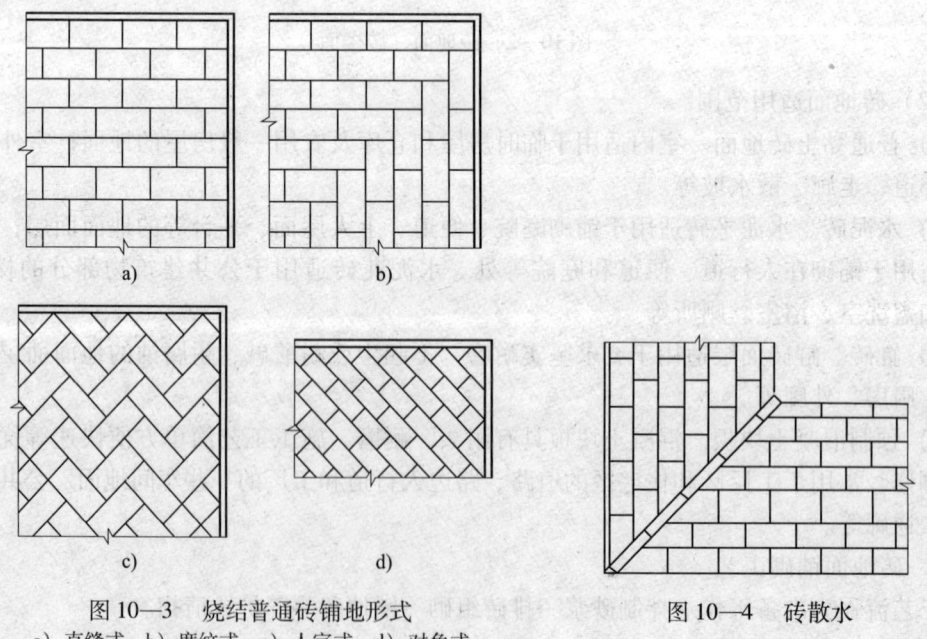

图10—3　烧结普通砖铺地形式
a) 直缝式　b) 席纹式　c) 人字式　d) 对角式

图10—4　砖散水

缸砖、水泥砖一般有留缝铺贴和满铺满砌法两种，应按设计要求选择铺砌方法。混凝土板块按满铺满砌法铺筑，要求缝隙宽度不大于6 mm。

(4) 普通黏土砖、缸砖、水泥砖面层的铺筑。

1) 在砂结合层上铺筑。按地面构造要求基层处理完毕,找平层结束后,即可进行砖面层铺砌。

①按设计要求选定的铺筑方法进行预排砖。如在室内首先应沿墙定出十字中心线,由中心向两边预排砖试铺;如铺筑室外道路,应在道路两头各砌一排砖找平,以此作为标筋,然后先铺好边角斗砖,再码砌路面。

②挂线铺砌。在找平层上铺一层15~20 mm厚的砂子,并洒水压实,用刮尺找平,按标筋架线,随铺随砌筑。砌筑时上楞跟线以保证地面和路面平整,其缝隙宽度不大于3 mm,并用木槌将砖块敲实。

③填充缝隙。填缝前,应适当洒水并将砖拍实整平。填缝可用细砂、水泥砂浆,用砂填缝时,可先将砂撒于路面上,再用扫帚扫入缝中;用水泥砂浆填缝时,应预先用砂填缝一半的高度,再用水泥砂浆填缝扫平。

2) 在水泥砂浆结合层上铺筑。

①找规矩、弹线。在房间纵横两个方向排好尺寸,缝宽以不大于10 mm为宜,当尺寸不足整块砖的倍数时,可裁割半块砖用于边角处;尺寸相差较小时,可调整缝隙。根据确定后的砖数和缝宽,在地面上弹纵横控制线,约每隔四块砖弹一根控制线,并严格控制方正。

②铺砖。从门口开始,纵向先铺几行砖,找好规矩(位置及标高),以此为标筋,从里向外退着铺砖,每块砖要跟线。铺砌时,先在基层上涂水泥浆,砖的背面抹铺砂浆,厚度不小于10 mm,然后将抹好灰的砖,码砌到基层上。砖上楞要跟线,用木槌敲实铺平。铺好后,再拉线拨缝修正,清除多余砂浆。

③勾缝。分缝铺砌的地面用1:1水泥砂浆勾缝,要求勾缝密实,缝内平整光滑,深浅一致。满铺满砌法的地面,则要求缝隙平直,在敲实修正好的面砖上撒干水泥面,并用水壶浇水,用扫帚将水泥浆扫入缝内,将其灌满并及时用拍板拍振,将水泥浆灌实,最后用干锯末扫净,同时修正高低不平的砖块。

3) 在沥青玛琋脂结合层上铺筑。

①砖面层铺砌在沥青玛琋脂结合层上与铺砌在砂浆结合层上,其弹线、找规矩和铺砖等方法基本相同,所不同的是沥青玛琋脂要经加热(150~160℃)后才可摊铺。铺时基层应刷冷底子油或沥青稀胶泥,砖块宜预热,当环境温度低于5℃时,砖块应预热到40℃左右。冷底子油刷好后,涂铺沥青玛琋脂,其厚度应按结合层要求稍增厚2~3 mm,随后铺砌砖块并用挤浆法把沥青玛琋脂挤入竖缝内,砖缝应挤严灌满,表面平整,砖上楞跟线放平,并用木槌敲击密实。

②灌缝。待沥青玛琋脂冷却后铲除砖缝口上多余的沥青,缝内不足处再补灌沥青玛琋脂,达到密实。

(5) 混凝土块板铺筑要点。

1) 铺砌前,如道路两侧有路边石(俗称路牙子),应拉线、挖槽,埋设混凝土路边石,其上口要找平、找直。道路两头按坡度走向要求各砌一排预制混凝土块找准,并以此作为标筋,码砌道路全部预制混凝土块。

2) 在已打好的灰土垫层上铺一层2.5 cm厚的M5水泥混合砂浆,随铺浆随码砌。上楞跟线以保证路面平整,其缝隙宽度不应大于6 mm,并用木锤将预制混凝土块敲实。路边若设有路边石,应注意路边石的挂线码砌,并将路边石培土保护。

3)其缝隙应用细干砂填充,以保护路面的整体性。

(6)养护。普通黏土砖、缸砖、水泥砖面层,铺完面砖后,在常温下48 h放锯末浇水养护,3天内不准上人。整个操作过程应连续完成,避免重复施工影响已贴好的砖面。

路面预制混凝土板块铺完后应养护3天,在此期间不准上人、行车。

练习思考题

一、是非题(对的画"√",错的画"×",答案写在每题括号内)

1. 地面砖在铺设前,基层表面可以不用清理冲洗干净,只需将基层湿润。 (   )
2. 砖面层铺设在砂结合层上之前,砂垫层和结合层应洒水压实,并用刮尺刮平。 (   )
3. 普通黏土砖地面铺砌形式有直行、席纹式、人字形或对角线。 (   )
4. 普通黏土砖、缸砖、水泥砖面层的铺筑,应当从门口开始,纵向先铺几行砖,找好规矩(位置及标高),以此为标筋,从里向外退着铺砖,每块砖要跟线。 (   )
5. 普通黏土砖、缸砖、水泥砖面层铺砌时,先在基层上涂水泥浆,砖的背面抹铺砂浆,厚度不小于10 mm,然后将抹好灰的砖,码砌到基层上。 (   )
6. 铺完面砖后,在常温下48 h放锯末浇水养护,1天内不准上人。 (   )

二、简答题

1. 砖地面铺砌有哪些工艺?
2. 地面砖铺筑砂浆一般有哪几种形式?

三、思考题

1. 铺筑普通黏土砖、缸砖地面其水泥砂浆配合比(体积比)是多少?
2. 铺筑断面较大的水泥砖其水泥砂浆配合比(体积比)是多少?

第十一单元　一般抹灰施工

知识技能要求

1. 了解抹灰工操作工具。
2. 了解抹灰基本知识。
3. 掌握抹灰操作基本方法。
4. 掌握一般抹灰工程质量的允许偏差和检验方法。

模块一　抹灰工常用工具

一、抹子（见表11—1）

表11—1　　　　　　　　　　　抹　子

序号	名称	构造	用途	示意图
1	铁抹子	方头或圆头两种	抹底层灰或水刷石、水磨石面层	
2	钢皮抹子	外形与铁抹子相似，但比较薄，弹性大	用于抹水泥砂浆面层等	
3	压子		水泥砂浆面层压光和纸筋石灰、麻刀石灰罩面等	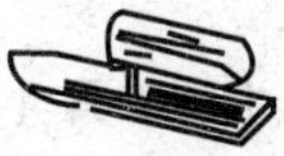
4	铁皮	用弹性好的钢皮制成	小面积或铁抹子伸不进去的地方抹灰或修理，以及门窗框嵌缝等	
5	塑料抹子	用聚乙烯硬质塑料制成，有方头和圆头两种	纸筋石灰、麻刀石灰面层压光	
6	木抹子（木蟹）	方头和圆头两种	砂浆的搓平和压实	

续表

序号	名称	构造	用途	示意图
7	阴角抹子（阴角抽角器、阴角铁板）	尖角和小圆角两种	阴角抹灰压实压光	
8	圆阴角抹子（明沟铁板）		水池等阴角抹灰及明沟压光	
9	塑料阴角抹子	用聚乙烯硬质塑料制成	纸筋石灰、麻刀石灰面层阴角压光	
10	阳角抹子（阳角抽角器、阳角铁板）	有尖角和小圆角两种	阳角抹灰压光、做护角线等	
11	圆阳角抹子		防滑条捋光压实	
12	捋角器		捋水泥抱角的素水泥浆，做护角等	
13	小压子（抿子）		细部抹灰压光	
14	大、小鸭嘴		细部抹灰修理及局部处理等	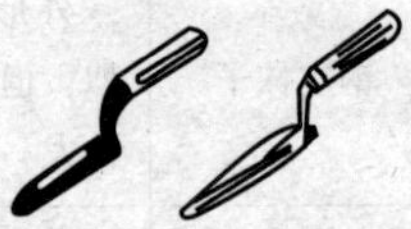

二、木制工具（见表11—2）

表 11—2　　　　　　　　　　木制手工工具参考表

序号	名称	规格	构造	用途	示意图
1	托灰板			抹灰操作时承托砂浆	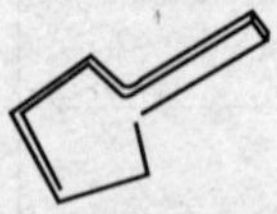
2	木杠（大杠）	250~350 200~250 150 左右（cm）	长杠 中杠 短杠	刮平地面和墙面的抹灰层	
3	软刮尺	80~100（cm）		抹灰层找平	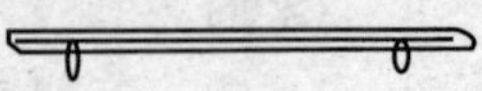

续表

序号	名称	规格	构造	用途	示意图
4	八字靠尺（引条）	长度按需截取		做棱角的依据	
5	靠尺板	厚板 3~3.5（mm）	厚板和薄板两种	抹灰线、做棱角	
6	钢筋卡子	直径 8 mm		卡紧靠尺板和八字靠尺用	
7	方尺（兜尺）			测量阴阳角方正	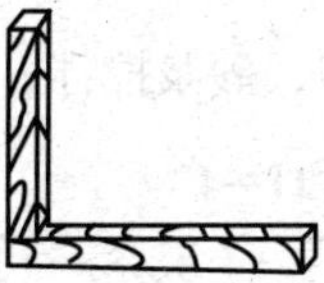
8	托线板（吊担尺、担子板）	长 1.2 m	配以铜线锤	检测墙体的垂直度	
9	分格条（米厘条）		断面及尺寸视需要而定	墙面分格及做滴水槽	
10	木水平尺			用于找平	
11	阴角器			墙面抹灰阴角刮平找直用	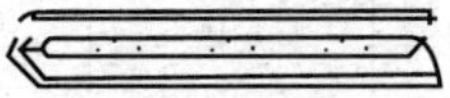

三、盛水工具（见表 11—3）

表 11—3   刷子和盛水工具

序号	名称	构造	用途	示意图
1	茅草帚	茅草扎成	用于木抹子搓平时洒水	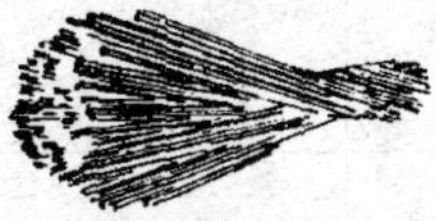
2	小水桶	铁皮制或油漆空桶代用	作业场地盛水用	

续表

序号	名称	构造	用途	示意图
3	喷壶	塑料或白铁皮制	洒水用	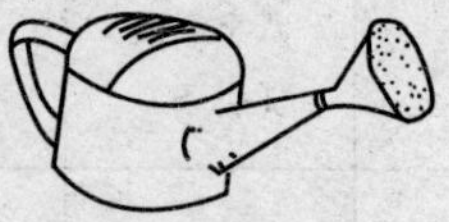
4	水壶	塑料或白铁皮制	浇水用	

四、砂浆搅拌、存放用工具（见表11—4）

表11—4　　　　　　　　　砂浆搅拌、运输、存放用工具

序号	名称	规格	构造	用途	示意图
1	铁锹（铁锨）		分尖头和平头两种		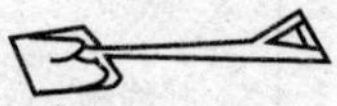
2	灰镐			手工拌和砂浆用	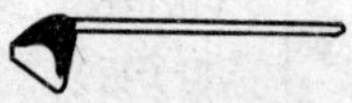
3	筛子	筛孔10、8、5、3、1.5、1（mm）		筛分砂子用	
4	灰勺		长把和短把两种	舀砂浆用	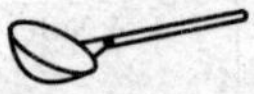
5	灰槽		铁制和木制两种	储存砂浆	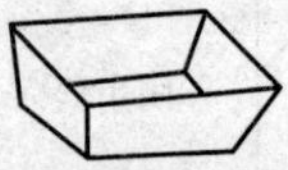

五、其他常用手工具（见表11—5）

表11—5　　　　　　　　　其他常用手工具

序号	名称	构造	用途	示意图
1	粉线包		弹水平线和分格线	
2	墨斗		弹线用	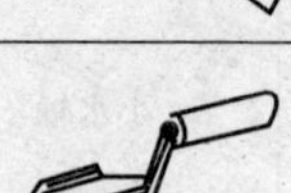
3	分格器（劈缝溜子或抽筋铁板）		抹灰面层分格	

模块二 抹灰基本知识

一、一般抹灰使用材料及分级

1. 一般抹灰使用砂浆

一般抹灰所使用的材料，分为石灰砂浆、水泥混合砂浆、水泥砂浆、聚化物水泥砂浆、膨胀珍珠岩水泥砂浆等。

2. 一般抹灰按质量要求分级

一般抹灰按质量要求分为三级，见表11—6。

表11—6　　　　　　　　　　一般抹灰的等级及工序要求

级别	工序要求	适用范围
普通抹灰	分层赶平、修整、表面压光	1. 抹灰等级的选定，以设计为准，以质量要求和主要工序作为划分抹灰等级的主要依据 2. 普通抹灰一般用在仓库、车库、地下室、锅炉房或高级建筑的附属工程以及临时建筑物等
中级抹灰	阳角找方，设置标筋，分层赶平，修整表面压光	
高级抹灰	阴阳角找方，设置标筋，分层赶平，修整，表面压光	

二、抹灰的组成及厚度要求

1. 抹灰的组成

抹灰工程为使抹灰层与基体黏结牢固，防止起鼓开裂，并使抹灰表面平整，保证工程质量，一般应分层涂抹，即底层、中层和面层（也称罩面），如图11—1所示。底层主要起与基体黏结的作用，中层主要起找平的作用，面层是起装饰作用。

2. 抹灰层厚度要求

根据使用砂浆品种不同，各层抹灰在赶平压实后，每遍厚度应符合表11—7的规定。

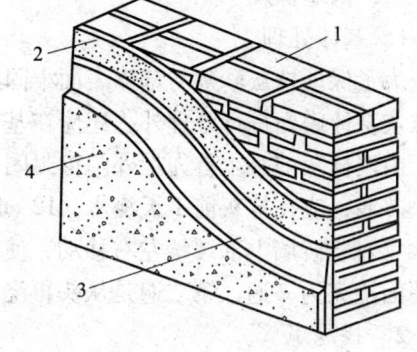

图11—1　抹灰的分层
1—基体　2—底层　3—中层　4—面层

表11—7　　　　　　　　　　抹灰层每遍抹灰的厚度

采用砂浆品种	每遍厚度（mm）
水泥砂浆	5~7
石灰砂浆和水泥混合砂浆	7~9
麻刀石灰	≤3
纸筋石灰和石灰膏	≤2
装饰抹灰用砂浆	应符合设计要求

抹灰层的平均厚度，根据基体材料不同、抹灰等级不同等要求，应符合表11—8的规定。

表11—8　　　　　　　　　　　　抹灰层厚度的要求

部位	抹灰层的类型	平均总厚度（mm）
顶棚	板条、现浇混凝土、空心砖顶棚	15
	预制混凝土顶棚	18
内墙	普通抹灰	18
	中级抹灰	20
	高级抹灰	25
室外	外墙	20
	勒脚及突出墙面部分	25

模块三　抹灰操作基本方法

以普通砖墙面（内外墙）、混凝土顶棚、普通楼地面的抹灰基本操作方法为主，按目前适用范围最广的中级抹灰为标准，按最常用的水泥砂浆、水泥混合砂浆、石灰砂浆等抹灰砂浆操作的基本方法讲述。

一、内墙抹灰

1. 基体处理

为了保证抹灰砂浆与基体表面牢固的黏结，防止抹灰层空鼓、脱落，在抹灰前，除必须对抹灰基体表面进行处理外，还应在基体表面浇水。

内墙抹灰前必须首先把外门窗封闭（安装一层玻璃或满钉一层塑料薄膜）。对12 cm厚以上砖墙，应在抹灰前1天浇水，12 cm厚砖墙浇一遍，24 cm厚砖墙浇两遍，浇水方法是将水管对着砖墙上部缓缓左右移动，使水缓慢从上部沿墙面流下。待自然流至墙脚为止，一个墙面浇完为一遍，第二遍是从头再浇1次，使渗水深度达到8~10 mm。

2. 找规矩

要保证墙面抹灰垂直平整，达到装饰的目的，抹灰前必须找规矩。

（1）做标志块（做灰饼）。找规矩的方法是，先用托线板全面检查砖墙表面平整垂直程度，根据检查的实际情况并兼顾抹灰总的平均厚度规定，决定墙面抹灰厚度。接着在2 m左右高度，离墙两阴角10~20 cm处，用底层抹灰砂浆（也可用1∶3水泥砂浆或1∶3∶9混合砂浆）抹上两个标准标志块，标志块厚度正好是抹灰层厚度，高宽5 cm左右。以这两个标准标志块为依据，再用托线板靠、吊垂直确定墙下部对应的两个标志块厚度，并在踢脚板上口处做标志块，使上下两个标志块在一条垂直线上，如图11—2所示。

标准标志块做好后，再在标志块附近砖墙缝内钉上钉子，拴小白线挂水平通线（注意小白线要离开标志块1 mm），间距为1.2~1.5 m，加做若干标志块，出进应与两端标准标志块一致，如图11—3所示。凡在门窗口、垛角处必须做标志块。

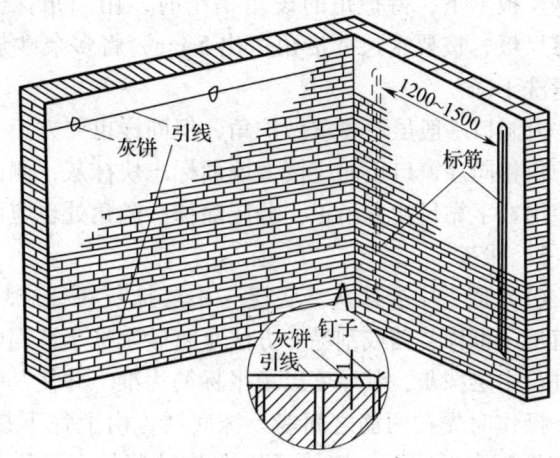

图11—2 做标志块　　　　　　图11—3 挂线做标志块及标筋

(2) 标筋(冲筋、出柱头)。标筋就是在上下两个标志块之间先抹出一长条梯形灰埂,其宽度为10 cm左右,厚度与标志块相平,作为墙面抹灰填平的标志。

做法是在上下两个标志块中间先抹一层,再抹第二遍凸出呈八字形,要比灰饼凸出1 cm左右,然后用木杠紧贴灰饼左上右下搓,直至把标筋搓得与标志块一样平为止,同时要将标筋的两边用刮尺修成斜面,使其与抹灰层接槎顺平。标筋用砂浆,应与抹灰底层砂浆相同,标筋做法如图11—3所示。

当层高大于3.2 m时,应从顶到底做标筋,在架子上可由两人同时操作,使一个墙面的标筋出进保持一致。

在操作过程中,应经常检查木杠,防止受潮变形,影响标筋的平整垂直。

(3) 阴、阳角找方。中级抹灰要求阴角找方。对于除门窗口外,还有阳角的房间,则首先要将房间大致规方。方法是先在阳角一侧墙做基线,用方尺将阳角先规方,然后在墙角弹出抹灰准线,并在准线上下两端挂通线做标志块。

高级抹灰要求阴阳角都要找方,阴阳角两边都要弹基线,为了便于作角和保证阴阳角方正垂直,必须在阴阳角两边都做标志块和标筋。

(4) 门窗洞口做护角。室内墙面、柱面的阳角和门洞口的阳角抹灰要求线条清晰、挺直,并防止碰坏,因此不论设计有无规定,都需要做护角。护角做好后,也起到标筋作用。

护角应抹1:2水泥砂浆,一般高度由地面算起不低于2 m。护角每侧宽度不小于50 mm,如图11—4所示。

抹护角时,以墙面标志块为依据,首先要将阳角用方尺规方,靠门框一边,以门框离墙面的空隙为准,另一边以标志块厚度为据。最好在地面上画好准线,按准线黏好靠尺板,并用托线板吊直,方尺找方。然后,在靠尺板的另一边墙角面分层抹1:2水泥砂浆,护角线的外角与靠尺板外口平齐;一边抹好后,再把靠尺板移到已抹好护角的另一边,用钢筋卡子稳住,用线锤吊直靠尺板,做护角另一面,分层抹好。然后,轻轻地

图11—4 护角
1—墙面抹灰　2—水泥护角

将靠尺板拿下,待护角的棱角稍干时,用阳角抹子和水泥浆捋出小圆角。最后在墙面处用靠尺板,按要求尺寸沿角留出 5 cm,将多余砂浆成 40°斜面切掉,墙面和门框等落地灰应清洗干净。

窗洞口一般虽不要求做护角,但同样也要方正一致,棱角分明,平整光滑。操作方法与做护角相同。窗口正面应按大墙面标志块抹灰,侧面应根据窗框留灰口确定抹灰厚度,同样应使用八字靠尺找方吊正,分层涂抹,阳角处也应用阳角抹子捋出小圆角。

3. 抹灰

(1) 底、中层抹灰。底层与中层抹灰在标志块、标筋及门窗口做好护角后即可进行,这道工序也称装档或刮糙。方法是将砂浆抹于墙面两标筋之间,底层要低于标筋,待收水后再进行中层抹灰,其厚度以填平标筋为准,并使其略高于标筋。

操作时先在两筋之间墙上抹底层,由上往下抹,一般要左手握灰板,右手握铁抹子,将灰板头靠近墙面,铁抹子横向将砂浆抹于墙上。灰板要时刻接着抹子下边,以便盛托抹灰时掉下的灰。手握铁抹子要紧而有力,用力要均匀,并使抹子贴紧墙面,以便砂浆与墙面黏结牢固。前后抹上的砂浆要衔接牢,铁抹子不宜在上面来回抹,要用目测控制其平整度。

中层砂浆抹好后,即用中、短木杠按标筋刮平。使用木杠时,人站成骑马式,双手紧握木杠,均匀用力,由下往上移动,并使木杠前进方向的一边略微翘起,手腕要活。凹陷处补抹砂浆,然后再刮,直至平直为止。紧接着用木抹子搓磨一遍,使表面平整密实。

墙的阴角,先用方尺上下核对方正,然后用阴角器上下抽动,墙的阴角扯平找直,使室内四角方正,如图 11—5 所示。

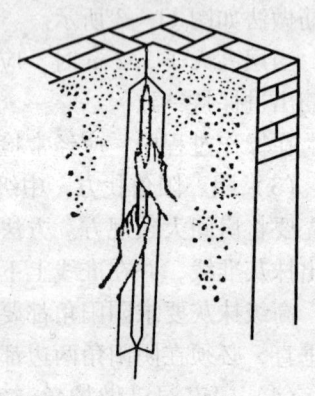

一般情况下,标筋抹完就可以装挡刮平。但要注意如果筋软容易将标筋刮坏而产生凹凸现象,也不宜在标筋有强度时再装挡刮平,因为待墙面砂浆收缩后,会出现标筋高于墙面的现象。

当层高小于 3.2 m 时,一般先抹下面一步架,然后搭架子再抹上一步架。抹上一步架,可不抹标筋,而是在用木杠刮平时,紧贴在下面已经抹好的砂浆上作为刮平的依据。

图 11—5 阴角的扯平找直

当层高大于 3.2 m 时,一般是从上往下抹。

如果后做地面、墙裙和踢脚板时,要按墙裙、踢脚板准线上口 5 cm 处的砂浆切成直槎,墙面要清理干净,并及时清除落地灰。

(2) 抹面层。面层抹灰俗称罩面。一般室内砖墙面层抹灰常用纸筋石灰、麻刀石灰、石灰砂浆及刮大白腻子等。面层抹灰应在底灰稍干后进行,底灰太湿会影响抹灰面平整,还可能"咬色"。

1) 纸筋石灰或麻刀石灰抹面层。纸筋石灰面层,一般应在中层砂浆六至七成干后进行(手按不软,但有指印)抹灰操作。如底层砂浆过于干燥,应先洒水湿润,再抹面层。

抹灰操作一般使用钢皮抹子,两遍成活,厚度不大于 2 mm。一般从阴角或阳角开始,自左向右进行,两人配合操作效果较好,一人先竖向(或横向)薄薄抹一层,再使纸筋石灰与中层紧密结合,另一人横向(或竖向)抹第二层,抹平,并要压平溜光。压平后,可用排笔或茅柴帚蘸水横刷一遍，使表面色泽一致，用钢皮抹子再压实、揉平、抹光一次，则面层更为细腻光滑。阴阳角分别用阴阳角抹子捋光，随手用毛刷子蘸水将门窗边口阳角的水泥小圆角、墙裙和踢脚板上口刷净。

另一种做法是：二遍抹后，稍干就用压子或塑料抹子顺抹子纹压光。经过一段时间，再进行检查，起泡处重新压平。

麻刀石灰抹面层，其操作方法与纸筋石灰抹面层相同。但麻刀与纸筋纤维的粗细有很大区别，纸筋容易捣烂，能形成纸浆状，故制成的纸筋石灰比较细腻，用它做罩面灰厚度可以达到不超过 2 mm 的要求。而麻刀的纤维比较粗，且不易捣烂，用它制成的麻刀石灰抹面厚度按要求不得大于 3 mm 尤较困难，如果厚了，则面层易产生收缩裂缝，影响工程质量。为此在操作时，一人用铁抹子将麻刀石灰抹在墙上，另一人紧接着自左向右将面层赶平、压实、抹光。稍干后，再用钢皮抹子将面层压实、压光。

2）石灰砂浆面层。石灰砂浆抹面层，应在中层砂浆五至六成干时进行。如中层较干时，须洒水湿润后再进行。操作时，先用铁抹子抹灰，再用刮尺由下向上刮平，然后用木抹子搓平，最后用铁抹子压光成活。

4. 常见墙面抹灰一般做法（见表 11—9）

表 11—9　　　　　　　　　　　常见墙面抹灰一般做法

名称	适用范围	分层做法	厚度（mm）	操作要点
水泥砂浆抹灰	用于潮湿基层如墙裙、踢脚线	第一层：1:3 水泥砂浆打底	13	1. 底子分 2 遍成活，头遍要压实，表面扫毛 2. 待 5~6 成干时抹第 2 遍
		第二层：1:2.5 水泥砂浆罩面压光	5~8	
	水池窗台	第一层：1:2.5 水泥砂浆打底 第二层：1:2 水泥砂浆罩面	13 5	水池抹灰要找出泛水
	加气混凝土基层	第一层：1:5（107 胶:水）溶液涂刷基层		1. 抹灰前将墙面浇水湿润 2. 107 胶溶液要涂刷均匀 3. 先薄薄刮 1 遍底灰后，再抹底子灰 4. 打底后隔 2 天罩面
		第二层：1:3 水泥砂浆打底	5	
		第三层：1:2.5 水泥砂浆罩面	5	
混合砂浆抹灰	砖墙基层	第一层：1:1:3:5（水泥:石灰膏:砂子:木屑）打底	15~18	1. 适用于有吸声要求的房间 2. 锯木屑过 5 mm 孔筛，使用前石灰膏与木屑拌和均匀，经钙化 24 h，使木屑纤维软化
		第二层：1:1:3.5 混合砂浆罩面，分 2 遍成活，木抹搓平		
	用于做油漆墙面抹灰	第一层：1:0.3:3 水泥石灰砂浆打底	13	
		第二层：1:0.3:3 水泥石灰砂浆罩面	5~8	

续表

名称	适用范围	分层做法	厚度（mm）	操作要点
水砂面层抹灰	适用于高级建筑内墙面	第一层：1:2~1:3 麻刀灰砂浆打底，分2遍成活，要求表面平整垂直 第二层：水砂抹面，分2遍抹成，应在第1遍砂浆略有收水时即进行第2遍，第1遍竖向抹，第2遍横向抹 第三层：水砂抹完后，用钢皮抹子压光2遍，最后用钢皮抹子先横向后竖向溜光，至表面密实光滑为止	13 2~3	1. 使用材料 水砂：沿海地区的细砂，平均粒径0.15 mm 石灰：洁白块灰，氧化钙含量不少于75% 水：饮用水 2. 水砂砂浆拌制 将淘洗清洁的砂和沥灰浆进行拌和，拌和后水砂呈淡灰色为宜，稠度12.5 cm，其质量配合比：热灰浆：水砂=1:0.75，每 1 m³ 水砂砂浆约用水砂 750 kg，块灰 300 kg 3. 使用热灰浆的目的在于使砂内盐分尽快蒸发，防止墙面产生龟裂，水砂拌和后置于池内进行硝化，3~7天后方可使用

二、顶棚抹灰

1. 基体处理

常见的顶棚抹灰基体有预制或现浇混凝土。混凝土顶棚抹灰除基体处理外，还要检查楼板有无下沉或裂缝，如为预制混凝土楼板，则应检查其板缝是否已用细石混凝土灌实（板缝灌不实，顶棚抹灰后会顺板缝产生裂纹）。

近年来无论是现浇或预制混凝土，都大量采用钢模板，因此，表面比较光滑，如直接抹灰，砂浆黏结不牢，抹灰层易出现空鼓、裂缝等现象，为此在手工抹灰时，应先在清理干净的混凝土表面用茅柴帚刷水后刮一遍水灰比为 0.37~0.40 的水泥浆进行处理，方可抹灰。

2. 找规矩

顶棚抹灰通常不做灰饼和标筋，用目测的方法控制其平整度，以无明显高低不平及接槎痕迹为度。先根据顶棚的水平面，确定抹灰的厚度，然后在墙面的四周与顶棚交接处弹出水平线，作为抹灰的水平标准。

3. 底、中层抹灰

为了使抹灰层与基体黏结牢固，底层抹灰是关键工序，方法是用水灰比为 0.37~0.40 的水泥素浆刮后，紧跟就抹底层砂浆。一般底层砂浆采用配合比为水泥：石灰膏：砂 = 1:0.5:1 的水泥混合砂浆，底层抹灰厚度为 20 mm。

底层抹灰紧跟着就抹中层砂浆，其配合比一般采用水泥：石灰膏：砂 = 1:3:9 的水泥混合砂浆，抹灰厚度 6 mm 左右，抹后用软刮尺刮平赶匀，随刮随用长毛刷子将抹印顺平，再用木抹子搓平，顶棚管道周围用小工具顺平。

顶棚底、中层抹灰的操作方法及要点是：

人站在脚手板上两脚叉开，一脚在前，一脚在后，身体略为偏侧，一手持钢皮抹子，一手持托灰板，两膝稍微前弯站稳，身稍后仰，抹子贴紧顶棚，慢慢地向后拉（也可向前伸），如图11—6所示。抹子应稍侧一点，使底层灰表面带毛。

抹灰的顺序一般是由前往后退，并注意其方向必须同基体的缝隙（混凝土板缝）成垂直方向，这样，容易使砂浆挤入缝隙牢固结合。

由于顶棚无标筋，其平整度全靠目测控制，上灰时应特别留意，厚薄掌握适度，随后用软刮尺赶平，赶平后如平整度欠佳，应再补抹及赶平一次灰。一般不宜多次修补与赶平，否则容易搅动底灰而引起掉灰。为保证中层与底层黏结牢固，如底层砂浆吸水快，应及时洒水。

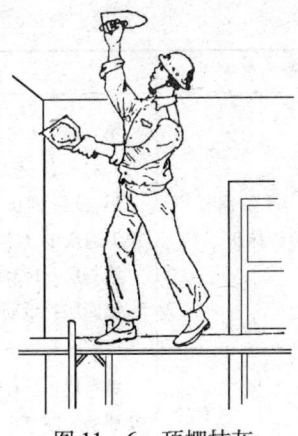

图11—6 顶棚抹灰

在顶棚与墙面的交接处，一般是在墙面抹灰层完成后再补救，也可在抹顶棚时先将距顶棚20~30 cm的墙面抹灰同时完成，这样顶棚与墙面的交接处可同时做完，方法是用铁抹子在墙面与顶棚高角处添上砂浆，然后用木阴角器抽平压直即可。

4. 面层抹灰

待中层抹灰达到六至七成干，即用手按不软但有指印时（但要防止过干，如过干应稍洒水），再开始面层抹灰。顶棚面层抹灰如使用纸筋石灰或麻刀石灰时，一般分两遍成活。其涂抹方法及抹灰厚度与内墙面抹灰相同。第一遍抹得越薄越好，紧跟抹第二遍。抹第二遍时，抹子要稍平，抹完后等砂浆稍干，再用塑料抹子或压子顺着抹纹压实压光。

各抹灰层受冻或急骤干燥，都能引起脱落，如遇强烈的穿堂风，易产生裂纹，因此要加强养护。

5. 常见顶棚抹灰的一般做法（见表11—10）

表11—10 常见顶棚抹灰的一般做法

名称	分层做法	厚度（mm）	操作要求
现浇混凝土楼板顶棚抹灰	第一层：1:0.5:1 水泥石灰砂浆打底 第二层：1:3:9 水泥石灰砂浆找平 第三层：纸筋灰罩面	2~3 6~9 2	1. 抹头道灰时必须与模板木纹的方向垂直，用钢皮抹子用力抹实，越薄越好
	第一层：1:2:4 水泥纸筋灰砂浆打底 第二层：1:2 纸筋灰砂浆找平 第三层：纸筋灰罩面	2~3 10 2	2. 底子灰抹完后紧跟抹第2遍找平层 3. 待6~7成干时即应罩面
	第一层：1:0.5:4 水泥石灰砂浆打底 第二层：纸筋灰罩面	8 2	底灰应连续操作
预制混凝土楼板顶棚抹灰	第一层：1:1:6 水泥纸筋灰砂浆打底 第二层：1:1:6 水泥细纸筋灰砂浆罩面压光	7 5	适用于机械喷涂抹灰
	第一层：1:1 水泥砂（加2%醋酸乙烯乳液）浆打底 第二层：1:3:9 水泥石灰砂浆找平 第三层：纸筋灰罩面	2 6 2	1. 适用于高级装饰抹灰 2. 底子灰需养护2~3天再做找平层

· 173 ·

续表

名称	分层做法	厚度（mm）	操作要求
板条钢板网顶棚抹灰	第一层：1:2:1 水泥石灰砂浆（略掺麻刀）打底，灰浆要挤入网眼中 第二层：1:0.5:4 水泥石灰砂浆紧跟压入第1遍中（本身无厚度） 第三层：1:3:9 水泥石灰砂浆找平 第四层：纸筋灰罩面	3 6 2	1. 板条之间应离缝30~40 mm，端头离缝5 mm钉钢板网 2. 找平层6~7成干时即进行罩面
钢板网顶棚抹灰	第一层：1:1.5~1:2 石灰砂浆打底，灰浆要挤入网眼中 第二层：挂麻筋，将小束麻丝每隔30 cm左右挂在钢板网网眼上，两端纤维垂下长25 cm 第三层：1:2.5 石灰砂浆分2遍成活，每遍将悬挂的麻筋向四周散开1/2抹入灰浆中 第四层：纸筋灰罩面	3 3 2	1. 钢板吊顶龙骨以40 cm×40 cm方格为宜 2. 为避免木龙骨收缩变形，影响抹灰层开裂，可使用φ6钢筋，间距20 cm，拉直钉在木龙骨上，然后用铅丝把钢板网撑紧，绑在钢筋上 3. 适用于大面积厅、堂等高级装饰工程
高级装饰顶棚抹灰（石膏灰抹灰）	第一层：1:2~1:3 麻刀灰砂浆打底抹平（分2遍成活），要求表面平整垂直 第二层：13:6:4（石膏粉:水:石灰膏）罩面，分2遍成活，在第1遍未收水时即进行第2遍抹灰，随即用铁抹子修补压光2遍，最后用铁抹子溜光至表面密实光滑为止		1. 底子灰为麻刀灰，应在20天前化好备用，其麻刀为白麻丝，石灰宜用2:8块灰，配合比（质量比）：麻丝:石灰=7.5:1 300 2. 石膏一般宜用2级建筑石膏，结硬时间为5 min左右，0.08 mm筛孔筛余量不大于10% 3. 罩面石膏浆配制时，先将石灰膏作缓凝剂加水搅拌均匀，随后按比例加入石膏粉，随加随拌和稠度为10~12 cm，即可使用 4. 抹灰前，基层表面应清扫并浇水润湿 5. 石膏浆应随用随拌，随抹，墙面抹灰要1次成活，不得留接槎 6. 基层不宜用水泥砂浆或混合砂浆打底，亦不得掺用氯盐，以防返潮，面层脱落
	第一层：1:2:9 水泥石灰混合砂浆打底 第二层：6:4 或 5:5 石膏石灰膏灰浆罩面，也可用石膏掺水胶		

三、楼地面抹灰

楼地面抹灰一般最常见的是水泥砂浆面层。

1. 基层处理

水泥砂浆面层多铺抹在楼、地面钢筋混凝土楼板或混凝土、碎石、碎砖等垫层基层上，其表面处理是防止水泥砂浆面层空鼓、裂纹、起砂等质量通病的关键工序。因此，要求基层应具有粗糙、洁净和潮湿的表面。对于地面垫层、现浇或预制钢筋混凝土楼板面等基层上的浮灰、油渍、松散混凝土和砂浆等如不仔细清除，则在面层与基层之间就形成一层隔离层，会使面层结合不牢。

处理时要用铲子铲，钢丝刷子刷。对预制钢筋混凝土楼板等表面比较滑的基层，应进行凿毛。基层边清理，边用清水冲洗干净，冲洗后的基层，最好不要上人。

在现浇混凝土或水泥砂浆垫层、找平层上做水泥砂浆地面面层时，混凝土或水泥砂浆达到一定强度后，才能铺设面层。其目的是当混凝土或水泥砂浆达到上述强度，在其上操作，不致破坏其内部结构。

在基层清理干净并浇水湿润后，第二天在垫层或楼板基层上刷以水灰比为 0.4~0.5 的水泥浆的结合层，水泥浆要刷匀，不得有干斑和水坑。

地面铺设前，还要将门框再一次校核找正，方法是先将门框锯口线抄平校正，并注意当地面面层铺设后，门扇与地面的间隙（风路）应符合规定要求。然后将门框固定，防止松动移位。

2. 找规矩

（1）弹准线。地面抹灰前，应先在四周墙上弹出一道水平基准线，作为确定水泥砂浆面层标高的依据。

水平基线是以地面±0.000 及楼层砌墙前的抄平点为依据，一般可根据情况弹在墙的 100 cm 标高处（框架结构弹在框架上），如图 11—7 所示。

弹准线时要注意按设计要求的水泥砂浆面层厚度弹线。

（2）做标筋。根据水平基准线再把楼地面面层上皮的水平辅助基准线弹出。面积不大的房间，可根据水平基准线直接用长木杠抹标筋，施工中进行几次复尺即可。面积较大的房间，应根据水平基准线，在四周墙角处每隔 1.5~2.0 m 用 1:2 水泥砂浆抹标志块，标志块大小一般是 8~10 cm 见方。待标志块结硬后，在纵横方向以标志块的高度做出通长的标筋以控制面层的厚度。地面标筋用 1:2 的水泥砂浆，宽度一般为 8~10 cm，如图 11—8 所示。做标筋时，要注意控制面层厚度，面层的厚度应与门框的锯口线吻合。

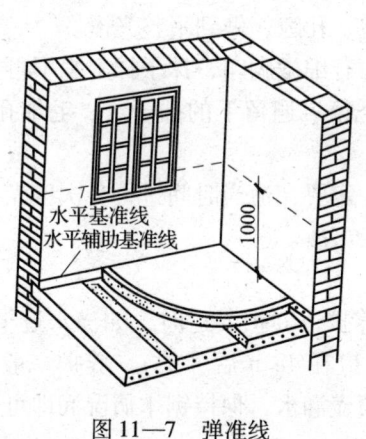

图 11—7 弹准线　　图 11—8 做标筋

对于厨房、浴室、厕所等房间的地面，必须将流水坡度找好，有地漏的房间，要在地漏四周找出不小于 5‰ 的泛水。并要弹好水平线，避免地面"倒流水"或积水。抄平时要注意各室内与走廊高度的关系。

(3) 地面分格。水泥地面施工时，当地面面积较大或房间开间较大，设计要求分格时，要进行地面画线分格的操作。方法是：在水泥初凝时，先根据地面画分格线的位置和尺寸，在墙上或踢脚线上画好分格线，做好地面的标志块和标筋。铺设水泥地面面层时，用短木杠和木抹子将面层刮搓平整，然后，根据墙上或踢脚板上已画好的分格线，初步画定地面分格线位置，先用木抹子搓出一条约一抹子宽的面层，用铁抹子先行抹平，轻轻压光，再用粉线袋弹上分格线，将靠尺放在分格线上，用地面分格器紧贴靠尺，顺线开出分格缝。

分格缝做好后，要及时把脚印、工具印子等刮、搓平整。待面层水泥终凝前，再用钢皮抹子压平压光，把分格缝理直压平。

3. 抹面层

(1) 水泥砂浆配合比。水泥砂浆面层铺抹时，要求水泥砂浆的配合比不低于1:2，其稠度（以标准圆锥体沉入度计）不大于3.5 cm。水泥砂浆必须拌和均匀，颜色一致。

(2) 操作要求。水泥砂浆地面面层是紧跟着刷水泥素浆结合层进行铺抹的，即随刷随铺抹。如果基层刷水泥素浆结合层过早或面积过大，则铺抹面层时，已刷的结合层水泥浆已结硬，不但起不到基层与结合层、面层三者牢固结合的作用，反而起了隔离作用，造成地面空鼓。

地面面层铺抹方法是在标筋之间铺砂浆，随铺随用木抹子拍实，用短木杠据两边标筋标高刮平，刮时要从房间里面往外刮到门口并符合门框上锯口线标高。刮好之后，用木抹子搓平，再用钢皮抹子压头遍，这一遍跟得要紧，要求压得轻一些，使抹子纹浅一些，以压光后表面不出现水纹为宜，如面层有多余的水分，也可采用撒干水泥的做法，即根据多余水分的多少可适当均匀地撒一层干水泥或干拌水泥、砂来吸取面层表面多余的水分，压实压光（但要注意如表面无多余的水分，不得撒干水泥或干拌水泥、砂）同时把踩的脚印压平并随手把踢脚板上的灰浆刮干净。

当水泥砂浆开始初凝时，人踩上去有脚印但不下陷，即可开始用钢皮抹子压第二遍。这一遍要求压实、压光、不漏压，抹子与地面接触时，发出"沙沙"声，把死坑、砂眼和踩的脚印都压平。第二遍压光最重要，表面要清除气泡、孔隙，做到平整光滑。

第二遍压光后，等到水泥砂浆终凝前，人踩上去有细微脚印，抹子抹上去不再有抹子纹时，再用铁抹子压第三遍。这一遍要用劲稍大，并把第二遍留下的抹子纹、毛细孔，压平、压实、压光。

水泥地面压光三遍成活。三次压光非常重要，一定要在适当时间进行分次压光才能保证工程质量。压光过早或过迟都会造成地面起砂的质量事故。

4. 养护

水泥砂浆面层铺设后，均应在常温湿润条件下养护，养护要适时，如浇水过早易起皮，过晚则易产生裂纹或起砂（夏天24 h后养护，春秋应在48 h后养护）。养护一般不少于7昼夜。最好是铺上锯木屑再浇水养护，浇水时应用喷壶洒水，保持锯木屑湿润即可。如采用矿渣水泥拌制的水泥砂浆铺设的面层，应养护14昼夜。

水泥砂浆面层强度达不到5 MPa时，不准许在上面行走或进行其他作业，以免碰坏地面。

四、外墙抹灰

1. 找规矩

外墙面抹灰与内墙抹灰一样要挂线做标志块、标筋。但因外墙面由檐口到地面，抹灰看面大，门窗、阳台、明柱、腰线等看面都要横平竖直，而抹灰操作则必须一步架一步架往下抹。因此，外墙抹灰找规矩要在四角先挂好由上至下垂直通线（多层及高层房屋，应用钢丝线垂下），方法可采用缺口木板或在砖缝内钉钉子。垂线吊好后，根据大致决定的抹灰厚度，每步架大角两侧最好弹上控制线，再水平拉通线，并弹水平线做标志块，竖向每步架做一个标志块，然后做标筋。

2. 粘分格条

在室外抹灰时，为了增加表面的美观，避免罩面砂浆收缩后产生裂缝，一般均需粘分格条，设分格线。分格线是在底层抹灰完成后进行（粘贴分格条的底层灰要求用刮尺赶平），根据已弹好的水平线和尺寸用墨汁或粉线包弹出分格线，竖向分格线要求用线锤或经纬仪校正垂直，横向要以水平线为依据校正水平。

分格条在使用前要放在水中泡透，既便于粘贴又能防止分格条使用时变形。另外，分格条因本身水分蒸发而收缩也比较容易起出，又能使分格条两侧的灰口整齐。根据分格线的长度将分格条尺寸分好，然后用铁皮抹子将素水泥浆抹在分格条的背面，水平分格线宜粘贴在水平线的下口，垂直分格线宜粘贴在垂线的左侧，这样易于观察，操作比较方便。

粘贴完一条竖向或横向的分格条后，应用直尺校正其平整，并将分格条两侧用水泥浆抹成呈八字形斜角（若是水平线应先抹下口）。如当天抹面层的分格条，两侧八字形斜角可抹成45°，如图11—9a所示。如当天不抹面的"隔夜条"，两侧八字形斜角应抹得陡一些，成60°角，如图11—9b所示。

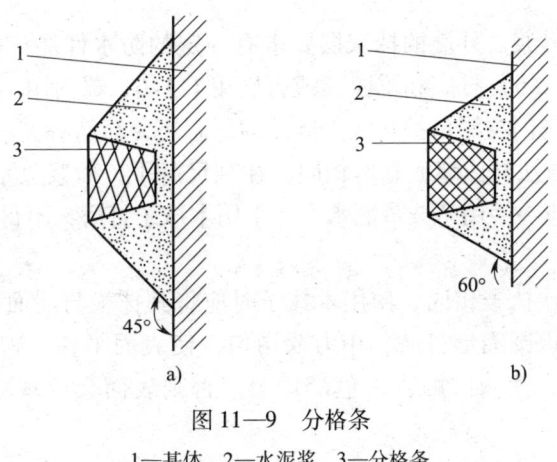

图11—9 分格条
1—基体 2—水泥浆 3—分格条

面层抹至与分格条平，然后按分格条厚度刮平，搓密实，将分格条表面的余灰清除干净，以免起条时因表面余灰与墙面砂浆的连接而损坏墙面。当天粘的条子在面层交活后即可起出。

起条子一般从分格线的端头开始，用抹子轻轻敲动，条子即自动弹出。如起条较难时，可在条子端头钉一小钉，轻轻地将其向外拉出。"隔夜条"不宜当时起条，应在罩面层达到强度之后再起。条子起出后应将其清理干净,收存待用。分格线处用水泥砂浆勾缝。

分格线不得有错缝、掉棱和缺角,其缝宽和深浅应均匀一致。

以上说的是用木分格条粘贴的方法。如在外墙面抹灰采取喷涂、滚涂、喷砂等饰面面层较薄的墙面时,墙面分格条也可以采用粘布条法或划缝法,其操作较简便,还可节约木材。做法是:

(1)粘布条法。在底层,根据设计尺寸水平线弹出分格线后,用聚乙烯醇缩甲醛胶(也可用素水泥浆)粘贴胶布条(或电工用绝缘塑料胶条,纱布条等),然后做饰面层将它覆盖起来,露出一端,等饰面层初凝时,立即把胶布慢慢扯掉,即露出分格缝。然后修理分格缝两边的飞边。

(2)划缝法。等做完面层饰面后,待砂浆初凝时,弹出分格线。沿着分格线按贴靠尺板,用划缝工具沿靠尺板边进行划缝,深度4~5 mm(或露出垫层),其手工工具,如图11—10所示。

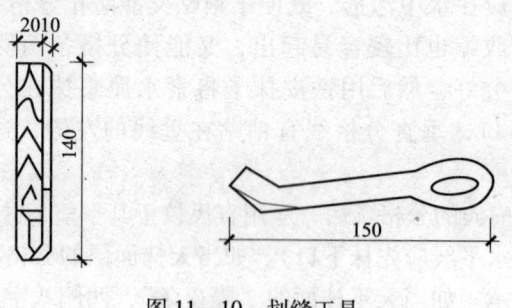

图11—10 划缝工具

3. 抹灰

(1)抹水泥混合砂浆。外墙的抹灰层要求有一定的防水性能,一般采用水泥混合砂浆(水泥:石子:砂子=1:1:6)打底和罩面(或打底用1:1:6,罩面用1:0.5:4)。在基体处理,四大角(即出墙角)与门窗洞口护角线,墙面的标志块、标筋等完成后即可进行。其底层、中层抹灰及刮尺赶平方法与内墙面基本相同。在刮尺赶平,砂浆收水后,应用木抹子打磨。如打磨时面层太干,应一手用茅柴帚洒水,一手用木抹子打磨,不得干磨,否则会造成颜色不一致。

木抹子的握法与铁抹子相同,使用木抹子时应将其抹板与墙面平贴,靠转动手腕,自上而下,自右而左,以圆圈形打磨,用力要均匀,使表面平整、密实。然后再上下抽拉,轻重一致,顺向打磨,使抹纹顺直,色泽均匀。否则表面会出现粗细不一的抹纹、起纹等毛病。

(2)抹水泥砂浆。外墙抹水泥砂浆一般为水泥:砂=1:3。抹底层时,必须把砂浆压入灰缝内,并用木抹子压实刮平,然后用扫帚在底层上扫毛,并要浇水养护。

底层砂浆抹后第二天,先弹分格线,粘分格条。抹时先用1:2.5水泥砂浆薄薄刮一遍,再抹第二遍,先抹平分格条,然后根据分格条厚度用木杠刮平,再用木抹子搓平,用钢皮抹子揉实压光,最后用刷子蘸水按同一方向轻刷一遍,目的是要达到颜色一致,然后起出分格条,并用水泥浆把缝勾齐。"隔夜条"不能当时起,需在水泥砂浆达到强度之后再起出来,操作时应注意在压光前将分格条上的水泥砂浆刷净，以免起条时损坏墙面。

水泥砂浆罩面时，如底子灰较干，罩面灰纹不易压光，用劲过大会造成罩面灰与底层分离空鼓，所以应洒水后再压。

当底层较湿不吸水时，罩面灰收水慢，当天如不能压光成活，可撒上 1∶2 干水泥砂粘在罩面灰上吸水，待干水泥砂吸水后，把这层水泥砂浆刮掉再压光。

水泥砂浆罩面成活 24 h 后，要浇水养护 3 天。

模块四　一般抹灰工程质量的允许偏差和检验方法

一般抹灰工程质量的允许偏差和检验方法见表 11—11。

表 11—11　　　　　　　　　一般抹灰工程质量的允许偏差和检验方法

项次	项目	允许偏差（mm）		检验方法
		普通抹灰	高级抹灰	
1	立面垂直度	4	3	用 2 m 垂直检测尺检查
2	表面平整度	4	3	用 2 m 靠尺和塞尺检查
3	阴阳角方正	4	3	用直角检测尺检查
4	分格条（缝）直线度	4	3	拉 5 m 线，不足 5 m 拉通线，用钢直尺检查
5	墙裙、勒脚上口直线度	4	3	拉 5 m 线，不足 5 m 拉通线，用钢直尺检查

注　1. 普通抹灰，本表第 3 项次阴角方正可不检查。
　　2. 高级抹灰，本表第 2 项次表面平整度可不检查，但应平顺。

模块五　抹灰实训练习

一、墙面做饼练习

（1）准备。做饼砂浆；抹子、灰板、靠尺板、线锤、线绳、圆钉；2.5 m×4 m 大小的墙面。

（2）操作要点及要求。抹灰前对基墙面浇水湿润，用靠尺板全面检查墙面的平整度和垂直度，找出抹灰的最薄点（墙面的最高点）根据规范要求厚度，并保证最薄处有 7 mm 厚的抹灰，确定做饼厚度。

做饼位置在墙面的两端距阴（阳）角 15～20 mm 并距地（楼）面 2.1 m 处。各按已确定的抹灰厚度抹上部两灰饼，并依此两灰饼为依据用靠尺板做垂直正下方的灰饼，中心在踢脚线上口 3～4 cm 处。灰饼的大小以 5 cm 见方为宜。

墙面四角灰饼确定好后水平拉好准线补做中间灰饼，间距 1.5 m 左右，并保证上下对应，同时复检中间灰饼的垂直度，如图 11—11 所示。

当墙面高度超高 2.8 m 时，可用两块相同缺口板条与线锤做垂直方向灰饼，如图 11—12 所示。

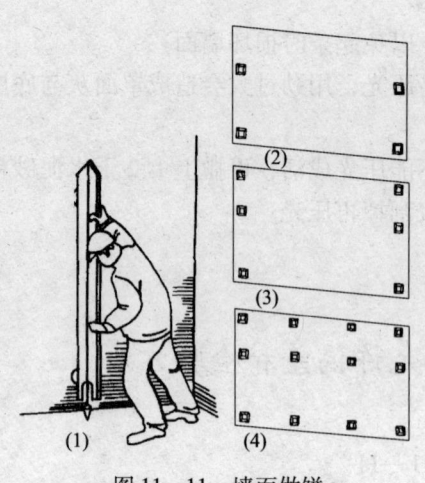

图 11—11 墙面做饼　　　　　　　图 11—12 高墙做饼

(3) 考核评分（见表 11—12）。

表 11—12　　　　　　　　　　墙面做饼考核评分表

序号	考核项目	单项配分	要求	考核记录	得分
1	灰饼位置	15	位置合适		
2	灰饼粘接牢靠	15	与基层粘牢		
3	饼面大小平整	15	5 cm 见方、平整		
4	灰饼垂直度	25	允许误差 2 mm		
5	文明施工	10	工完场清		
6	综合印象	20			

班级：　　　　姓名：　　　指导教师：　　　　　　　总分：

二、墙面标筋练习

(1) 准备。标筋砂浆；抹子、灰板、刮尺；已做好的灰饼。

(2) 操作要点及要求。灰饼的砂浆收水后，即可做标筋。做标筋时以上下垂直方向的灰饼为依据，分两遍抹一条 7~8 cm 宽的梯形灰带，并略高于灰饼，然后以灰饼为准用刮尺将灰带刮到与灰饼面平，即成标筋。最后将标筋的两边用刮尺切修成斜面，使其能与抹灰层较好地吻合，如图 11—13 所示。

图 11—13　墙面标筋

(3) 考核评分 (见表 11—13)。

表 11—13　　墙面标筋考核评分表

序号	考核项目	单项配分	要求	考核记录	得分
1	标筋粘接牢靠	15	与基层粘牢		
2	标筋平整	25	允许误差 3 mm		
3	标筋垂直	25	允许误差 3 mm		
4	文明施工	10	工完场清		
5	综合印象	25			

班级：　　　姓名：　　　指导教师：　　　总分：

三、墙面装档练习

(1) 准备。石灰砂浆；抹子灰板、刮尺、木抹子；已标筋墙面 8~10 m²。

(2) 操作要点及要求。左手握灰板，右手握铁抹子，将灰板头靠近墙面，底层灰铁抹子竖向走向将砂浆抹到墙面上；中层灰铁抹子横向稍右上将砂浆抹到墙面上，前后抹上去的砂浆衔接平顺，抹子不宜来回多溜，用目测控制其平整度，满而不多，刮尺刮平，木抹子搓实、搓平，如图 11—14 所示。

图 11—14　墙面装档

(3) 考核评分 (见表 11—14)。

表 11—14　　墙面装档考核评分表

序号	考核项目	单项配分	要求	考核记录	得分
1	粘接牢固	10			
2	表面平整	30	允许 4 mm 偏差 (中级抹灰)		
3	立面垂直	30	允许 5 mm 偏差 (中级抹灰)		
4	文明施工	10	工完场清		
5	综合印象	20			

班级：　　　姓名：　　　指导教师：　　　总分：

四、纤维灰浆罩面练习

(1) 准备。纤维灰浆；钢抹子、灰板、灰斗；装档好墙面 8~10 m²。

(2) 操作要点及要求。应掌握在底子灰五至六成干时进行罩面，如底子灰过干，先洒水润湿。用钢抹子将纤维灰浆抹于墙面。一般从阴角或阳角处开始，自左向右进行，两人配合操作效果较好，一人先竖向薄薄地抹一层，抹子拉紧使纤维灰浆与中层紧密结合，另一人在横向抹第二层，抹子抹长压平溜光，两层的总厚度以不超过 2 mm 为宜。最后用塑料抹子横向再压一遍交活，如图 11—15 所示。

(3) 考核评分（见表 11—15）。

图 11—15　墙面罩面

表 11—15　　　　　　　　　　　纤维灰浆罩面考核评分表

序号	考核项目	单项配分	要求	考核记录	得分
1	表面颜色一致、光滑	20			
2	表面平整	25	允许 4 mm 偏差（中级抹灰）		
3	立面垂直	25	允许 5 mm 偏差（中级抹灰）		
4	文明施工	10	工完场清		
5	综合印象	20			

班级：　　　　　姓名：　　　　　指导教师：　　　　　总分：

五、室内一般抹灰实训练习

1. 施工准备

(1) 材料准备。

1) 水泥。3.25 级普通硅酸盐水泥。有出厂合格证明。

2) 砂子。中砂，使用前过 5 mm 孔径筛子，不得有杂物。

3) 石灰膏。过 3 mm×3 mm 筛淋制陈化时间常温下一般不少于 15 天；用于罩面时，不少于 30 天。

4) 生石灰粉。过 4 900 孔/cm^2 的方孔筛，累计筛余量不大于 13%。筛后的生石灰粉用前应用水浸泡 7 天以上使其充分熟化。

5) 纸筋、麻刀。纸筋使用前应用水浸透、捣烂、洁净；罩面纸筋宜用机碾磨细。麻刀要求柔软干燥，使用前敲打松散，不含杂质，长度 10～30 mm，用前四五天用石灰膏调好。

(2) 机具准备。按常用的抹灰工具准备每种工具的数量，以满足使用要求。

主要机械。砂浆搅拌机、粉碎淋灰机、碾磨纸筋机等。

主要工具。抹子、灰板、木抹子、阴阳角抹子、灰斗、灰浆车、尺杆、刮尺、靠尺板、线锤、方尺等。

(3) 施工作业条件。

1) 基层表面处理。

处理的目的在于抹灰砂浆与基层表面能牢固黏结，防止抹灰层空鼓、裂缝、脱落现象的产生。

抹灰前，木结构与砖石结构、混凝土结构等两种不同材料相接处基体表面的抹灰，应铺钉金属网并绷紧牢固。金属网与各基体的搭接宽度不应小于100 mm，如图11—16所示；抹灰前，平整光滑的混凝土表面应进行錾毛或刮涂聚合水泥砂浆、喷涂聚合水泥浆，刷黏结剂等毛化处理；抹灰前，砖石、混凝土等基体不平处用1:3水泥砂浆补抹平整，脚手架眼过墙洞填嵌密实。凸出部位用錾子剔平。表面的灰尘、污垢和油渍等，应清除干净，并洒水润湿。

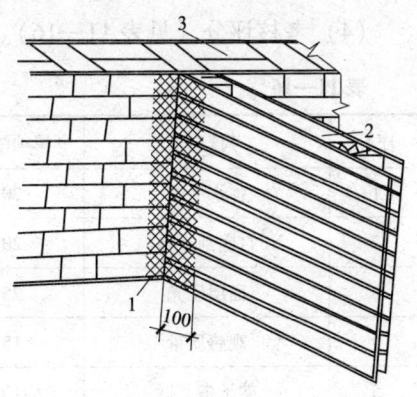

图11—16 基层处理
1—金属网 2—木结构 3—砖石结构

2) 工序开工条件。一般室内抹灰应在基体或基层的质量检验合格后，屋面防水或上层楼面面层完成后方可进行。另外，门窗、墙体及楼层预埋件与嵌入墙体内部的各种管道安装完毕，并经检查合格；门窗框与墙体间，天棚与墙体间的缝隙经清理后用1:3水泥砂浆或1:1:6水泥混合砂浆堵塞严密。

3) 室温要求。施工环境温度应在0℃以上。冬期施工门窗洞口封堵完毕，并有可靠的保温措施。

4) 脚手架子。3.6 m以上抹灰用的脚手架不得靠墙，架杆离墙面的距离应不少于200 mm。

2. 顶棚抹灰实训练习

(1) 顶棚抹灰工艺流程。弹水平线→洒水湿润→基层处理→抹底层灰→抹中层灰→抹面层灰。

(2) 准备工作。用1:3:9水泥混合砂浆打底灰、1:1:6水泥混合砂浆罩面灰；抹灰工具；8~10 m² 结构顶棚。

(3) 操作要求。二人一组在顶棚四周墙面上弹水平线（距顶棚10 cm左右）。根据水平线做饼并抹底子灰。第二天进行罩面。

架子搭设稳固，符合使用要求，如图11—17所示。

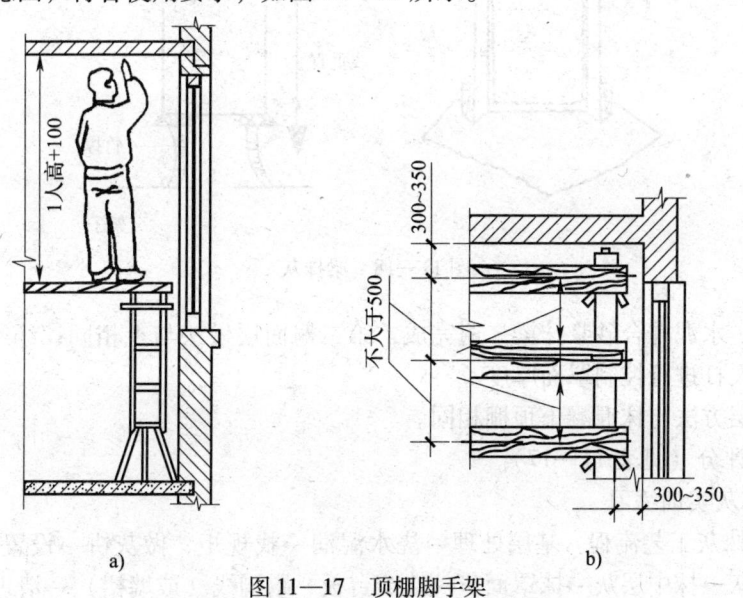

图11—17 顶棚脚手架
a) 顶棚脚手架搭设 b) 脚手板搭设

(4) 考核评分（见表11—16）。

表11—16　　　　　　　　　水泥混合砂浆天棚抹灰考核评分表

序号	考核项目	单项配分	要求	考核记录	得分
1	弹水平线	20			
2	打底刮平整	20	目测，靠尺板		
3	面层压光	25	目测		
4	观感质量	15			
5	架子搭、拆	10			
6	文明施工	5	工完场清		
7	安全生产	5	安全、无事故		

班级：　　　　姓名：　　　　指导教师：　　　　总分：

3. 梁抹灰实训练习

(1) 准备工作。水泥、砂、石灰膏；抹子、灰板、木抹子、尺杆、卡子、刮尺、方尺、线绳等；结构单梁一根。

(2) 操作要求。在梁底顺长方向弹出梁中线，找规矩，控制梁侧面抹灰厚度。梁底两端头拉水平线（由梁底往下5~10 cm），决定梁底抹灰厚度。抹灰时，反握尺杆，做梁侧面抹灰。梁侧面抹灰完成后在梁侧面下口正卡固定尺杆，抹梁底面。最后用阳角抹子把阳角捋光，如图11—18所示。

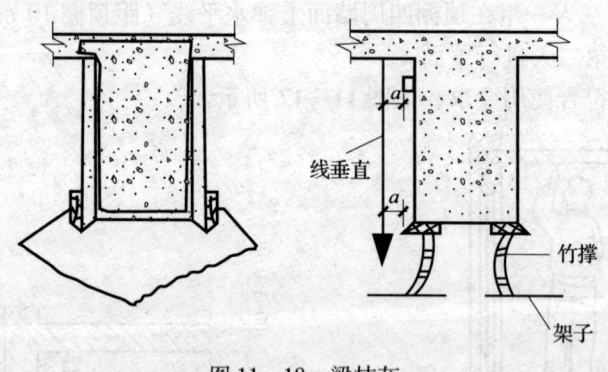

图11—18　梁抹灰

水泥砂浆、水泥混合砂浆抹梁二遍完成，第二遍面层做法与上相同；纤维灰浆罩面时，初学者还需用尺杆进行控制罩面厚度。

梁抹灰分层方法与抹混凝土顶棚相同。

(3) 考核评分（见表11—17）。

4. 墙面抹灰实训练习

(1) 墙面抹灰工艺流程。基层处理→浇水湿润→找规矩、做灰饼→设置标筋→阳角做护角→抹底层灰→抹中层灰→抹罩面灰→抹窗台板、踢脚线（或墙裙）→清理。

(2) 准备工作。墙面抹灰砂浆；抹灰机具；15 m² 大小墙面。

表 11—17　　　　　　　　　　梁面抹灰考核评分表

序号	考核项目	单项配分	要求	考核记录	得分
1	侧面垂直、平整	20	目测、尺量		
2	底面平整、水平	20	目测、尺量		
3	阴阳角清晰	20	目测		
4	阳角方正	20	方尺测量		
5	观感质量	10			
6	文明施工	5	工完场清		
7	安全生产	5	安全、无事故		

班级：　　　　姓名：　　　　指导教师：　　　　总分：

（3）操作要求。对上章单项基本功训练的综合提高。抹灰砂浆选用水泥或水泥混合砂浆。一人为一组两天完成。

浇水湿润墙面，并进行基层处理。找规矩、做灰饼、装档刮糙完成底层、中层抹灰。次日，做硬饼、标软筋完成面层抹灰。

每面墙两端头和中间的上、下半部分六处用靠尺板靠核墙面垂直度确定抹灰厚度。

墙面高于 2.8 m 时应上、中、下做三排灰饼。在墙面的门窗洞口边，无论面积大小，均要增补灰饼。

抹面砂浆不能当日进行，次日进行时，注意干湿，洒水适量。压光罩面宜用原浆压光，二遍成活。

（4）考核评分（见表 11—18）。

表 11—18　　　　　　　　　　墙面抹灰考核评分表

序号	考核项目	单项配分	要求	考核记录	得分
1	黏结牢固、无空鼓、裂缝	20	小锤敲击		
2	表面光滑、无抹纹、清晰美观	15	目测		
3	表面平整度	15	允许偏差 4 mm		
4	阴阳角垂直度	15	允许偏差 4 mm		
5	立面垂直度	15	允许偏差 5 mm		
6	文明施工	5	工完场清		
7	安全生产	5	安全、无事故		
8	综合印象	10			

班级：　　　　姓名：　　　　指导教师：　　　　总分：

5. 柱抹灰实训练习

（1）准备工作。1:3:9 水泥混合打底砂浆，1:3 石灰中层砂浆，纸筋面层灰浆；抹灰机具；一根结构方形柱。

（2）操作要点。复核柱 600 mm×600 mm×2 000 mm 的平面结构位置和几何尺寸，在楼地面上弹出垂直两个方向基准线并依此确定柱根抹灰厚度做饼（阳角用方尺规方）。用线锤检查柱子各面的垂直平整度。如不超差,在柱四角上部做饼。如果柱面超差,应进行处理。

抹底层灰时,先在两侧面卡固斜口尺杆,抹正、反面;再把斜口尺杆卡固在正、反面,抹两侧面,如图 11—19 所示。抹中层石灰砂浆的方法同底层灰一样,但在柱高 2 m 以下要用 1∶2 水泥砂浆做护角,如图 11—20 所示。当中层抹灰较干时进行纸筋罩面全部成活。

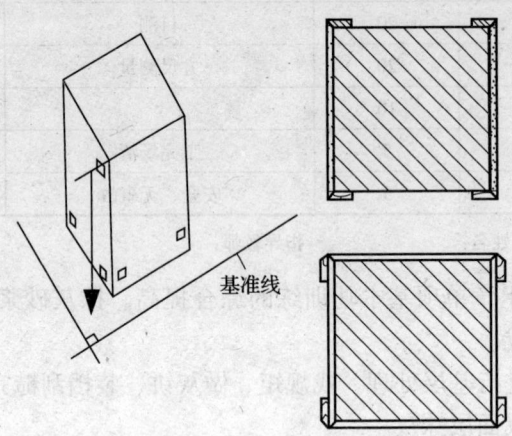

图 11—19 柱抹灰示意

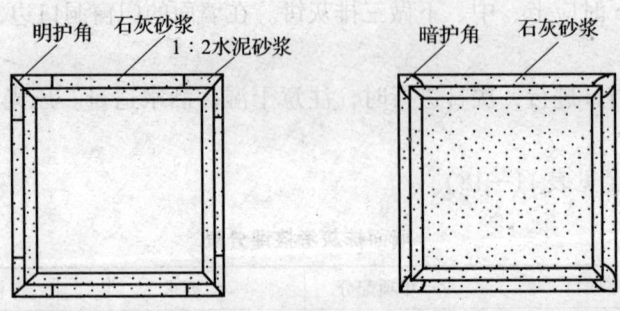

图 11—20 柱子护角

柱子抹灰时要随时检查柱面上下垂直平整,阳角方正,踢脚线高度一致。

(3) 考核评分(见表 11—19)。

表 11—19　　　　　　　石灰砂浆柱面抹灰中级考核评分表

序号	考核项目	单项配分	要求	考核记录	得分
1	黏结牢固、无空鼓、裂缝	20	小锤敲击		
2	表面光滑、无抹纹、清晰美观	10	目测		
3	阳角方正	20	允许 4 mm 偏差		
4	阳角垂直	20	允许 4 mm 偏差		
5	立面垂直、平整	10	允许 5 mm 偏差		
6	文明施工	5	工完场清		
7	安全生产	5	安全、无事故		
8	综合印象	10			

班级:　　　　姓名:　　　　指导教师:　　　　总分:

6. 水泥楼（地）面抹灰实训练习

（1）水泥楼（地）面抹灰工艺流程。基层清理→洒水润湿→刷素水泥浆结合层→做灰饼、标筋→铺水泥砂浆压头遍→第二遍压光→第三遍压光→养护→交活。

（2）准备工作。1∶2.5 水泥砂浆、水泥；抹灰机具；8～12 m² 楼（地）面。

（3）操作要求。基体表面上的浮灰、油渍、杂质都要用铲子或钢丝刷清除干净，清水冲洗，保持基体干净、潮湿，至少 1 天，对管道穿越的板洞分层填嵌密实，再进行地面抹灰。

做地面前，先用水平仪找出水平基准线，并弹在四周墙上。根据基准线，每 1.5～2 m 做一个灰饼，抹出标筋以控制面层的厚度与平整度，如图 11—21 所示。

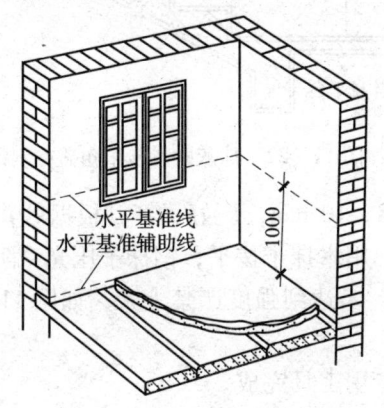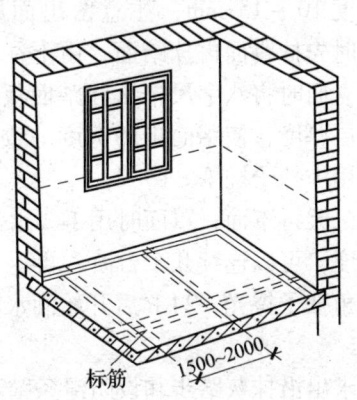

图 11—21 水泥楼地面抹灰

水泥砂浆面层用 1∶2～2.5 水泥砂浆，其稠度不大于 35 mm（手握成团，落地开花）。施工时，先在基层上刷一遍素水泥浆做结合层，以利黏结；再在两筋中间铺砂浆，用刮尺根据两边软筋刮平，用木抹子搓平压实，并抹压第一遍，随后掌握好时间再压抹二遍成活。头一遍要压得轻一些，无大的抹纹。第二遍是关键，要求把死坑、砂眼全部压平，不得漏压。第三遍用劲稍大，压实压光，颜色一致。24 h 后开始浇水养护 5～7 天，养护期内严禁在上面工作。

基层凹凸不平的地方提前进行处理。带有泛水坡度的楼地面要按坡度要求做饼控制地面坡向正确。

（4）考核评分（见表 11—20）。

表 11—20　　　　　　水泥砂浆楼（地）面抹灰考核评分表

序号	考核项目	单项配分	要求	考核记录	得分
1	黏结牢固、无空鼓	20	小锤敲击		
2	表面洁净、光滑、颜色一致	20	目测		
3	表面无裂纹、脱皮麻面和起砂现象	20	目测		
4	表面平整度	20	允许 4 mm 偏差		
5	文明施工	5	工完场清		
6	安全生产	5	安全、无事故		
7	综合印象	10			

班级：　　　　姓名：　　　　指导教师：　　　　总分：

7. 楼梯踏步抹灰实训练习

(1) 准备工作。1:3 水泥打底砂浆，1:2 水泥抹面砂浆；抹灰机具，粉线袋；4~6步楼梯踏步结构。

(2) 操作要求。基层表面清理干净，浇水湿润。根据上、下休息平台的抹面厚度和上下两头踏步踢面抹面厚度弹一斜线作为分步的标准。抹灰时各步阳角碰在斜线上，如图11—22所示。

踏步分步合适后，用1:3 水泥砂浆抹底层灰，厚度10~15 mm，注意留出面层的抹灰厚度。抹时先抹踢面再抹踏面，由上往下一步一步做。抹立面时将八字尺杆压在踏面板上，按尺寸留出抹层厚度，使踏面板的宽度一致，依着尺杆抹灰，用木抹子搓平。

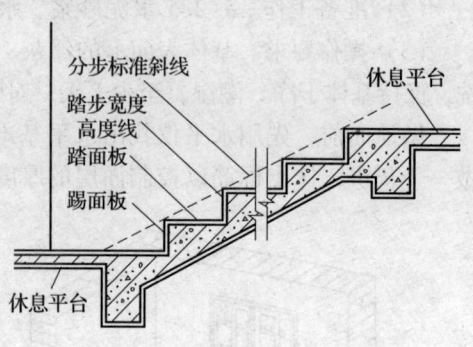

图11—22 抹灰时各步阳角碰在斜线上

第二天再罩面，罩面时用1:2 水泥砂浆，厚度8~10 mm，压好尺杆，根据砂浆收水的干燥程度，可以连续几个台阶，再返上去借助尺杆，用木抹子搓平，钢抹子压光，阴阳角处用阴阳角抹子捋光，24 h 后开始洒水养护7~10天，未达到强度严禁上人，如图11—23所示。

要求出沿抹灰踏步和设防滑条踏步抹灰时使用专用工具完成。

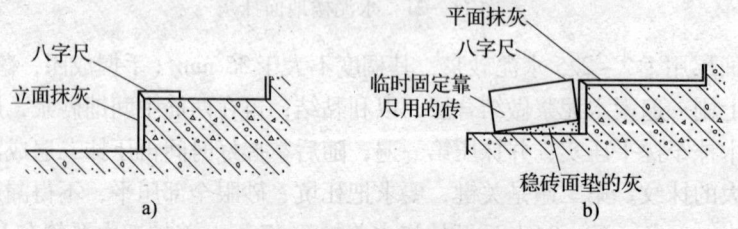

图11—23 用1:2 水泥砂浆罩面

(3) 考核评分（见表11—21）。

表11—21 楼梯踏步抹灰考核评分表

序号	考核项目	单项配分	要求	考核记录	得分
1	黏结牢固，无空鼓	20	小锤敲击		
2	齿角整齐	15	拉线		
3	踏面宽度一致	10	尺量		
4	踢面高差	20	允许偏差10 mm		
5	文明施工	10	工完场清		
6	安全生产	10	安全、无事故		
7	综合印象	15			

班级： 姓名： 指导教师： 总分：

8. 踢脚线抹灰实训练习

(1) 准备工作。1:3 水泥打底砂浆、1:2~2.5 水泥抹面砂浆；抹灰工具；10 m 长可抹踢脚线的墙面。

（2）操作要求。用清水将墙根部位湿润并清理干净，按上部墙面抹灰层厚度抹灰打底，表面用刮尺刮平，第二天抹面层砂浆，掌握好干湿，一般比墙面抹灰层凸出 5~7 mm，适时根据要求高度按水平线用粉线袋弹出实际高度，把尺杆靠在线上用铁抹子切齐，再用小阳角抹子捋光上口，最后用钢抹子压光成活，如图 11—24 所示。

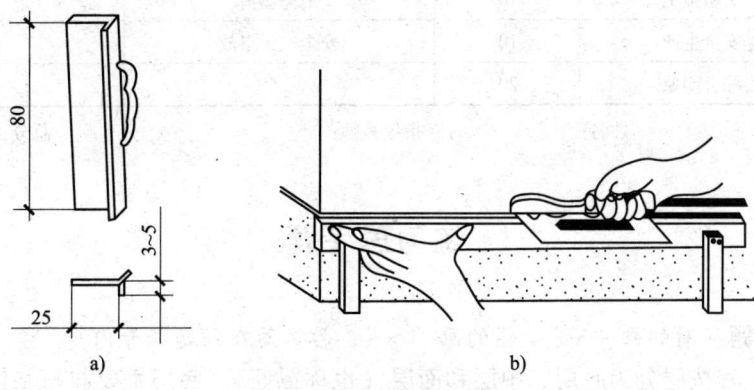

图 11—24　踢脚线抹灰
a）整边小抹子　b）踢脚线切齐

（3）考核评分（见表 11—22）。

表 11—22　　　　　　　　水泥踢脚线抹灰考核评分表

序号	考核项目	单项配分	要求	考核记录	得分
1	黏结牢固，无空鼓	20	小锤敲击		
2	收口整齐、平直	20	5 m 拉线允许偏差 4 mm		
3	出墙厚度均匀	15	目测		
4	与地面阴角方正	20			
5	文明施工	5	工完场清		
6	安全生产	5	安全、无事故		
7	综合印象	15			

班级：　　　　姓名：　　　　指导教师：　　　　总分：

9. 水泥砂浆不出沿窗台抹灰实训练习

（1）准备工作。1:3 水泥打底砂浆、1:2 水泥抹面砂浆；抹灰工具；一个已安窗框的窗台。

（2）操作要求。抹窗台前，先将窗台基层清理干净，松动的砖要重新砌筑。砖缝划深，用水浇透，然后用 1:3 水泥砂浆抹底子灰，若厚度大时可用豆石混凝土铺抹密实。次日，用 1:2 水泥砂浆抹面层，先抹立面后抹平面。抹完后下口用尺杆裁齐并清口，上口阳角用阳角抹子捋直，如图 11—25 所示。

（3）考核评分（见表 11—23）。

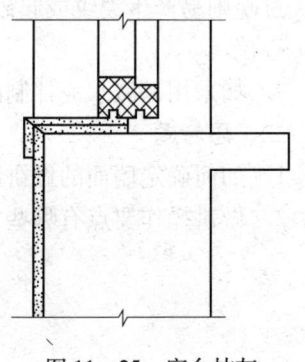

图 11—25　窗台抹灰

表 11—23　　　　　　　水泥砂浆不出沿窗台抹灰考核评分表

序号	考核项目	单项配分	要求	考核记录	得分
1	黏结牢固，无空鼓	20	小锤敲击		
2	收口整齐、平直	20	目测		
3	出墙厚度均匀	20	目测		
4	文明施工	10	工完场清		
5	安全生产	10	安全、无事故		
6	综合印象	20			

班级：　　　　姓名：　　　　指导教师：　　　　　　　总分：

练习思考题

一、是非题（对的画"√"，错的画"×"，答案写在每题括号内）

1. 抹灰工程按层分为底层、中层和面层（也称罩面）。底层主要起与基体黏结的作用，中层主要起找平的作用，面层是起装饰作用。（　　）

2. 为了保证抹灰砂浆与基体表面牢固地黏结，防止抹灰层空鼓、脱落，在抹灰前，必须对抹灰基体表面进行处理，并在基体表面浇水，使渗水深度达到 8~10 mm。（　　）

3. 门窗洞口护角应抹 1:4 水泥砂浆，一般高度由地面起不低于 2 m。护角每侧宽度不小于 50 mm。（　　）

4. 面层抹灰应在底灰稍干后进行，底灰太湿会影响抹灰面平整，还可能"咬色"；底灰太干，易使面层脱水太快而影响黏结，造成面层空鼓。（　　）

5. 顶棚抹灰防止基体砂浆黏结不牢，出现空鼓现象，应先在清理干净的混凝土表面，用茅柴帚刷水后刮一遍水灰比为 0.37~0.40 的水泥浆进行处理，方可抹灰。（　　）

6. 对于厨房、浴室、厕所等房间的地面，必须将流水坡度找好，有地漏的房间，要在地漏四周找出不小于 5% 的泛水，避免地面"倒流水"或积水。（　　）

7. 楼地面抹水泥砂浆抹面时，要求水泥砂浆的配合比不低于 1:2，其稠度不大于 3.5 cm。水泥砂浆必须拌和均匀，颜色一致。（　　）

8. 水泥砂浆面层铺设后，均应在常温湿润条件下养护，养护要适时，如浇水过早易起皮，过晚则易产生裂纹或起砂（夏天 24 h 后养护，春秋应在 48 h 后养护）。养护一般不少于 7 昼夜。（　　）

9. 如采用矿渣水泥拌制的水泥砂浆铺设的面层，应养护 28 昼夜。（　　）

二、思考题

1. 如何确定墙面的做饼厚度？
2. 做饼操作要点有哪些？

练习思考题答案

第一单元 砌筑工基础知识

练习思考题答案

一、是非题（对的画"√"，错的画"×"，答案写在每题括号内）

1. × 2. √ 3. √ 4. × 5. √ 6. × 7. √ 8. √ 9. √

二、单项选择题（答案写在每题括号内）

1. A，B
2. A，B
3. A，C
4. B，A，C
5. A，C
6. B，A，D

三、多项选择题（答案写在每题括号内）

1. ABC 2. ABC 3. ABCD 4. ABCD 5. ABCD 6. ABCD

四、简答题

1. 砌筑工是使用手工工具及机具，将砖、石及水泥、砂、石灰等散状材料，用灵巧的双手有序地组砌成基础、墙体等构件，以达到建筑标准要求的一种建筑工种。

2. 砌筑砂浆的配制，常用工具和机械的使用与维护，施工技术及工艺，质量控制与验收，安全与防护，按图计算工料，新材料、新技术、新工艺的应用等。

3. 初级砌筑工，应当具备能看懂建筑施工图，使用各种常用砌筑工具，配制各种砌筑砂浆，了解各种砌筑材料，掌握安全施工技术要领，做到环境保护，能够完成建筑基础及各种形式墙体的砌筑工作，能进行一般墙面、地面及顶棚抹灰并达到质量要求。

4. （1）减少或杜绝工伤事故和职业病的发生。

（2）保障劳动者的安全与健康。

（3）保证企业安全生产，提高效益。

5. （1）用 15 mm 厚 1∶3 水泥砂浆卧砌青石板或缸砖、瓷砖等不吸水材料。

（2）在 15 mm 厚 1∶3 水泥砂浆找平层上铺油毡一层或农用塑料薄膜 1~2 层。

（3）铺 20~25 mm 厚 1∶2 水泥砂浆加水泥重量的 3%~5% 防水剂拌和而成的防水砂浆。

（4）设有地圈梁或基础梁可不另设防潮层。

第二单元 常用材料及工具

练习思考题答案

一、是非题（对的画"√"，错的画"×"，答案写在每题括号内）

1. √ 2. √ 3. √ 4. × 5. × 6. × 7. √ 8. √ 9. √ 10. √
11. √ 12. √ 13. √ 14. √ 15. √ 16. ×

二、单项选择题（答案写在每题括号内）

1. A，C，D
2. A，B，C
3. B，C
4. A
5. A，C，D，B
6. B，C，D
7. A
8. B，A，D

三、多项选择题（答案写在每题括号内）

1. ABCD 2. ABCD 3. ABCD 4. ABCD 5. ABCD

四、简答题

1.（1）把各个块体胶结在一起，形成一个整体。

（2）当砂浆硬结后，可以均匀地传递荷载，保证砌体的整体性。

（3）由于砂浆填满了砖石的缝隙，使砌体的风渗透降低，对房屋起到保温的作用。

2.（1）原材料必须符合要求，而且具备完整的测试数据和书面材料。

（2）砂浆一般采用机械搅拌，如果采用人工搅拌时，宜将石灰膏先化成石灰浆，水泥和砂子干拌均匀后，加入石灰浆中，最后用水调整稠度，搅拌3～4遍，直至色泽均匀，稠度一致，没有疙瘩为合格。

（3）砂浆的配合比由试验室提供。砂浆的配合比应用指示牌将各种材料的用量和配合比分布在搅拌机上料处。这样可以使操作者按计量操作，也便于监督检查。

（4）砌筑砂浆拌制好以后，应及时送到作业地点，要做到随拌随用。一般应在2 h之内用完，气温低于10℃时可延长至3 h，但气温达到冬期施工条件时，应按冬期施工的有关规定执行。

3.（1）砂浆应具有良好的保水性（分层度不大于30 mm），如砂浆出现泌水现象，应在砌筑前重新搅拌后再使用。

（2）砂浆应随拌随用，拌完的水泥砂浆和水泥混合砂浆必须分别在3 h和4 h内用完。

（3）不允许使用过夜的砂浆，夏天最高温度超过30℃时，上述砂浆应分别在2 h和3 h内用完。

（4）对掺缓凝剂的砂浆，其使用时间可根据具体情况延长。

第三单元 普通黏土砖组砌方法

练习思考题答案

一、是非题（对的画"√"，错的画"×"，答案写在每题括号内）

1. √ 2. × 3. √ 4. √

二、单项选择题（答案写在每题括号内）

1. B，C，D
2. A，B，C
3. A，C，D
4. A，C，B，D
5. B，A，D，C

三、多项选择题（答案写在每题括号内）

1. ABCD 2. ABC 3. ABCD

四、简答题

1. （1）每一马牙槎沿高度方向的尺寸不宜超过300 mm。

（2）大马牙槎应先退后进，按砖的皮数以四退四出为宜（符合尺寸要求时也可五退五出）。

（3）操作时，只按构造柱截面尺寸边线退60 mm（1/4砖长）砌四皮砖，之后再在柱边伸出60 mm（1/4砖长）砌四皮砖，如此重复砌筑则成大马牙槎。

2. 优点是：出面砖较少，在转角、十字与丁字接头、门窗洞口等处可减少打"七分头"，所以操作工效较快，可提高工作效率。

缺点是：由于顺砖层较多，不易控制墙面平整，当砖较湿或砂浆较稀时，顺砖层不易砌平，而且容易向外挤出，影响质量。

第四单元 砖石基础的砌筑

练习思考题答案

一、是非题（对的画"√"，错的画"×"，答案写在每题括号内）

1. √ 2. × 3. √ 4. × 5. √ 6. √ 7. × 8. √ 9. √ 10. √

二、单项选择题（答案写在每题括号内）

1. A，D
2. B
3. B，C
4. B，A

三、简答题

1. （1）等高式大放脚砌筑方法：每两皮砖每边收进60 mm，如此循环变化。

（2）间隔式大放脚砌筑方法：第一个台阶两皮砖收一次，每边收进60 mm，第二个台阶一皮砖收一次，每边也收进60 mm，如此循环变化。

2. （1）排砖结束后，用砂浆把干摆的砖砌起来，就称为摆底。

（2）摆底的要求，一是不能改已排好砖的平面位置，要一铲灰一块砖地砌筑；二是必须严格与皮数杆标准砌平。偏差过大的应在准备阶段处理完毕，但10 mm左右的偏差要靠调整砂浆灰缝厚度来解决。必须先在大角按皮数杆砌好，拉好拉紧准线，才能使摆底工作全面铺开。

第五单元　砖墙的砌筑

练习思考题答案

一、是非题（对的画"√"，错的画"×"，答案写在每题括号内）
1. √　2. ×　3. √　4. √　5. √　6. √　7. ×

二、单项选择题（答案写在每题括号内）
1. A，B
2. B，C
3. A，C，D
4. A，C
5. A，C

三、多项选择题（答案写在每题括号内）
1. ABC
2. ABCD

四、简答题

1. （1）120 mm厚墙、料石清水墙和独立柱。

（2）过梁上与过梁成60°角的三角形范围及过梁净跨度1/2的高度范围内。

（3）宽度小于1 m的窗间墙。

（4）砌体门窗洞口两侧200 mm（石砌体为300 mm）和转角处450 mm（石砌体为600 mm）范围内。

（5）梁或梁垫下及其左右500 mm范围内。

（6）设计不允许设置脚手眼的部位。

（7）施工脚手眼补砌时，灰缝内应填满砂浆，不得用干砖填塞。

2. 准备工作→确定墙体组砌方式→排砖摆底→砌筑墙身→窗台砌筑→砖过梁砌筑→构造柱的砌筑→梁底和板底砖的处理→楼层墙体砌筑→坡屋顶的封山、拔檐→腰线→楼梯栏杆和踏步→清水墙勾缝。

第六单元　混凝土空心砌块砌筑

练习思考题答案

一、是非题（对的画"√"，错的画"×"，答案写在每题括号内）
1. √　2. √　3. √　4. √　5. ×　6. √　7. ×　8. √　9. √　10. ×

二、简答题

1. （1）过梁上部，与过梁成60°角的三角形及过梁跨度1/2范围内。

（2）宽度不大于800 mm的窗间墙。

（3）梁和梁垫下及其左右各500 mm的范围内。

（4）门窗洞口两侧200 mm内和墙体交接处400 mm的范围内。

（5）设计规定不允许设脚手眼的部位。

2.（1）混凝土空心砌块砌筑时，应对孔错缝搭砌。

（2）混凝土空心砌块要反砌，即使壁肋厚度大的面朝上，小面朝下，便于铺灰，且能增大上、下两皮砌块的接触面积。

（3）墙体临时间断处，应留置斜槎。

（4）随砌随检查墙体的砌筑质量，保证灰缝横平竖直，墙面平齐竖直，对墙体表面的平整度和垂直度，灰缝的厚度和饱满度应随时检查，校正偏差。每砌完一楼层后，应校核墙体的轴线尺寸和标高，允许范围内的偏差可在楼板面上予以校正。

第七单元　窨井、渗井及化粪池砌筑

练习思考题答案

一、是非题（对的画"√"，错的画"×"，答案写在每题括号内）

1. √　2. √　3. √　4. ×　5. ×

二、单项选择题（答案写在每题括号内）

1. B，A，C

2. B，C

3. B，A，A

第八单元　毛石墙砌筑

练习思考题答案

一、是非题（对的画"√"，错的画"×"，答案写在每题括号内）

1. √　2. √　3. √　4. ×　5. √　6. √　7. √　8. √　9. √　10. ×　11. √　12. ×

二、单项选择题（答案写在每题括号内）

1. ABC

2. B

3. B，C

4. C，A

三、简答题

1. 毛石墙的砌筑工艺主要有：砌筑准备→拌制砂浆→确定组砌形式和砌筑方法→盘角→挂线→铺灰砌石→勾缝→收尾工作。

2.（1）泄水孔应均匀设置，在每米高度上间隔 2 m 左右设置一个泄水孔。

（2）泄水孔与土体间铺设长宽各为 300 mm、厚 200 mm 的卵石或碎石做疏水层。

第九单元　坡屋面防水挂瓦

练习思考题答案

一、是非题（对的画"√"，错的画"×"，答案写在每题括号内）

1. √　2. √　3. ×　4. √　5. ×　6. √　7. √

二、简答题

1. 工艺流程为：施工准备→基层检查→上瓦堆放→铺檐口瓦与屋面瓦→铺脊瓦→做天

沟和泛水→整理、清扫→屋面挂瓦验收。

2. 铺瓦操作应严格按规定顺序进行。一般铺瓦时应自左往右、自下往上进行，先从檐口开始，从每坡屋面的左侧山墙向右侧山墙进行。在盖好檐口瓦和屋面瓦之后，再做屋脊、天沟和泛水。

第十单元　普通砖地面铺筑

练习思考题答案

一、是非题（对的画"√"，错的画"✕"，答案写在每题括号内）

1. ✕　2. √　3. √　4. √　5. √　6. ✕

二、简答题

1. 工艺流程为：准备工作→拌制砂浆→排砖组砌→铺地砖→养护、清扫。

2.（1）1:2 或 1:2.5 水泥砂浆（体积比），稠度为 2.5~3.5 cm。适用于普通黏土砖、缸砖地面。

（2）1:3 干硬性水泥砂浆（体积比），以手握成团，落地开花为准，适用于断面较大的水泥砖。

第十一单元　一般抹灰施工

练习思考题答案

一、是非题（对的画"√"，错的画"✕"，答案写在每题括号内）

1. √　2. √　3. ✕　4. √　5. √　6. √　7. √　8. √　9. ✕